践行"两山"理论 建设美丽健康中国

——生态产品价值实现问题研究

李 忠 等著

中国市场出版社
China Market Press
·北京·

图书在版编目（CIP）数据

践行"两山"理论　建设美丽健康中国：生态产品价值实现
问题研究 / 李忠等著. — 北京：中国市场出版社有限公司,2021.5（2022.3重印）
ISBN 978–7–5092–2055–9

Ⅰ.①践… Ⅱ.①李… Ⅲ.①生态环境建设—研究—
中国 Ⅳ.①X321.2

中国版本图书馆CIP数据核字（2021）第071095号

践行"两山"理论　建设美丽健康中国：生态产品价值实现问题研究
JIANXING "LIANGSHAN" LILUN JIANSHE MEILI JIANKANG ZHONGGUO: SHENGTAI CHANPIN JIAZHI SHIXIAN WENTI YANJIU

著　　者：李　忠　等
责任编辑：晋璧东（874911015@qq.com）
出版发行：中国市场出版社
社　　址：北京市西城区月坛北小街2号院3号楼（100837）
电　　话：（010）68033539
经　　销：新华书店
印　　刷：河北鑫兆源印刷有限公司
成品尺寸：170mm×240mm　　开　　本：16开
印　　张：22.75　　　　　　字　　数：330千
图　　数：24　　　　　　　　表　　数：12
版　　次：2021年5月第1版　印　　次：2022年3月第2次印刷
书　　号：ISBN 978-7-5092-2055-9
定　　价：99.00元

本书课题组

课题组组长：

李　忠　国家发展改革委国土开发与地区经济研究所室主任、研究员

课题组成员：

刘峥延　国家发展改革委国土开发与地区经济研究所助理研究员、博士

党丽娟　国家发展改革委国土开发与地区经济研究所助理研究员、博士

滕　飞　国家发展改革委国土开发与地区经济研究所副研究员、博士

孙长学　国家发展改革委经济研究所室主任、研究员

吕　侃　国家发展改革委资源节约和环境保护司处长

刘　洋　国家发展改革委国土开发与地区经济研究所研究员

夏晶晶　武汉大学讲师、博士

许江萍　国家发展改革委产业经济与技术经济研究所副研究员

毛显强　北京师范大学教授

前　言

2010年《国务院关于印发〈全国主体功能区规划〉的通知》（国发〔2010〕46号）中首次提出了生态产品的概念。随后，"生态产品"写入了党的十八大、十九大报告中。2018年4月26日，习近平总书记在"深入推动长江经济带发展座谈会上的讲话"中指出，"要积极探索推广绿水青山转化为金山银山的路径，选择具备条件的地区开展生态产品价值实现机制试点，探索政府主导、企业和社会各界参与、市场化运作、可持续的生态产品价值实现路径"。2021年4月，《关于建立健全生态产品价值实现机制的意见》正式印发，成为我国首个将"两山"理论落实到制度安排和实践操作层面的纲领性文件。

2018年，笔者承担了国家发展改革委宏观经济研究院"生态产品价值实现问题研究"课题，这是一项兼具理论性和实践性的研究课题，也是一项具有创新性和挑战性的研究课题。生态产品价值实现问题，涉及新理念的树立、新价值观的形成、新产业链的构造、新制度的建立，以及经济利益和社会财富的重新分配、价值链的调整、定价机制的调整等，是一项关系经济社会重大变革的系统性、综合性的重大问题研究。当时，我国关于生态产品价值实现问题的研究尚处于起步阶段，对生态产品、生态产品价值的认识不统一，生态产品价值的核算未达成共识，生态产品价值实现的路径不清晰，一些地方在摸着石头过河，但也只是一些碎片化的、点状的、局部性的探索，没有形成系统性的理论框架和操作模式，更没有深刻地认识到生态产品价值实现对于统筹经济发展和生态保护、实现乡村振兴和生态富民、推进生态文明建设和绿色发展的重要意义。

　　本研究将重点放在生态产品价值实现的理论探索、实现路径和模式等问题上，尝试着建立起一套分析框架，并在大量调研基础上尝试将地方的一些探索总结提炼出来，上升到理论层面，以形成可复制、可推广的经验和模式。研究成果包括总论篇、七个分论篇和七个实证篇。总论篇从内涵和理论出发，对生态产品、生态产品价值、生态产品价值实现的概念进行了界定，分析了生态产品价值实现问题研究的理论基础，梳理了生态产品价值实现的国际经验、我国的实践以及面临的问题和挑战，在此基础上，研究分析了生态产品价值实现需要处理好的五大关系，对生态产品价值核算方法进行了初步探索，提出了生态产品价值实现多元化、区域差异性的实现路径和模式，并且提出了对策建议。研究的逻辑框架如图1所示。

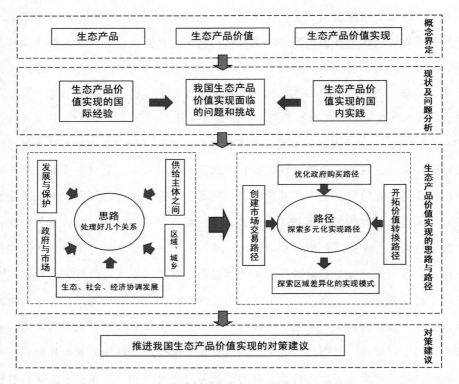

图1　本书的研究逻辑框架示意图

　　本研究的创新点主要体现在以下几个方面。

　　创新一：厘清生态产品与绿色产品的关系。调研过程中发现，在实践中经常将两者混淆，导致认识的混乱。本研究在分析生态产品的内涵时明确提出：生态产品不是生态标识产品、绿色产品。并且创新性地提出了生态产品产业链和价值链的思想，明确：绿色产品、生态标识产品是生态产品产业链的下游产品。生态产品价值实现需要调整农业产品、工业产品、服务产品和生态产品价值链各环节的利益分配关系，促进资本等要素资源向生态产品流动。

　　创新二：提出生态产品的三个属性和四个特性。三个属性即公共物品属性、商品属性和金融属性。并且提出，生态产品的商品属性和金融属性并非是其本质属性，而是伴随着工业化、城市化对生态环境的破坏，生态产品变得稀缺，需求增加而供给不足，使用者愿意付出代价通过交换获得生态产品，因此生态产品才具备了商品和金融属性。四个特性即正外部性、可生产性、可交易性、可转换性。对于生态产品属性和特性的认识为后面提出生态产品价值实现的路径奠定了基础。

　　创新三：厘清生态产品价值与生态系统生产总值（GEP）的关系。生态系统生产总值（GEP）可以作为衡量生态系统盈亏、量化生态系统服务功能价值的重要参考，一般划分为供给服务、调节服务、文化服务三个部分。生态产品价值虽然与GEP并非一个概念，但从生态产品内涵来看，其主要聚焦自然要素的生态功能，因此现阶段可以将GEP核算中调节服务的价值看作是生态产品价值，借助GEP这种较为成熟的核算方法来体现生态产品价值。在政策应用时将二者加以区分，GEP可以作为政府考核的参考指标，而生态产品价值是制定生态补偿标准和补偿绩效考核的重要参考指标，也是资源环境权益交易初始配额分配和初始定价的参照标准。

　　创新四：总结出国内实践的若干模式。我们在研究过程中高度重视并深入开展调查研究工作，选择了东部的浙江省、中部的江西省和西部的青海省这三个代表我国不同发展阶段、不同发展模式的省份进行了深入调研，在调研基础上完成了若干调研报告，并总结出了几种生态产品价值转化的模式，即：高投入、高附加值的德清模式；中投入、绿色化的安吉模式；低投入、文化特色突出的松阳模式；高端化、集约化、高附加值的三江源模式。

创新五：提出生态产品价值实现的五大关系。本书提出实现生态产品价值，需要处理好发展和保护、政府和市场、多元供给主体、区域城乡以及国民经济不同环节利益分配等几个方面的关系，建立路径多元、市场运作、区域协同、创新驱动的生态产品价值实现机制。本研究对生态产品价值实现的一些思考基本体现在这五大关系中。

创新六：提出了生态产品价值实现的路径。研究提出不断完善政府购买、市场交易等直接实现方式和价值转换等间接实现方式，探索多元化的实现路径，围绕着实现路径提出了相应的机制和制度创新内容。研究提出了完善生态补偿制度、优化政府购买路径，建立健全产权制度、创建市场交易路径，发挥生态环境优势、开拓价值转换路径三条生态产品价值实现的路径。在政府购买路径中，针对目前我国纵向生态补偿存在的问题提出了统筹和整合资金及政策的综合性生态补偿的思路，并且以北京市为案例进行了方案设计。在市场交易路径中，也提出了生态养殖证拍卖等新的交易模式。同时，本书提出结合区域经济社会发展特点和自然生态特点，探索区域差异化实现模式，并且以经济发展水平和生态脆弱性程度作为划分标准，提出了经济发达、生态脆弱性低地区采取政府和市场双轮驱动，经济发展水平中等、生态脆弱性尚可地区大力发展绿色产业，经济欠发达、生态脆弱地区以中央财政投入为主的差异化实现模式。

本课题获得了2019年度国家发展改革委优秀研究成果三等奖和2019年度国家发展改革委宏观经济研究院优秀研究成果二等奖。在本课题开题、中期验收以及最终成果验收过程中，中国宏观经济研究院学术委员会的专家提出了宝贵的意见和建议。课题研究过程中，得到了国家发展改革委规划司、基础司、环资司，北京市发展改革委，浙江省发展改革委，青海省三江源国家公园管理局，丽水市发展改革委，德清县发展改革局，开化县发展改革局及其他部门的大力协助。中国宏观经济研究院科研部、国家发展改革委国土开发与地区经济研究所也给予了多方面的支持。在此，对各位专家的指导、课题组成员的合作以及各方的支持表示由衷感谢。

本书各部分执笔人如下。

总论篇：李忠；分论篇一：刘峥延；分论篇二：夏晶晶；分论篇三：党丽娟；分论篇四：刘峥延；分论篇五：党丽娟；分论篇六：孙长学；分论篇七：滕飞、刘洋、涂圣伟；实证篇一：李忠、刘洋；实证篇二：刘峥延；实证篇三：滕飞；实证篇四：刘峥延；实证篇五：李忠、党丽娟、刘峥延；实证篇六：吕侃；实证篇七：李忠。全书由李忠、刘峥延进行结构设计和修改定稿。

当然，受到时间、能力等各方面因素的限制，本研究不能完全解决生态产品价值实现的所有问题。希望本研究能为决策者提供一些新的视角，为地方实践提供一些理论指导，更重要的是，希望本研究能够抛砖引玉，吸引更多的研究力量投入到这一问题的研究中。对书中的缺点和错误，敬请各位读者不吝赐教，批评指正。

作 者

2021年2月

目 录

总论篇

分论篇

实证篇

总论篇

生态产品价值实现问题研究

内容提要："提供更多优质生态产品以满足人民日益增长的优美生态环境需要"写入了党的十九大报告，但是生态产品价值实现无论在理论上还是实践中仍处于探索阶段。本研究从生态产品、生态产品价值、生态产品价值实现的内涵和理论研究出发，分析了我国生态产品价值实现面临的问题和挑战，厘清了生态产品价值实现需要处理的发展和保护、政府和市场、多元供给主体、区域城乡、不同环节利益分配等五大关系，提出了生态产品价值实现要探索多元化实现路径和区域差异化实现模式，并且提出了加强顶层设计、开展市县试点、强化法律保障、规范数据管理、增强支撑能力、深化理论研究、实施经济杠杆调控等对策建议。

习近平总书记提出："绿水青山就是金山银山。"生态产品价值实现问题研究，就是要搭建"绿水青山"与"金山银山"之间的桥梁，协调生态保护者、生态产品和生态保护受益者之间的利益分配关系，让保护生态环境变得"有利可图"，把绿水青山变成金山银山。对于科学有效挖掘自然要素价值，建立保护生态环境就是保护和发展生产力的利益导向机制，推进经济社会发展与生态环境保护相协调，实现可持续发展具有重要意义。

一、生态产品价值实现的内涵和理论基础

（一）概念界定

认识和理解生态产品价值实现，需要抓住三个关键词：生态产品、价值和实现，要一层层抽丝剥茧，揭开这些概念的内涵和特性。

1.生态产品

2010年，《国务院关于印发〈全国主体功能区规划〉的通知》（国发〔2010〕46号），首次提出了生态产品的概念，将生态产品定义为"维系生态安全、保障生态调节功能、提供良好的人居环境的自然要素，包括清新的空气、清洁的水源、茂盛的森林、宜人的气候等；生态产品同农产品、工业品和服务产品一样，都是人类生存发展所必需的"。关于生态产品的内涵，我们主要有以下认识。

（1）生态产品不是生态标识产品、绿色产品。实践中这三个概念很容易混淆，有时人们会将生态标识产品、绿色产品称为生态产品，这是不正确的。生态产品是和农产品、工业品和服务产品并列的一类产品，属于上位类。而生态标识产品或绿色产品是农产品、工业品和服务产品中的某一类，属于下位类。绿色产品和生态标识产品概念相同，都强调产品的生产要符合生态环保、低碳节能、资源节约等要求，一般由机构按照一定标准进行认证，目前我国有生态原产地保护产品（原国家质量监督检验检疫总局认证）、国家森林生态标志产品（原国家林业局认证）等。按照《国务院办公厅关于建立统一的绿色产品标准、认证、标识体系的意见》（国办发〔2016〕86号）要求，2020年要初步建立系统科学、开放融合、指标先进、权威统一的绿色产品标准、认证、标识体系。

（2）绿色产品、生态标识产品是生态产品产业链的下游产品。生态产品按照生产、流通、转化的程序构成产业链，产业链的上游是保护和修复绿水青山，中游是生态产品参与市场交易，下游则是利用生态产品优势生产出绿色农产品、

绿色工业品、绿色服务产品等绿色产品。因此，可以说生态标识产品和绿色产品是生态产品产业链向下游延伸的产物。（如图1所示）

图1 生态产品产业链

（3）生态产品具有三个属性。一是公共物品属性，是公共物品（如空气、气候等）或准公共物品（水、森林、草地、矿产资源等），消费过程中具有非竞争性和非排他性[1]，或者具有有限的非竞争性或有限的非排他性。公共物品属性决定了生态产品需要由政府提供供给。二是商品属性，具有价值和使用价值，在明晰和界定产权的基础上，可以通过市场交易实现供给，如森林、草地、湿地等自然资源的经营权，以及虚拟的排污权、碳排放权等。三是金融属性，生态产品的使用权、经营权、收益权等可以进行资产化、证券化、资本化，如林地经营权抵押贷款等。生态产品的商品属性和金融属性并非是其本质属性，而是伴随着工业化、城市化对生态环境的破坏，生态产品变得稀缺，需求增加而供给不足，使用者愿意付出代价通过交换获得生态产品，因此生态产品才具备了商品和金融属性。

（4）生态产品具有四个特性。一是正外部性。生态产品具有典型的正外部性，主要表现为生态产品的生态价值和社会价值外溢，被其他个体无偿使用。如果不能得到足够的补偿，就会造成生态产品生产不足。二是可生产性。生态产品的可生产性体现在人类可通过投入劳动和物质资源，推动生态系统恢复，增加生

---

[1] 生态产品的非竞争性是指在既定的生态产品供给下，新增加一个消费者对提供生态产品所产生的边际成本为零，强调生态产品的数量和质量不受影响；生态产品的非排他性是指在对生态产品进行消费时无法排除他人也同时消费这类产品，强调生态产品消费人群的范围不受影响。

态产品供给,以改善生态环境、维持生态平衡。三是可交易性。生态产品同农产品、工业品和服务产品一样,都是人类生存发展的必需品,具有商品的属性,可以通过市场公开买卖而实现其价值。四是可转换性。生态产品作为自然要素,是经济发展的生产要素,在经济发展中发挥重要作用。可转换性表现在两个方面:一方面,在生产过程中,生态产品作为要素投入可转换成绿色产品,从而产生较高的附加值。另一方面,生态产品可转换为资产和资本。

2. 生态产品价值

2015年中共中央、国务院印发的《生态文明体制改革总体方案》提出:"树立自然价值和自然资本的理念,自然生态是有价值的,保护自然就是增值自然价值和自然资本的过程,就是保护和发展生产力,就应得到合理回报和经济补偿。"

本研究的生态产品价值是经济学意义的市场价值而非生态学、社会学意义的使用价值。生态产品的功能和使用价值体现在维系生态安全和保障生态调节功能上,包括固碳释氧、涵养水源、保持水土、净化水质、防风固沙、调节气候、清洁空气、减少噪音、吸附污染、保护生物多样性、减轻自然灾害等,这些功能和使用价值用货币化的形式体现出来,就是生态产品的市场价值。

当然,生态产品还可以作为生产要素,也可以提供游憩观赏等服务。同时,生态产品还可以通过影响周边土地、房屋等的价值而产生经济价值。这些价值可以看作是对生态产品经营开发后转化为其他商品的价值,但不能算作生态产品本身的价值。

3. 生态产品价值实现

生态产品价值实现就是要搭建"绿水青山"与"金山银山"之间的桥梁,将生态产品所具有的生态价值、经济价值和社会价值,通过货币化的手段全面体现出来,不仅实现其经济价值,还要使其正的经济外部性内部化,体现出其作为公共物品的价值。生态产品价值实现的目的是让保护生态环境变得"有利可图",达到经济发展与生态环境保护的协同推进,实现可持续发展。(如图2所示)

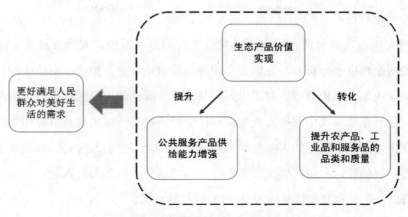

图2　生态产品价值实现框图

生态产品价值实现具有渠道多样、制度依赖和区域差异的特征。

（1）渠道多样性。生态产品价值实现具有多种渠道，一是政府直接购买生态产品，即生态补偿方式；二是生态产品直接参与市场交易，如碳排放权交易、排污权交易和用能权交易等；三是将生态产品转化为物质产品和文化服务产品来实现其价值。

（2）区域差异性。生态产品价值实现存在区域差异性，不同地区的居民因经济发展水平和认知水平的差异，使得生态产品产生不同的价值。

（3）制度依赖性。生态产品的价值实现需要一系列制度保障，涉及财政转移支付、生态补偿、草原奖补、退耕还林补偿、资源环境产权制度、市场交易制度，以及绿色产品认证制度、绿色金融制度等的建立和创新。

（二）理论基础

从目前国内外关于生态产品价值实现的相关理论来看，主要集中在生态产品价值理论、产权理论、公共物品理论和外部性理论等方面。生态产品价值理论是生态产品价值实现的基础，产权理论和公共物品理论分别为明确生态产品价值的享有者和付费者提供理论指导，而外部性理论则为生态产品价值采取政府和市场两种实现方式提供理论指导。（如图3所示）

1. 价值理论

研究生态产品价值，可以从马克思主义的劳动价值论和西方经济学的效用价值论两个角度来分析。马克思主义的劳动价值论认为，物化在商品中的社会必要劳动量决定商品价值量。对于生态产品而言，凝结的人类劳动主要包括两个方面：一是从生态系统中获得人类生存和社会经济发展所需的自然资源和生态要素时，在生态系统中凝结的人类劳动的价值；二是为了推动人与自然和谐共生，保证生态系统的稳定和可持续发展，维持生态产品的供给能力，人类对生态系统进行合理的保护和修复所耗费的人类劳动所凝结的价值。

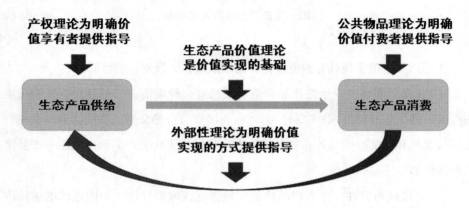

图3　生态产品价值实现的理论基础

西方经济学的效用价值论是从物品满足人的欲望能力或人对物品效用的主观心理评价角度来解释价值及其形成过程的经济理论。根据效用价值理论，效用和稀缺性是价值得以产生的条件。作为人类生产生活的必需品，生态产品的效用是毋庸置疑的。随着我国经济的发展，工业化、城镇化的快速推进以及粗放的发展方式对生态环境造成了严重破坏，导致生态产品供给与需求之间产生了巨大的缺口，生态产品的供给难以满足人民群众日益增长的需求，生态产品具有了稀缺性。生态产品的价值是由其在提高社会福利中的作用以及其稀缺性和有用性所决定的。

2. 产权理论

产权理论是经济学的重要理论，其研究的对象是经济运行背后的财产权利结构，即运行的制度基础。科斯产权理论的核心是：一切经济交往活动的前提是制度安排，这种制度实质上是一种人们之间行使一定行为的权力。因此，经济分析的首要任务是界定产权，明确规定当事人可以做什么，然后通过权利的交易达到社会总产品的最大化。产权理论是生态产品进行交易并实现价值的前提和基础，清晰的产权也可以很好地解决外部性问题。自然要素种类较多，不同的要素资源，其所有权、使用权、收益权等各不相同。生态产品的价值得不到很好的体现，与目前我国自然资源资产产权制度尚不健全、环境产权制度尚未建立、所有者职责不到位、所有权边界模糊等有着直接关系。产权制度直接关系到生态产品供给主体责任是否清晰、主体权利是否明确、主体利益能否实现，从而关系到生态产品的增值或贬值。解决不好产权问题，就会导致产权主体不明，生态产品价值实现的其他问题就无从谈起。

3. 公共物品理论

公共物品理论是新政治经济学的一项基本理论，也是正确处理政府与市场关系、政府职能转变，构建公共财政收支、公共服务市场化的基础理论。所谓公共物品是指能够为全社会公共使用的产品的总称，其最大的特点就在于具有典型的非竞争性和非排他性。所谓非竞争性是指部分人对某种公共物品的使用不会减少其他人对这一产品使用的数量和质量；非排他性则是指部分人对某种公共物品的使用不能够阻止其他人对这一产品的使用。由清洁水源、清新空气等生态要素构成的生态产品明显具有这一特性。因而在对生态产品进行研究时要充分考虑到它的公共物品特性。而在享受生态产品带来的价值时，存在着显著的"搭便车"的现象，造成生态产品的受益群体庞大且难以明确，继而难以找到生态产品价值的付费者。在生态产品价值的实现过程中，应根据生态产品价值惠及范围的大小或生态产品消费群体的大小来明确生态产品价值的付费者，即具有典型公共产品属性的生态产品可以由政府付费（如生态补偿等），由部分群众享受的生态产品价值以收取税费等形式由受益群体付费，而具有私人产品性质的生态产品价值，则由明确的消费者付费（如生态农产品、生态旅游的价值）。

4.外部性理论

外部性理论是环境经济学的基础。外部性是指某一个体在从事经济活动时，给其他个体造成了积极或消极影响，却没有取得应有的报酬或没有承担应有的责任。生态环境的外部性主要体现在两个方面：一是由于人类活动造成生态环境破坏，进而对其他人造成不良影响，可称之为生态环境的负外部性；二是对于生态环境的保护，生态产品的生产能力得到强化，而使未参与这一活动的人群同样享受到因环保所带来的效益，可称之为生态环境的正外部性。但是，针对生态环境保护和破坏的正外部性和负外部性均未在成本和价格中得到体现，会造成生态环境保护行为因未得到合理补偿而供给不足，以及生态环境破坏行为的成本小于其实际造成的损失而供给过多。外部性的存在说明市场和政府都有可能出现失灵，无论是正外部性还是负外部性都导致无法实现资源配置的帕累托最优，因此，需要对外部性进行治理、实现外部性的内部化——主要途径包括政府和市场两种途径，即环境经济学常用的庇古手段和科斯手段。庇古提出了著名的"庇古税"理论，即对产生负外部性的经济行为主体课以税收，对产生正外部性的经济行为主体进行补贴，从而实现资源配置的帕累托最优。根据科斯的理论，产权设置是优化资源配置的基础，解决外部性的关键是明确产权，即可以通过交易成本的选择和私人谈判、产权的适当界定和实施来实现外部性的内部化。外部性理论为生态产品价值实现采取政府和市场两种主要方式提供了理论指导。

二、生态产品价值实现的国际经验

国际上对我国实现生态产品价值问题具有参考意义的是生态系统服务付费或生态补偿。发达国家走过了先污染后治理的过程，对生态环境价值的认识要更加深刻，研究也更早，在森林、流域、矿产开发、生物多样性、自然保护区等领域开展了生态补偿、生态购买和生态系统服务付费等大量探索，取得了一些成功的经验，对我国的生态产品价值实现问题具有借鉴意义。总结起来，主要有如下的经验。

（一）政府和市场并举

公共支付和市场支付是国外实现生态系统服务价值的主要模式。公共支付模式是政府通过财政转移支付、生态保护项目实施、环境税费制度等实施的补偿方式，如瑞典、比利时、芬兰等征收生态补偿税用于生态环境治理，美国实施"土地休耕计划"对按照计划退耕的农场主给予农产品价格补贴，芬兰采用购买的方式对生物多样性价值给予经济补偿等。市场支付模式是生态产品受益者对保护者（或产品提供者）的直接补偿，主要有自主交易模式、产权交易模式等。自主交易模式通常被称为"自愿补偿"或"自愿市场"，典型案例是法国Vittel矿泉水公司为保持水质付费的生态补偿。产权交易和许可证交易的内涵一致，是欧美国家最早实施的"限额交易计划"，最常见的产权交易模式有排污权、碳排放权、用能权、水权等形式。

从国际经验来看，政府与市场支付各有其特点，但政府和市场不是割裂的，更不是完全对立的，政府支付模式也会引入市场机制，如国外通过政府引导设立的生态补偿基金或者信用基金；在市场支付模式中，政府发挥着制定政策和引导、监管等作用，政府和市场共同发挥作用。

（二）建立交易机制

发达国家比较重视利用市场化方式来实现生态系统服务价值。其主要做法是通过创新赋予资源环境产权，然后通过交权交易实现其价值。最常见的产权交易包括排污权、碳排放权、用能权、水权等形式。最早的排污权交易起源于美国，第一阶段是以SO_2减排为主的"基准-信用交易模式"；第二阶段是以"酸雨计划"为代表的"总量控制-许可证交易模式"，政策标的物包括SO_2、NO_x、Hg、臭氧层消耗物等；第三阶段是以碳排放权交易为主的"非连续排污削减模式"，排污权交易在美国大气污染治理方面发挥了巨大作用。从目前来看，碳排放权交易占有较大比例，欧盟、澳大利亚等多个碳排放权交易市场在2016年碳交易量达到6340亿吨。水权、水质交易市场也是较为常见的环境权益交易模式，目前以澳大利亚和美国为主的约12个国家实施了水权分配和交易的机制；在美国、英国和澳大利亚等国实施的近20个水质交易项目中，交易的水质信用额度达到3200万美元。

（三）引导资本进入

通过金融工具创新引导资本投向生态环境领域是发达国家的普遍做法，主要有三种模式：一是依托原有的商业银行或政策性银行开展绿色金融业务，包括发放绿色债券、开展绿色信贷业务等。自2007年欧洲投资银行改造第一单绿色债券以来，发行总额目前已接近3000亿美元；德国的道德银行（GLS）2010年将贷款总额的40%投入到新能源领域。二是建立生态资源储备交易机制的生态银行。这类银行将生态修复所产生的服务价值"增量"作为"信用"或"权益"储备起来，然后建立交易平台，将这些信用或权益出售给开发利用者。如1991年美国创建的湿地缓解银行（Wetland Mitigation Bank）。三是设立引导私人资本参与的投资基金。通过公共资本引导，撬动私人资本共同参与，以股票、债券和担保等多种形式向生态项目投资以获取经济收益。如英国的绿色投资银行（UK Investment Bank），平均每投资1英镑的公有资金能够吸引3英镑的社会资本。通过绿色金融创新将私人资本吸引到生态环境领域，不仅可以有效弥补政府资金不足的问题，同时也提高了资金的使用效益。

（四）推行生态标签制度

国外普遍采用生态标签认证制度，鼓励企业按照可持续的方式生产出生态友好型产品或绿色产品，不仅有利于节约能源资源、减少污染排放、提升生态系统服务功能，而且这些含有标签的产品向消费者提供绿色生态价值而产生溢价。1978年联合国首次提出了"蓝色天使"生态标签，随后多国相继推出本国和地区性的生态标签。美国"能源之星"是目前世界范围内非常有影响力的生态标签，从1992年该生态标签启用开始，该标签减排温室气体约25亿吨，节约下来的能源价值高达3620亿美元。国际性公益组织——森林管理委员会（FSC）目前已对85个国家的30亿亩森林及其产品进行了认证。目前具有生态认证的产品涉及林产品、众多农产品、海洋渔业和水产养殖业，以及生态旅游等领域。

三、我国生态产品价值实现的实践探索和进展情况

自2010年提出生态产品概念以来，我国生态产品价值实现在实践中仍处于起步和初始阶段，一些省市县开展了积极的探索，相关的配套制度正在建设或试点，新的经济模式正在发展和创新，生态优势正在不断地向生态经济优势转化。

（一）目标任务已经明确

自生态产品的概念提出以来，中共中央、国务院的文件中逐步在明确和细化具体的任务和要求，总体目标就是增加生态产品供给，实现方式是建立生态产品价值实现机制、探索生态产品价值实现路径。2010年《国务院关于印发〈全国主体功能区规划〉的通知》（国发〔2010〕46号）提出：必须把提供生态产品作为发展的重要内容，把增强生态产品生产能力作为国土空间开发的重要任务。党的十八大报告提出要"增强生态产品生产能力"。党的十九大报告进一步明确了"提供更多优质生态产品以满足人民日益增长的优美生态环境需要"的任务。2017年，中共中央、国务院在《关于完善主体功能区战略和制度的若干意见》中对生态产品价值实现的任务作了进一步细化，提出科学评估生态产品价值、培育生态产品交易市场、创新绿色金融工具、吸引社会资本发展绿色生态经济等几个方面的任务。2018年4月26日，习近平总书记在深入推动长江经济带发展座谈会上的讲话中提出：要积极探索推广绿水青山转化为金山银山的路径，选择具备条件的地区开展生态产品价值实现机制试点，探索政府主导、企业和社会各界参与、市场化运作、可持续的生态产品价值实现路径。但是，总体来说，生态产品价值实现的总体方案尚未形成，生态产品价值实现的具体任务、实现路径等仍处于研究和探索阶段。

（二）制度创新不断深入

党的十八大以来，我国大力推进生态文明建设，2015年9月《生态文明体制改革总体方案》印发，生态文明制度的"四梁八柱"建设正在稳步推进中，这些制度创新为生态产品价值实现奠定了基础。

一是生态补偿机制初步建立。经过近20年的努力，生态补偿机制在森林、草原、湿地、水流等重点领域，重点生态功能区等重点区域，以及地区间初步建立起来。2018年，中央安排的重点生态功能区转移支付金额达到721亿元；2001—2015年累计森林生态效益补偿资金986亿元；2011—2015年中央安排草原奖补资金773亿元；新安江等跨流域跨区域生态保护补偿试点稳步推进，2012—2015年中央和地方财政出资15亿元补偿新安江流域上游地区。

二是资源环境产权交易正在试点。排污权交易方面，从2007年开始，江苏、浙江、天津、湖北、湖南、内蒙古、山西、重庆、陕西、河北和河南等11个省份开展排污权交易试点，涉及化学需氧量、氨氮、二氧化硫、氮氧化物等污染物。碳排放权交易方面，2011年，我国在北京、天津、上海、广东等省份启动了碳排放权交易试点，截至目前，7个试点碳市场覆盖了电力、钢铁、水泥等多个行业近3000家重点排放单位，累计成交量突破2.5亿吨，累计成交金额超过55亿元。2017年12月，国家发展改革委印发了《全国碳排放权交易市场建设方案（发电行业）》，明确以发电行业为突破口启动全国碳排放交易体系，首批纳入全国碳市场的1700余家发电企业，年排放总量超过30亿吨CO_2当量，约占全国碳排放量的1/3。水权交易方面，2000年以来，浙江、宁夏、内蒙古、福建、甘肃等地开展了水权交易的实践探索，目前已形成区域水权交易、取水权交易和灌溉用水户水权交易三类主要形式。节能量交易方面，2011年我国提出建立节能量审核和交易制度，北京、深圳、上海、武汉、山东、成都、河北、青海、云南等地"节能量交易"平台陆续建立。用能权交易方面，2015年《生态文明体制改革总体方案》中首次提出了用能权交易，用能权交易试点正在福建、四川、浙江和河南开展。

三是绿色金融创新快速发展。绿色债券、绿色信贷、绿色基金等绿色金融产品创新工具不断出现。截至2017年6月末，国内21家主要银行机构绿色信贷规模达到8.22万亿元；截至2017年末，中国境内和境外累计发行绿色债券184只，发行总量达到4799.1亿元，约占同期全球绿色债券发行规模的27%。

（三）地方探索进展良好

2017年，中共中央、国务院印发了《关于完善主体功能区战略和制度的若干意见》，将浙江省、贵州省、江西省和青海省列为国家生态产品价值实现机制试点，要求试点区域结合自身经济社会发展水平、生态产品属性要求、市场环境等特性，不断创新体制机制，为实现生态产品价值提供创新思路、积累经验。从目前进展来看，尽管在省级层面尚未编制系统完整的试点方案，市县试点也是自发进行，开展的一些制度创新也是碎片化的，还在摸着石头过河，但取得了较为丰富的经验，形成了各具特色的实现模式。浙江作为"两山"理念的发源地，依托经济社会发展优势，加大省级财政投入增加生态产品供给，开展资源环境权益交易和创新生态产品资本化，推动生态产业发展取得成功经验。贵州和江西以国家生态文明试验区建设为契机，通过制度创新，将生态优势转化为发展优势，增强绿色发展新动能取得积极进展。青海省通过国家公园管理体制创新，积极探索增加生态产品供给的途径。

（四）生态优势逐步转化

各地区充分利用优质生态资源吸引投资，降低企业成本，通过绿色产品的市场溢价实现生态产品价值，将生态环境优势转化为生态农业、生态工业、生态旅游等生态经济的优势，形成了若干践行"两山"理念的成功范式。

一是将生态优势转化为旅游业发展优势。利用良好的生态环境和丰富的历史文化遗产优势，扶持建设以"生态旅游-民宿经济"为主题的旅游村镇，推动生态旅游业发展。如丽水打造了融乡村景观、乡村生产、乡村生活、乡村建筑为一体的"丽水山居"旅游品牌。

二是将生态优势转化为农业发展优势。立足区域原生态优质农产品优势，通过品牌培育和农村电商，促进绿色农业发展，实现农业发展和生态保护的双赢，同时还提升了农产品的附加值。如丽水以政府名义注册了全国首个地级市农产品公用品牌"丽水山耕"，品牌价值达26.59亿元，不仅扩大了地区绿色农副产品销路，更带动了价值提升，产品溢价率达33%。

三是将生态优势转化为工业发展优势。充分发挥清新的空气、洁净的水源、宜人的气候等生态产品优势，将生态要素转化为生产要素，吸引工业企业落户。如丽水成功吸引了四川科伦药业、德国肖特集团等国内外著名生态友好型企业入驻。

四、我国生态产品价值实现面临的问题和挑战

生态产品是个新概念，生态产品价值实现和转化还处于探索阶段，目前还存在着对生态产品价值认识不足、核算困难、补偿机制不完善、市场交易制度未建立、服务体系不健全等问题。

（一）对生态产品价值认识不充分

过去，由于生态产品的公共物品属性和外部性特征，造成"公地悲剧"现象，生态产品价值长期以来得不到社会的重视。随着我国大力推进生态文明建设，社会公众的生态环保意识增强，认识到生态环境保护和生态产品的重要性。但是，对于生态产品的价值仍缺乏充分的认识，没有看到生态产品中所蕴含的经济价值和社会价值，造成生态产品价值及溢价效应被低估。更不知如何将经济价值转化出来，甚至将生态保护和经济发展对立起来、将生态价值和经济价值对立起来，认为增加生态产品供给就要牺牲经济发展。这种价值观严重影响和阻碍了生态产品价值的实现，在一些欠发达地区则造成了对生态环境的破坏。

（二）生态产品价值核算存在分歧

关于如何核算生态产品价值，目前缺乏共同的话语体系，也没有成熟的核算方法。当前生态产品价值核算一般直接套用生态系统服务功能价值核算体系，

对生态系统的供给服务、调节服务和文化服务价值分别核算后加总得到生态产品价值。存在核算对象模糊（以生态系统服务功能替代生态产品）、生态产品价值与其他产品价值存在交叉（现有国民经济核算体系已经包含供给服务与文化服务的价值）等问题。此外，生态产品价值核算还面临着技术、数据和管理制度等方面的障碍。一方面，由于生态产品类型众多，同一类别生态产品的核算技术方法在国内外都存在诸多争议，整体核算就更难以达成共识；另一方面，我国资源环境基础数据薄弱，数据缺失不完整，部门之间数据不统一，难以支撑价值核算需求。目前国内开展了生态系统生产总值（GEP）核算，由于计算出的价值量过高而难以得到认可，对实践的指导意义不大。建立一套相对科学完备、有完整数据支撑的生态产品价值核算方法体系仍存在较大难度。

（三）生态补偿机制尚不完善

一是补偿主体单一。目前我国生态补偿机制仍以中央对地方或者省对市县的纵向转移支付为主，受到中央财力限制难以大幅提高。地区间横向生态补偿处于试点状态，可能面临不可持续的风险。企业和公众广泛参与的多元化补偿方式尚未建立。

二是补偿方式单一。生态补偿方式以政府财政资金补偿为主，政策补偿、项目补偿、技术补偿、实物补偿、产业补偿、人才补偿等方式还很少，保护者通过生态产品交易获得收益的市场化补偿方式尚未建立起来。

三是补偿资金分配不合理。补偿资金主要以弥补地方财政收支缺口为主，未能体现区域生态产品提供能力的差异性，资金使用效率不高。

（四）生态产品交易制度尚未建立

一是自然资源产权制度尚不健全。生态产品涉及山水林田湖草等自然资源，这些资源存在国家、集体、中央、地方所有等不同权属性质，所有者是抽象的概念，缺乏具体的人格化代表，所有者职责不到位、所有权边界模糊，而使用权、承包权、经营权分离目前仅在耕地、林地等领域试点，产权不明晰导致市场交易缺乏基础。

二是环境产权制度尚未建立。我国环境产权缺失，宪法、环保基本法或物权法等法律法规尚未明确规定环境容量和污染排放的法律权属，产权缺失导致市场交易难以进行。

三是市场交易体系建设尚在探索起步阶段。我国排污权、用能权、用水权等能源环境权益交易多处于试点阶段，尚未形成统一的全国市场；碳排放权也仅是在电力行业开始建设全国性交易市场。排污权仅仅开展了二氧化硫、氨氮、氮氧化物、COD等主要污染物交易试点，一些重要的污染物，如氮、磷的排放未纳入排污权交易。同时，这些不同能源环境产权交易分散在不同部门管理，缺乏统筹协调。

四是交易机制尚不健全。用能权、用水权、碳排放权、排污权等权益的初始分配制度有待完善；交易制度设计缺乏相关激励政策，造成交易参与主体相对单一，交易不活跃，全国9个碳排放权交易试点截至2017年2月底的总成交额仅为26亿元；交易机制不灵活，确权、核算成本过高，阻碍了交易市场的发展壮大。

（五）绿色产品服务体系不健全

一是绿色产品认证体系有待规范。当前，我国在节能、环保、节水、循环、低碳、再生、有机等多种产品领域存在着第三方认证、评价和自我声明等多种形式，第三方认证或评价中有部委采信的，也有机构自主推广的。在管理层面造成了监督职能交叉、权责不一致等问题，在企业层面增加了重复检测、认证的成本和负担，在公众层面导致消费者辨识困难，造成市场认可度和信任度不高。

二是绿色产品的追溯体系尚未建立。产品信息追溯体系是绿色产品提高溢价，增强消费者信任度的重要支撑条件，当前我国包含绿色产品供求信息、价格信息、品种和质量信息，以及与之相关联的产品储运、保险、包装、检疫、检测等完备信息的信息追溯体系尚未建立。

三是政府采购体系绿色化程度不高。政府绿色采购目录向绿色产品倾斜不够，难以发挥政府购买行为的"风向标"作用，不能有效引导社会公众更多购买绿色产品。

五、我国生态产品价值实现需要处理好的五大关系

实现生态产品价值，需要处理好发展和保护、政府和市场、多元供给主体、区域城乡、不同环节利益分配等几个方面的关系，建立路径多元、市场运作、区域协同、创新驱动的生态产品价值实现机制。（如图4所示）

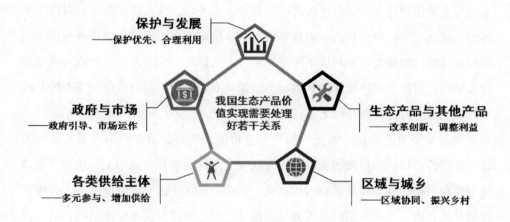

保护与发展
——保护优先、合理利用

政府与市场
——政府引导、市场运作

生态产品与其他产品
——改革创新、调整利益

我国生态产品价值实现需要处理好若干关系

各类供给主体
——多元参与、增加供给

区域与城乡
——区域协同、振兴乡村

图4　生态产品价值实现五大关系

（一）保护优先、合理利用——处理好发展和保护的关系

实现生态产品价值是落实"绿水青山就是金山银山"两山理论的重要抓手，其核心就是要处理好发展和保护的关系。习近平总书记指出："我们既要绿水青山，也要金山银山。宁要绿水青山，不要金山银山，而且绿水青山就是金山银山。"关于发展和保护的关系，2013年5月24日，习近平总书记在中央政治局第六次集体学习时指出：要正确处理好经济发展同生态环境保护的关系，牢固树立保护生态环境就是保护生产力、改善生态环境就是发展生产力的理念；2018年4月26日，在深入推动长江经济带发展座谈会上的讲话中，习近平总书记再次对发

展和保护的关系作了精辟的论述：发展经济不能对资源和生态环境竭泽而渔，生态环境保护也不是舍弃经济发展而缘木求鱼，要坚持在发展中保护、在保护中发展，实现经济社会发展与人口、资源、环境相协调，使绿水青山产生巨大生态效益、经济效益、社会效益。

绿水青山是实现生态产品价值的前提和基础。生态产品是维系生态安全、保障生态调节功能、提供良好的人居环境的自然要素。没有良好的生态环境，生态产品的供给无从保障，就更谈不上生态产品价值实现。因此，生态产品价值实现要坚持保护优先，像保护眼睛一样保护生态环境，像对待生命一样对待生态环境，强化生态环境保护的前提和基础地位，统筹推进山水林田湖草沙一体化治理，通过保护和修复生态环境不断增加生态产品供给，为生态产品价值实现奠定物质基础。坚持生态环境保护和生态价值提升双轮驱动，在有效保护生态的基础上促进生态产品合理高效转化。

统筹平衡生态价值、经济价值和社会价值。生态价值是根本，是基础和前提。经济价值和社会价值的实现是建立在对生态资源的开发利用上，这种开发和利用要和当地的资源环境承载力相适应，要在不破坏生态环境的前提下，适度、合理开发利用。开发利用的方式要绿色循环低碳，要减少资源能源消耗，提高资源能源的效率，降低污染排放，尽可能实现经济发展和生态环境保护的统一。

（二）政府引导、市场运作——处理好政府和市场的关系

根据古典经济学理论，生态产品领域存在"市场失灵"，仅靠市场机制难以达到"帕累托最优"，需要由政府通过税收和补贴等经济手段来干预和纠正市场失灵，解决外部性问题。而根据科斯的产权交易理论，外部性问题的实质在于双方产权界定不清，在产权明晰和交易成本为零的情况下，外部性问题可以通过市场解决。古典经济学和产权交易理论为解决生态产品的外部性问题、实现生态产品价值提供了思路。妥善处理好政府和市场的关系，充分发挥好政府和市场的双重作用，是生态产品价值实现的关键。

政府与市场各就其位，各司其职。一般而言，由于生态产品的公共物品和准公共物品属性，政府在生态产品价值实现机制中发挥着主导和引导作用。政府主要作用于生态建设资金安排、转移支付和生态补偿，同时还发挥着生态产品交易机制的制定、政策的设计、相关制度安排以及市场监督等作用。市场则是在优化环境资源配置中发挥决定性作用，同时通过产权直接交易和生态资源的产业化经营等方式实现生态产品价值。

政府领域应探索引入市场机制。政府交易成本低，解决公平问题，但是也存在着资金来源单一、权责利脱节以及供给效率低下等弊端。市场解决效率问题，引入市场化机制是缓解财政压力、提高供给效率的有效手段。即便是政府直接增加生态产品供给的领域，如生态建设、生态补偿等，也应当积极引入市场化的机制，通过市场化运作来实现，如通过设立基金或者设立生态银行的方式，这样更加有利于提高政府的效率。

（三）多元参与、增加供给——处理好各类供给主体之间的关系

我国生态产品供给不足，存在短板。改革开放以来，传统的高消耗、高排放、高污染的发展模式，使生态环境遭受严重破坏，导致生态产品供给严重不足。随着收入水平和消费水平的提高，人们对良好生态环境的需求急剧增加。过去，生态产品的供给主体主要是政府，参与主体单一，供需关系难以建立起来，不仅造成了生态产品供给的不足，同时也不利于生态产品价值的实现。随着我国市场经济体制和自然资源管理体制的不断完善，必须充分调动全社会的积极性，形成政府、个人、企业、农民专业合作社、金融资本和社会组织多元主体参与的供给体系，增强生态产品的生产能力，快速增加生态产品的供给。同时，通过多方参与，建立起生态产品的供需关系，也更加有利于生态产品价值的实现。

一是发挥政府作用。政府参与生态产品供给，主要体现在以下两个方面：其一加大对"山水林田湖草"生态系统建设，土地沙化石漠化治理，旱涝灾害治理以及生态补偿资金的投入，增加生态产品的生产面积；其二出台各种鼓励生态产品生产的政策措施和制度保障，增加生态产品的制度供给。

二是积极引导个人参与。私人参与生态产品供给，主要通过以下方式：其一实施退耕还林、退耕还草工程等获得补助；其二在公益性岗位就业，如担任护林员、河长（湖长）等；其三建立粮食经作型、果蔬园艺型、机农一体型等家庭合作农场。

三是大力发展企业供给主体。企业主要是通过参与生态环境保护等社会公益行为来参与生态产品供给，或者通过绿色生产等方式来增加生态产品的供给；对于从事生态环保领域的企业，如城市污水、垃圾处理企业，企业生产本身就可以使得城镇环境变好、气候空气变优、水源地变清洁等，也就是为社会提供了生态产品。

四是规范发展农民专业合作社等供给主体。农民专业合作社通过开展社会化服务，将生产、销售、金融有机融合，增加生态产品供给，提高供给效率，并且为金融资本参与提供担保。

五是有序引导金融资本参与生态产品供给。金融资本的参与方式主要是通过参与资源环境权益的交易，或者通过绿色投资来实现。

六是发挥非政府组织（NGO）的作用。大型环保组织、多边援助组织以及一些扶贫组织在生态产品供给中的作用日益增强，主要体现在：其一通过大量环保宣传，使绿水青山就是金山银山理念深入人心；其二环保组织开展的生态保护和修复等公益性活动，直接增强生态产品供给；其三一些多边援助组织、扶贫组织在欠发达地区或生态脆弱区开展的生态扶贫项目，不但增强生态产品供给，而且促使生态产品价值的转化和实现。

（四）区域协同、振兴乡村——处理好区域、城乡之间的关系

生态产品供需状况、生态产品价值实现难易程度、生态产品的价值量等，在区域、城乡之间存在较大差异。一是从供需来看，东部发达地区、城市地区物质需求基本得到满足，生态产品需求大，但是供给不足；中西部欠发达地区、农村贫困地区则相反，生态产品供给较多而需求不足。

二是从生态产品价值实现的难易来看，东部发达地区、城市地区，受需求增加供给减少的影响，生态产品的价值更易实现；而在中西部欠发达地区、农村贫困地区，受供给较多而有效需求不足的影响，生态产品的价值实现起来受到较多制约。

三是同一生态产品价值在不同区域之间存在差异性。在东部发达地区、城市地区，生态产品是稀缺产品，稀缺性决定了生态产品具有较高价值；而在中西部欠发达地区、农村贫困地区，由于人们对物质文化需求高于对生态产品的需求，生态产品供给过剩，价值不能完全体现出来。

四是不同区域之间生态产品价值实现存在着关联性，例如水源地生态产品，其价值需要在用水地得到实现。流域的生态产品价值需要流域沿线地区的协作才能实现。因此，生态产品价值实现需要处理好不同地区之间、城乡之间的关系，妥善解决好生态产品的供需失衡问题，通过转移支付、横向补偿等建立起区域协同实现的机制。

政府的生态补偿更多向中西部欠发达地区倾斜。生态产品富集地区与贫困地区在空间上的重合度较高。中西部欠发达地区的生态环境较好，生态产品供给能力强，但是经济社会发展较为滞后，缺乏将生态产品价值转化为经济价值的渠道，市场机制也不够发达，同时受到主体功能定位的限制，经济发展受到制度约束。因此，政府财政的转移支付和生态环保类的专项资金应当更多地向这类地区倾斜，使这类地区通过增加生态产品供给获得收益。

充分发挥地区间横向生态补偿作用推进区域协同。差异性和关联性决定了区域协同的必要性，由于生态产品的公共物品属性，其供给和价值实现追求公平原则，要通过区域间的合作和协同来实现。最有效的手段是建立横向生态补偿机制，鼓励地区之间、流域上下游之间采取对口协作、产业转移、人才培训、共建园区等多种方式加大横向生态补偿实施力度，通过横向生态补偿实现区域间生态产品价值实现的区域协同。

将生态产品价值实现作为振兴乡村的重要抓手。乡村地区生态资源丰富，生态产品供给能力强，应当作为生态产品价值实现的重点区域，把实现生态产品价值作为脱贫攻坚与乡村振兴的重要抓手，发挥农村生态资源丰富的优势，吸引资本、技术、人才等要素向乡村流动，以生态环境保护转移支付为依托，以实施生态产业项目为扶贫抓手，以资源产权与有偿使用制度建设为扶贫核心，以乡村生态资源的多层次利用和转化为基础，加快发展生态农业、生态工业、生态旅游等产业，努力把绿水青山变成金山银山，助力贫困地区脱贫致富和乡村振兴。

（五）改革创新、调整利益——处理好国民经济不同环节利益分配关系

研究生态产品价值实现问题，涉及价值观的重塑，涉及生态系统核算体系、国民经济核算体系的变革，涉及社会财富和利益的再分配，涉及相关制度的创新和建立，涉及生态补偿机制、生态产品价格形成机制、生态产品市场交易机制、生态产品转化机制等一系列生态产品价值实现机制的建立，是一项重大的、系统性的改革工程。其中，最核心和最重要的是需要妥善处理好生态产品和其他产品的利益分配关系。

当前，我国正处于发展方式转变、经济结构和产业结构转型的关键时期，也处于脱贫攻坚的决胜时期。随着我国进入生态文明新时代，在一般的农产品、工业品和服务产品基本满足人们需求，而生态产品供需矛盾却十分突出的背景下，迫切需要通过建立生态产品价值实现机制，推动资金、科技、人才等各类要素向生态产品产业链集聚，增加生态产品供给，创造新的经济增长点，探索绿色富民新路径。因此实现生态产品价值，需要通过价格、税收等经济杠杆，对农产品、工业品、服务产品和生态产品的生产、流通、分配、消费进行调节，实现利益再分配。

将生态产品生产培育成经济增长新动力。当前，我国经济增长进入新常态，依靠大规模增加农产品、工业品、服务产品供给来实现经济增长的模式遇到天花板，新的经济增长动力来源于新兴产业和绿色经济。通过绿色发展，延伸生态产品产业链，在水、土地、大气等污染治理领域催生出新的经济增长点。同时，与供给侧结构性改革相结合，在生态农产品、生态工业品、生态服务业领域不断延伸与创造出新的需求和供给，通过源头、末端不断增加生态产品供给。

推动生态富民成为脱贫致富的新路径。传统经济发展模式下，脱贫致富就要通过发展来实现，尤其是在欠发达地区，由于资金、技术、人才等的缺乏，只能依靠当地资源走资源消耗型的发展路径，往往造成生态环境的破坏。研究和探索建立生态产品价值实现机制，实际上就是要建立起绿色富民的机制。通过建立完善的生态补偿机制，使贫困地区的农民通过草原奖补、生态公益林补偿等增加收入，通过国家公园体制改革，设置更多的公益性岗位来解决农民的就业问题，通过资源环境产权的建立使农民通过经营权流转或经营权抵押贷款以获得资产和资本收益，通过绿色产品转化机制使农民获得更多经营性收入。通过生态产品价值实现机制的建立完善，为脱贫致富探索出新路径、新模式，实现既能帮助贫困人口快速脱贫，同时又能提供生态致富的渠道。

六、我国生态产品价值实现的路径

实现生态产品价值，需要在加强生态产品价值核算的基础上，研究和探索直接实现和间接实现的不同方式，不断完善政府购买、市场交易等直接实现方式和价值转换等间接实现方式，探索多元化的实现路径。同时，结合区域经济社会发展特点和自然生态特点，探索区域差异化实现模式。（如图5所示）

（一）完善生态产品价值核算体系，为生态产品定价和交易提供参考

从理论上说，科学而合理的生态产品价值核算，是实现生态产品价值的前提和基础。但目前还缺乏共同的话语体系，缺乏成熟的核算方法；由传统的经济核算转到生态产品价值核算，核算单元从经济活动主体扩展到空间区域，使得生态产品价值核算面临统计数据支持不足的问题。此外，现阶段的生态产品价值核算尚未能与人类日常生产、生活中的物质使用和价格水平直接对接，从而影响了生态产品核算的决策应用能力。

生态系统生产总值（GEP）是在国内生产总值（GDP）核算和生态系统服务功能价值评估的基础上形成的核算评估体系，已有一定的实践基础，可以作为衡量生态系统盈亏、量化生态系统服务功能价值的重要参考。与GDP核算中划分一二三产业增加值相类似，GEP核算可以划分为供给服务、调节服务、文化服务

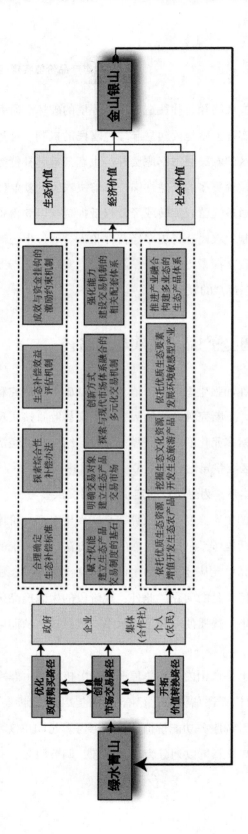

图5 生态产品价值实现多元化路径图

26

三大部分。虽然生态产品价值与GEP并非一个概念，但从生态产品内涵来看，其主要聚焦自然要素的生态功能，因此可以将GEP核算中调节服务的价值看作是生态产品价值，借助GEP这种较为成熟的核算方法来体现生态产品价值。在政策应用时应将二者加以区分，GEP可以作为政府考核的参考指标，而生态产品价值即GEP中的调节服务价值，是制定生态补偿标准和补偿绩效考核的重要参考指标，也是资源环境权益交易初始配额分配和初始定价的参照标准。

1. 加强生态产品核算方法的标准化工作

成熟的生态产品价值核算必然是建立在已经细分生态产品功能量类型、明确价值量评估优选方法的基础上的，当前亟需开展生态产品价值核算方法标准化工作。要认识到生态产品和生态系统服务功能的区别和联系，生态产品价值的具体核算方法可以借鉴生态系统服务功能价值评估方法，但是不能照搬。标准化工作应以规范生态产品指标体系为前提条件，在指标体系的规范过程中，着重强调生态功能量类别体系的规范。通过研究生态产品与人类福祉、经济社会发展的关系，明确生态产品提供的最终产品和功能服务，并针对不同的服务类型，优选适宜的核算方法。在对功能量进行定价的过程中，应尽快出台各功能量定价的导则或参考价格。

2. 不断完善价值核算的统计数据基础

尽管目前尚未建立生态系统服务功能监测体系，但大多数产品和服务的产量可以通过现有的经济核算体系获得，部分调节功能量可以通过现有水文、环境、气象、森林、草地、湿地监测体系获得，部分调节功能量可以通过生态系统模型估算。生态系统的监测体系，包括遥感监测、水文监测、气象台站、环境监测网络等可以为生态系统产品与服务功能量的核算提供数据和参数。下一步应尽快建立以空间区域为核算单元的数据体系，为实施生态价值核算提供信息保障。建议打通自然资源和生态环境相关部门现有的数据管理和监测平台，扩展统计数据的覆盖面，细化统计数据的涵盖指标。在生态系统核算数据体系建设中，首先保证数量指标的完整性，再进一步细化质量指标。空间区域数据越细化，越有可能建立与机构单位以及其他经济社会信息之间的对应关系，在数据体系上实现经济核算与生态价值核算的对接。通过推进自然资源资产负债表的编制等工作，完善核算的数据基础。

3. 突出价值核算的决策应用功能

生态产品的价值核算必须具备相应的决策应用功能才具有政策意义，即核算结果应能对后续的生态产品的定价和交易提供指导。价值核算结果可以作为政府对生态产品市场干预的依据，帮助政府综合采取价（如水资源价格等）、税（如环境税、资源税等）、费（如污水处理费、废弃物倾倒费等）、补偿（如生态补偿等）、补贴（如新能源汽车补贴、光伏发电补贴等）等各种调控手段，但要注意GEP和生态产品价值核算结果的分类使用。其中，GEP可以作为政府考核的参考指标。但生态补偿是针对生态产品的政府购买行为，因此应使用GEP中的调节服务的价值即生态产品价值作为确定生态补偿标准的依据，并将生态产品价值核算与现有生态补偿绩效考核体系进行有机结合。同时，GEP核算有助于推动资源环境权益交易市场繁荣发展，其中生态产品价值可以作为资源环境权益初始配额分配和权益初始定价的依据。

（二）健全生态补偿制度，优化政府购买路径

对生态功能区的"生态补偿"，实质是政府代表人民购买这类地区提供的生态产品[2]。政府的生态补偿是生态产品价值实现的重要路径。目前，从政府购买生态产品路径来看，主要是通过重点生态功能区转移支付，森林、草原、湿地等专项转移支付，以及横向生态补偿来实现。存在着补偿力度小、补偿资金未能体现区域生态产品提供能力的差异性、资金使用效率不高等问题。需要进一步完善生态补偿制度，优化政府购买生态产品的路径。

1. 以生态产品价值为依据，合理确定生态补偿标准

生态补偿成本是确定生态补偿标准的基础，既包括生态保护的直接投入成

---

[2]《国务院关于印发〈全国主体功能区规划〉的通知》（国发〔2010〕46号）。

本，也包括因维护和改善生态环境导致的发展机会损失。目前，从我国中央对地方的重点生态功能区转移支付来看，各省份补助额中的主要部分重点补助[3]，是按照标准财政收支缺口并考虑补助系数测算的，基本上和各地方生态保护的任务、因生态保护损失的发展机会成本没有联系。省以下的生态补偿受到各省财力影响，各级政府的财政状况在很大程度上决定了补偿标准的高低。从地方开展的横向生态补偿实践来看，补偿标准的制定缺乏量化标准，大部分还是依据协商办法解决。

科学确定生态保护补偿标准，需要综合考虑生态保护成本、发展机会成本和生态服务价值等多重因素。但是在实践中，政府作为受益人代表进行补偿时，往往还受到财政承受能力的限制。在利益相关者自主协商进行补偿的情况下，要充分考虑受益者的支付意愿、经济承受能力以及保护者的实际成本，否则难以达成补偿协议。

因此，要确定科学而合理的生态补偿标准，既要考虑其科学性，要以生态产品价值为依据进行核算，也要考虑可行性，要坚持利益相关者自主协商确定补偿标准的原则，这样才能够被各方接受。生态补偿标准的科学和完善需要一个长期的过程，可以采取分步走的办法：当前阶段，在生态产品价值核算方法尚未达成共识，国家缺乏统一的科学的生态产品价值核算办法的背景下，较为可行的办法是以生态保护成本为基础来测算补偿标准，并将补偿资金支付与履行生态保护义务相挂钩，确保补偿资金的使用效益。这一阶段首先解决生态补偿资金和生态保护成本之间建立起关联性的问题。随着国家相关制度的完善，随着生态产品价值核算办法研究的深入，可以根据各领域、不同类型地区的特点，以生态产品产出能力为基础，再进一步完善测算方法，分别制定补偿标准，从而真正建立起反映生态产品价值的生态保护补偿标准体系。

---

[3] 某省份的重点生态功能区转移支付应补助额=重点补助+禁止开发补助+引导性补助+生态护林员补助±奖惩资金。

2. 统筹各类补偿资金，探索综合性补偿办法

目前，我国生态保护补偿资金的分配和考核存在"九龙治水"问题，分散在林业、环保、水利、住建、经信、国土等不同领域，具有多种类型。一方面，存在"撒胡椒面"现象，补偿规模普遍偏低，难以满足地方生态保护事权支出的要求；另一方面，不同部门的专项生态补偿资金受到专款专用的限制，造成资金统筹使用难度大、效率低下，同时还给贫困地区带来资金配套的巨大压力。

为了充分发挥政府生态补偿资金的作用，提升地方生态产品供给能力，需要推动单项生态补偿向综合性生态补偿调整，通过整合各类资金，加大对重点生态保护区域的补偿力度，使绿水青山的保护者有更多的获得感。首先，推动资金的统筹整合。在省级层面整合各部门生态环境保护资金和生态补偿资金，将分散在林业、环保、水利、住建、经信、国土等不同部门的生态保护类专项资金，根据地方实际，由各省份自行制定统筹办法，按照一定比例或者全部统筹整合起来，既要考虑改革方向，也要兼顾各部门现实工作需要。其次，发挥政策合力实现综合治理。按照山水林田湖草生命共同体的理念，统筹后的资金以综合性生态补偿的方式进行分配和下达，在资金使用上赋予地方政府统筹安排项目和资金的自主权，最大限度地提高生态补偿资金的使用效率和调动地方政府的积极性。同时，鼓励地方将获得的补偿资金与本级资金捆绑使用，集中投入，综合治理，形成政策合力。

3. 建立生态保护补偿效益评估机制

我国生态补偿的探索与实践已开展多年，但综合绩效评估机制尚未建立，这与我国当前中央和地方两级财政生态补偿性资金的投入规模不相适应。为提高财政资金的使用效率，建立综合绩效评估机制势在必行。一方面，要加强生态补偿效益评价的研究工作，推进研究成果的转化，为生态补偿效益评价提供科技支撑和决策支持。另一方面，要加快建立科学统一的生态保护补偿效益评估方法，重点突出生态补偿的效果评估制度建设，统筹考虑生态效益、社会效益和经济效益等，探索形成切实有效的生态补偿绩效评估方法。评估方法要突出实用性和可

操作性，避免大而不当和过于烦琐，回避当前学术界量化方法的教条化、神秘化、抽象化倾向。同时，积极培育生态服务价值评估机构，大力开展生态补偿绩效评估。

4.建立生态保护成效与资金分配挂钩的激励约束机制

当前，我国政府生态补偿在资金分配上未能体现生态保护成效，同时，由于生态补偿资金使用的监督评估机制尚未形成，导致生态保护好与不好、努力与不努力都一样，没有体现出奖优罚劣的原则，影响了生态补偿政策的效果。

为了更有效地提高生态补偿资金调节生态产品供给行为的水平，需要建立生态保护成效与资金分配挂钩的激励约束机制。一方面，要加快建立生态补偿绩效考核指标体系，涵盖森林、空气、水质、污水及垃圾处理、能耗等指标，以目标为导向，重在生态环境质量的保持和提升，体现正向激励作用。通过考核，提高各级政府加强提升生态产品供给能力的责任心和紧迫感，倒逼和激励各地加大生态产品供给和价值实现的力度。形成生态环境质量正向激励与反向倒扣的双重约束，从而有效提升地方政府加大环境保护的主动性。另一方面，将生态补偿资金与考核结果挂钩。生态补偿资金由财政部门根据绩效考核结果下达，将指标考核结果与补偿资金紧密联系，并采用先预拨后清算的办法，实现奖优罚劣，体现正向激励，充分发挥生态保护补偿考核指挥棒作用，倒逼各地更加注重绩效结果，保护好绿水青山，让受益者付费、保护者得到合理补偿，促进生态保护者和受益者良性互动，调动全社会保护生态环境的积极性。

（三）建立健全产权制度，创建市场交易路径

市场交易是生态产品价值实现的主要渠道和发展方向。生态产品具有公共物品属性，其市场不是自发形成的，而是要通过制度改革和创新去创建交易市场。当前，生态产品的市场交易渠道存在资源产权不明晰、环境产权缺失，统一规范的交易市场尚未建立，交易机制不完善等问题。构建市场交易路径的总体思路是推进生态资源变资产、资产变资本、资本变财富。（如图6所示）

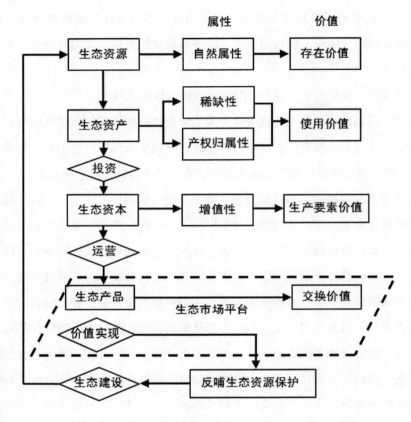

图6 生态资源资本化、产品化的基本路径图

1. 赋予权能，建立生态产品交易制度的基石

生态产品是人民群众美好生活的需要，增加生态产品供给是经济高质量发展的新要求。过去生态产品长期存在，但没有成为商品，更没有交易路径，关键是生态产品的产权不清晰不完整，基本只有关于所有权的笼统规定，没有完整的使用权、收益权、处置权等，没有可转让的权益，所以自然就没有交易机制和交易市场。

产权制度是生态产品价值制度体系的重点内容，是生态产品交易的前置性基础性制度。生态产品要从公共物品转化为具有商品属性的可交易产品，首先要明确产权，在此基础上，遵循市场经济规律和市场机制原则，通过产权的出让、转让、出租、抵押、担保、入股等方式，促进生态产品价值的实现及增值。

一是明晰资源产权。首先要明晰各类自然资源的所有权、使用权、经营权等权利，构建具有中国特色的自然资源资产产权体系。根据林地、草原、水流、湿地等不同种类，区分国家和集体所有，落实所有权的实现主体，逐步划清国家所有和集体所有之间的边界，划清国家所有、不同层级政府行使所有权的边界，划清不同集体所有者的边界。其次是统一确定权属界线，不仅包括各类自然资源的空间界限和涉及主体范畴，更涵盖各类转让、出租、抵押、继承、入股等权能的统一界定，适度扩大使用权的出让、转让、出租、抵押、担保、入股等权能，促进生态产品价值的实现及增值。最后是统一开展登记颁证，对水流、森林、山岭、草原、荒地、滩涂等所有自然生态空间统一进行确权登记。在不动产登记平台的基础上构建自然资源登记统一平台，大力推进所有自然资源的登记颁证和公告公示，最终形成产权明晰、界线分明和严谨有效的自然资源确权登记制度。

二是三权分置或者两权分离。三权分置和两权分离是针对自然资源产权而言的，其实质都是将使用权（经营权）分离出来，目的是解决我国自然资源所有权归全民所有和集体所有，所有权不能直接进行交易的问题。只有将经营权分离出来，才能将资源变为资产，并进而实现权益的转让、交易、出租、抵押等，从中获得相应的收益或者资本。应当完善自然资源资产使用权体系，丰富自然资源资产使用权权利类型，推进土地承包权和经营权分离的模式向林权、水权、草权等领域延伸，为产权的交易流转奠定制度基础。适度扩大使用权（经营权）的出让、转让、出租、抵押、担保、入股等权能，使生态产品可以通过使用权（经营权）的出让、转让、出租等获得直接收入，或者通过抵押、担保等获得信用贷款，或者通过入股变成资产，为生态产品价值转换奠定基础。

三是建立环境产权（使用权）。环境产权是指排污权、排放权以及固体废弃物的弃置权等。与自然资源产权不同，环境产权的实质是对环境资源的使用权，是由环境资源的产权主体分配给企业的有限制的污染排放权。目前我国的环境产权制度尚未建立，仅是开展了排污权、碳排放权、用能权等的区域或全国性试点，缺乏法律依据，环境权益初始分配、价格形成机制、交易机制等也尚未建立起来，需要通过法定或制度安排来建立起环境产权制度，赋予权利人拥有依法收益、处置环境产权的权利，在此基础上建立环境权益市场，通过市场交易实现价值。

2. 明确交易品种，建立生态产品交易市场

首先，需要科学确定进入市场交易的生态产品权益品种，主要包括三类：一是资源产权。鉴于我国自然资源所有权一般是全民所有和集体所有，资源产权可交易的是使用权和经营权，如林权、用水权等。二是保护和提升生态环境价值的能源环境权益，如排污权、碳排放权、用能权等，环境产品的交易是发展的重点方向。三是融入生态产品价值的金融类产品及服务的交易，如碳金融、绿色金融等，是生态产品价值实现的更高级交易类型。（参见专栏1所示）

专栏1　我国各类资源环境权益交易对象

一、水权

1. 区域水权交易：以县级以上地方人民政府或者其授权的部门、单位为主体，以用水总量控制指标和江河水量分配指标范围内结余水量为标的，在位于同一流域或者位于不同流域但具备调水条件的行政区域之间开展的水权交易。

2. 取水权交易：获得取水权的单位或者个人（包括除城镇公共供水企业外的工业、农业、服务业取水权人），通过调整产品和产业结构、改革工艺、实施节水等措施节约水资源的，在取水许可有效期和取水限额内向符合条件的其他单位或者个人有偿转让相应取水权的水权交易。

3. 已明确用水权益的灌溉用水户或者用水组织之间的水权交易。

二、排污权

SO_2、氮氧化物、氨氮、COD等污染物的排放权。

三、碳排放权

碳排放单位在生产经营活动中直接和间接排放二氧化碳等温室气体的权

益，包括二氧化碳排放配额和经审定的碳减排量。

四、用能权

用能权是指在能源消费总量目标约束下，用能单位经核定或交易取得的、允许其使用和投入生产的年度能源消费总量指标，包括直接或间接使用电力、煤炭、焦炭、蒸汽、天然气等各类能源的总量限额。用能权交易的对象是用能权配额指标，以吨标准煤为计量单位，先期以现货形式交易，适时发展期货交易。

五、林权

林地承包经营权、林地使用权、林木所有权和林木使用权。

其次，合理确定生态产品权益的供应总量和基准价格。完善自然资源及生态产品价格形成机制。发布生态产品价值评价准则与标准，建立交易机制运行的基准价值体系表。加快自然资源及其产品价格改革。按照成本、收益相统一的原则，充分考虑社会可承受能力，建立自然资源开发使用成本评估机制，将资源所有者权益和生态环境损害等纳入自然资源及其产品价格形成机制。加强对自然垄断环节的价格监管，建立定价成本监审制度和价格调整机制，完善价格决策程序和信息公开制度。

再次，建立各类生态产品交易平台。建立健全市场化的生态产品交易机制，必须以生态产品交易平台为基础，促进生态产品投标主体的多元化，吸引各种力量及企业参与。生态产品交易平台要秉承公开、公正、公平的理念，从第三方的角度促进各个招投标项目顺利进行。对于政府主导的生态建设项目必须通过这一平台进行交易，并鼓励社会公益组织主导的生态建设项目利用该平台进行交易，从而实现生态建设资金的高效利用，以实现我国生态产品交易机制的构建。生态产品交易平台包括以下三类：一是生态环境建设项目的招投标平台；二是资源类生态产品交易平台；三是环境类生态产品交易平台。

最后，创建国家级生态产品网上交易平台，积极谋划生态产品交易中心等有关产业平台的建设，全力筹集资金和引入资本，建立健全项目法人治理结构，吸引特色资源向电商交易平台聚集，共同推动生态产品交易体系建设，为社会提供更多更好的生态产品。

3. 创新方式，探索与现代市场体系相融合的多元化交易机制

开展竞买与拍卖交易。部分生态产品，可以采取竞买与拍卖（或配额交易）的形式进行交易。如实施取水许可证制度，发展用水配额交易。健全用水总量控制制度，建立取用水总量控制指标，对用水配额进行交易。又如排污许可证交易，即在全国范围建立统一、公平、覆盖所有固定污染源的企业排放许可制，依法核发排污许可证，排污者必须持证排污，禁止无证排污或不按许可证规定排污。

探索开展生态养殖证拍卖。建立有效管控水域养殖污染的市场机制手段，科学合理调整水产养殖生产力布局，划定可养区，布局限养区，明确禁养区。禁养区全部关闭畜禽和水产养殖场，实行"人放天养"，限养区科学合理确定养殖容量，可养区发展生态健康养殖。公开合法持证养殖，依托公共资源交易平台通过市场方式竞争性拍卖取得养殖权证。

拓宽生态产品"换"要素渠道。在森林、草原、湿地、水流、空气等不同领域探索和开展资源资产化、证券化、资本化改革，拓宽"换"要素的领域。探索生态产品供给与建设用地指标增减"挂钩"、生态资产账户异地增减平衡等可行性，开拓"换"要素的新渠道。探索设立生态银行，提供"换"要素的平台和中介。

开展收益权转让及抵押。在集体林权制度基础上，稳定承包权，拓展经营权能，健全林权抵押贷款和流转制度。

探索生态资源资产证券化。将西部地区丰富的自然资源通过结构设计，以资源未来产生的现金流为支撑，发行证券进行资产证券化运作，将西部资源优势转化为资本优势，提高资源的流动性和可交易性。

探索生态产品期权交易。期权又称为选择权，是在期货的基础上产生的一种衍生性金融工具。是指在未来一定时期可以买卖某种生态产品的权利，是买方向卖方支付一定数量的金额（指权利金）后拥有的在未来一段时间内（指美式期

权）或未来某一特定日期（指欧式期权）以事先规定好的价格（指履约价格）向卖方购买或出售一定数量的生态产品的权利，但不负有必须买进或卖出的义务。

4.强化能力，建设交易机制的相关配套体系

一是培育生态产品交易的供给与需求市场。探索将政府间生态资源资产保值增值责任与目标任务纳入生态产品价值实现的交易范畴。地方政府是生态文明建设的主导者，应该自觉承担生态经济责任，发展生态经济。应建立健全法律法规，落实政府生态经济责任。建立宏观调控体系，切实推动生态与经济协调发展。建立政府生态经济责任机制，打造生态责任政府。通过确定政府生态产品保值增值责任与目标任务，增强政府间生态产品交易的内生需求。

二是加强生态产品交易的法治保障建设。生态产品机制实现的法治保障制度十分薄弱，生态产品价值实现的权责关系严重不对等，相应的违法行为得不到有效的处罚。目前我国还没有形成生态产品市场化供给的法律体系，现有的法律法规无法满足新形势下生态环境保护的需要，要在生态产品价值实现的制度建设中，加入法治保障的内容，形成系统性的法律法规。

三是创新发展适应生态产品价值实现的新型金融服务。以生态产品价值实现为载体，加快生态产品价值实现的金融创新，逐步探索建立一批生态银行等适应绿色发展要求的新型机构。在国家开发性金融布局里，增加生态金融事业部；或在政策性金融体系里，增设生态金融的专门机构。

（四）发挥生态环境优势，开拓价值转换路径

习近平总书记指出，如果能够把生态环境优势转化为生态农业、生态工业、生态旅游等生态经济的优势，那么绿水青山也就变成了金山银山。随着一般物质产品和服务产品供求的平衡，人们对绿色农产品、工业品和服务产品等绿色产品的需求日益增强。要满足人们对绿色产品的需求，就要不断向下延伸生态产品产业链，培育绿色产业体系，将生态产品转化为绿色产品，增加产品附加值，实现"绿水青山"向"金山银山"的转变。在生态产品转化过程中，政府要发挥引导、规范作用，通过建立生态产品转化的正向激励制度，制定绿色发展政策，发

挥正向引导作用，降低绿色发展成本，促进生态优势"转化"为发展优势，推进生态产业化，推动生态农业、生态旅游业、生态工业的发展，实现生态产品转化为绿色农产品、工业产品和服务产品。（参见专栏2所示）

专栏2　生态产品价值转化的不同模式

德清模式。浙江德清县作为上海、杭州等发达地区的后花园，近年来经济增速一直位于浙江省前列，该县充分利用自身经济发展活力和周边巨大的消费市场，吸引民间资本投资发展乡村高端民宿，形成了龙头效应，带动各种倡导自然、生态、环保的农家乐逐步发展起来，形成了莫干山国际乡村旅游聚集示范区和德清东部水乡乡村旅游集聚示范区两大乡村旅游集聚示范区，带来了良好的经济收益。类似的经济发展活力强、位于大都市消费圈内的地区，可以加快转化进程，发展高投入、高附加值的高端乡村旅游转化模式。

安吉模式。浙江安吉县曾拥有石矿、水泥厂、竹制品加工企业等多家工业企业，承受着巨大环境压力，通过推动"三改一拆"，先后关停矿山、水泥厂及大批竹筷企业，大量种植竹子和白茶，不仅修复了生态环境，还推动一二三产业融合，推动了竹子全产业链发展，发展成为全国最大的竹产业基地和白茶生产基地。类似的生态环境方面有历史欠账，且有一定经济实力的地区，可以通过开展生态环境整治，积极开展产业转型和生态产品价值转化的设计与规划工作，进行适当投入，发展既有利于修复生态环境，又能带来经济价值的生态林农产业，走中投入、绿色化的转化模式。

松阳模式。浙江松阳县经济底子并不厚实，近年来创新开展"拯救老屋行动"，大力传承和发扬民俗文化，加强村落的传统格局和历史风貌的整体保护，不搞大拆大建，在核心区严控建新房，外围区域建房注重建筑布局、高度、风格、色调上与村庄传统风格相协调，推进全域旅游发展，并依托传统文化发展农旅、工旅融合项目。类似的经济发展相对落后，乡村文化特色强的地

区，可以避免大拆大建，充分利用原有的村庄风貌，保护和继承乡村文化，实施低投入、有文化特色的转化模式。

三江源模式。三江源国家公园有着严格的生态环境保护要求，传统畜牧业规模受到严格限制，同时已有的旅游景点正在逐步关闭，只能发展高端化、集约化的生态畜牧业和生态体验，以生态产品的高度稀缺性，打响"三江源国家公园"品牌，提高产品附加值。类似的重点生态功能区可以开展高端化、集约化、高附加值的生态产品转化模式。

1. 依托优质生态资源，增值开发生态农产品

在绝大多数农产品生产过剩、价格低廉的背景下，绿色、生态农产品的溢价效应明显。立足原生态优势，发展绿色农业不仅可以带动农业经济繁荣，而且可以实现农业发展和生态保护的双赢。因此，应当切实转变传统发展方式，通过不断挖掘生态产品各种"绿色要素"，发展精品生态农业、林业、牧业及渔业等，加强新技术、新工艺、新方法的运用，加快新产品研发，打造绿色品牌，生产满足人们绿色消费的新型生态产品，通过绿色、生态农产品的市场溢价，间接实现生态产品价值提升。

以生态林业发展为例，应当依托生态功能区优质的食用菌、茶叶、油茶、杨梅、柑橘、雪梨、高山蔬菜、中药材和竹木等生态资源，按照生态、高效、优质、安全、节约的现代农林产业发展要求，采用现代的科学技术嫁接，形成特色食品、有机绿色食品、保健食品和特色的竹木制品等产业。积极探索和发展"林下经济""高山经济""虾稻经济"等高效循环农业生产模式。深挖精深加工潜力，积极研发植物化妆品、保健品、药品和日用化工品等生态资源衍生产品，优化产品结构，提高附加值。促进生态产业的集约经营，提高产出率、资源利用率和劳动生产率，提高综合经营效益，促进农民持续、普遍、较快地增收致富。

2. 挖掘生态文化资源，开发生态旅游产品

促进生态产品向生态旅游产品转化，不仅是实现生态产品价值转化的有效途

径,而且可以增强广大人民群众的获得感,增加生态产品的受益面。我国多数生态功能区都拥有良好的生态环境和丰富的历史文化资源优势,具有"打响生态旅游品牌"的核心要素。推进生态旅游产品的转化,应当充分发挥生态健康养生、生态旅游休闲等产业对于探寻自然、保护环境等方面的积极作用,推进生态与健康、旅游、文化、休闲的融合发展。深化旅游业改革创新,依托大景区,大力挖掘历史传承、人文题材,把美丽乡村旅游、红色旅游、节庆旅游、运动休闲、养生保健、农家乐、民宿等串点成线、连线成面,配套发展导游、餐饮、购物等服务业,通过生态旅游业实现带动多产业发展。此外,选择生态资源良好的地区,围绕湿地公园、森林公园、自然保护区等生态旅游资源,因地制宜建设一批生态休闲养生福地,积极培育和丰富生态休闲养生产品,打造一批有品牌、有品质、有品位的湖边渔家、温泉小镇、森林小镇、茶叶小镇等生态休闲养生基地,实现生态产品的增值。同时,顺应"互联网+"新趋势,以生态产品开发、产业化运营等为重点,采用"互联网+旅游""互联网+森林康养"等多种模式,加快发展生态产品电子商务和物联网,实现"线上"与"线下"相结合。

3. 依托优质生态要素,发展环境敏感型产业

"绿水青山"不仅是生态旅游、绿色农业不可或缺的基础,更是一些生态敏感型工业的关键生态要素,从而成为某些高端工业企业布局选址的首要条件。促进生态要素向生态工业品转化,应当充分利用清新的空气、清洁的水源、适宜的气候等高质量的生态环境,大力发展环境适应型产业,吸引环境敏感型产业,充分释放生态产品价值。大力吸引物联网、医药、电子、光学元器件等对生态环境要求严苛产业,促进环境敏感型产业与生态环境"共生"发展,以产业收益反哺生态建设,形成更优的生态环境,进而全面提升生态的经济社会价值。大力建设物联网、大数据等对生态环境要求严苛的数字信息产业基地,重点加快信息产业园等创新平台建设。引进培育一批先进制造企业,打造电子、光学元器件等对生态环境质量要求高的产业基地,培育机器人产业链,打造智能装备与机器人高新技术特色产业基地。从而实现保护"绿水青山"与发展高端产业相得益彰。

4.推进产业融合，构建多业态的生态产品体系

生态旅游、绿色农业、生态工业的发展会创造出巨大的生产性生活性服务业需求，并带动种养殖、加工、包装、物流、营销网络平台等多业协同发展，形成关联紧密、产供销衔接的复合业态。因此，推动生态产品价值转化，应当立足不同地区的生态资源特点，以提高生态资源的保护和利用水平、优化生态产业结构为出发点，以基地建设为载体，整合优势资源，紧紧围绕主导产业和优势特色产业，推动一二三产业深度融合发展，按照"生态+"模式，将生态产品、物质性产品和文化产品"捆绑式"经营，推进生态产品价值的市场化实现。加快发展健康休闲、养生养老、生态旅游、生态文化等产业，构建多业态多功能的生态产品体系。

（五）因地制宜突出特色，探索区域差异化的实现模式

我国国土辽阔，区域经济发展不平衡，不同区域的生态环境状况、经济社会发展水平差异较大，生态产品的供需矛盾不同。经济发达地区在经历了长期经济高速发展之后，物质、文化产品的需求基本得到满足，对于生态产品的需求开始逐渐增强，加之经济发展过程中付出了沉重的环境代价，迫切需要改善生态环境，生态产品的供给需求矛盾比较突出。生态环境较好地区大都经济发展水平不高，对物质产品和服务产品的需求尚未能完全满足，这部分地区的生态产品供给能力强而需求相对较弱。

生态产品价值实现模式与各地区经济社会发展水平、生态产品属性要求、市场环境等密切相关，每一个地区都有各自不同的自然地理、生态环境、人文社会等特征，经济发展阶段也不尽相同，在选择生态产品实现模式上应当充分发挥自身优势，尽量避免发展劣势，努力将生态优势转化为发展优势，统筹协调发展与保护的关系，探索和实践"绿水青山"通往"金山银山"的差异化路径。

1.政府和市场双轮驱动——经济发达、生态脆弱性低地区的实现模式

经济社会发展水平高、生态脆弱性低的地区，主要是指东部地区，生态产品具有稀缺性，供需矛盾突出，生态产品价值容易实现，可以借鉴浙江经验，采

取"政府和市场双轮驱动"的模式，政府财政购买生态产品、生态产品市场交易与生态产品转化为物质和文化服务产品等多种实现渠道并举。一是充分发挥经济发达、地方财力强的优势，加大生态补偿力度，不断提高补偿标准，探索生态保护补偿资金的统筹整合使用，提高财政资金的使用效率。二是充分利用市场经济和金融体系发达的优势，积极开展排污权、碳排放权、用能权、节能量等交易探索。同时，创新生态产品投融资模式，不断增加生态产品供给。三是依托自身及周边消费市场庞大、市场机制灵活、农村集体组织化程度高的优势，积极探索以生态农业为基础，生态旅游为突破口，农村电商、休闲农业、文化创意等产业新业态为重要补充的生态产品价值转化模式，同时注重促进全产业链发展和一二三产业融合，以品牌建设实现生态产品溢价。

2. 发展绿色产业——经济发展水平中等、生态脆弱性尚可地区的实现模式

具备一定经济社会发展水平、生态脆弱性尚可的地区，如中西部地区的大部分省份，对生态产品的需求低于物质和文化服务产品需求，经济发展的意愿较强，可以借鉴贵州经验，大力发展生态产业，实现生态产品价值。这类地区地方财力有限，创新能力不足，在政府购买生态产品和生态产品直接市场交易的价值实现渠道上均不占优势，应当更多地依靠自身的生态环境优势来发展生态产业，实现生态产品价值。充分发挥政府引导作用，打造生态产业名片，提高产品和服务的知名度，吸引全国消费市场，提高生态产品价值转换的效率和规模，将生态优势转化为经济优势，实现经济发展、人民增收和生态保护协同发展。

3. 中央财政投入为主——经济欠发达、生态脆弱地区的实现模式

对于经济社会发展水平低、生态脆弱性高、需要严格实施生态环境保护的地区，如禁止开发区、重点生态功能区、各类保护地、国家公园等，可以借鉴青海经验，采取"政府投入为主"的模式，主要依靠中央财政生态补偿和转移支付实现生态产品价值，辅助以高端、集约的生态产业发展，保障该类地区达到脱贫的基本要求。这类地区经济社会发展程度低，地方财力较弱，财政支出主要依赖上级财政转移支付，其生态产品价值主要是通过政府生态补偿的方式来实现。禁

止和限制开发区有着严格的生态环境保护要求，不可能通过大规模的产业化经营来实现生态产品价值，只能通过特许经营，发展高端化、集约化、小规模的生态产业，依靠独一无二的生态环境优势，利用产品的高度稀缺性，实施高端品牌战略，建立严格的认证体系和产品追溯系统，大力提高产品附加值，改以量取胜为以质取胜，以此作为生态产品价值实现的补充途径。（如图7所示）

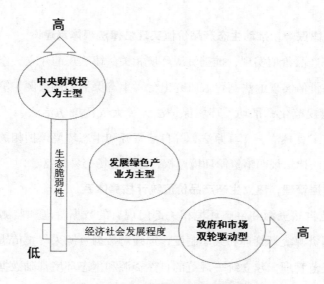

图7　生态产品价值实现差异化模式

注：横坐标代表经济社会发展程度，随箭头方向逐渐升高；纵坐标代表生态脆弱性，随箭头方向，其生态脆弱性逐渐升高。

七、推进我国生态产品价值实现的对策建议

（一）加强顶层设计，出台加快生态产品价值实现的指导意见

从国家层面做好顶层设计和政策制度安排，建议由国家发展改革委牵头，尽快出台《加快生态产品价值实现的指导意见》，明确生态产品价值实现的总体要求、重点任务、实现路径，建立健全生态产品价值实现机制，提供政策和资金保

障，指导地方实践，更好地推进绿水青山向金山银山转变。

（二）总结原有试点经验，尽快在市县层面开展试点

以市县为单元，从东、中、西部选择不同生态要素类型、不同经济社会发展阶段、不同主体功能定位的地区，开展生态产品价值实现机制试点，制定和发布试点方案，明确试点任务，探索区域差别化实现路径，积极开展制度创新和政策创新试验。

（三）强化法律保障，推动生态产品价值实现法律法规体系建设

围绕生态产品价值实现，推进资源环境相关法律法规的建立、修改和完善，推动生态产品价值实现的法制化。研究出台《生态保护补偿条例》等新的法规，推动生态补偿规范化；推动《环境保护法》《大气污染防治法》《水污染防治法》《水法》《森林法》《草原法》等自然资源和生态环境保护相关法律的修订和完善，通过法律法规明晰资源环境产权，建立市场交易机制。

（四）规范数据管理，建立生态产品价值统计核算体系

统筹规范自然资源和生态环境相关部门现有的数据管理和监测平台，建立政府部门数据资源统筹管理和共享制度，加强对数据资源采集、传输、存储、发布、利用的规范管理，建立统一规范的自然资源和生态环境基础数据库和数据发布平台，保障数据一致性、准确性和权威性。加快研究和建立生态产品价值评估核算体系，构建能够充分反映生态系统原真性和生态产品潜在价值、合理运用替代算法的生态产品价值核算方法，科学测算生态产品的内在价值和潜在价值。

（五）增强支撑能力，健全品牌、认证等服务体系

规范绿色产品品牌建设，完善品牌管理和认证，加强绿色品牌的培育和宣传。完善绿色产品标准认证标识体系，规范现有的环境、生态、绿色等各类产品认证机构，构建统一规范的绿色产品标准、认证、标识体系，实施统一的绿色产品评价标准清单和认证目录，健全绿色产品认证有效性评估与监督机制，培育生态服务价值评估、绿色产品认证等服务机构，加强信息平台建设。推进与互联网技术的结合和应用，规范和加强农村电商、信息平台等各类平台建设，为生态产品价值转化提供支撑。

（六）加强科研队伍建设，深化基础理论研究

依托大学和国内知名科研院所，加强对生态产品价值实现和"绿水青山就是金山银山"理论研究。在有条件的大学里设立"两山"理论学院，在国家级智库中设立"两山"研究部门，重点围绕生态产品理论基础、生态产品价值核算、生态产品价值实现机制等重点问题，全面深化"绿水青山就是金山银山"的基础理论研究，推动理论创新与突破。

（七）实施经济杠杆调控，打造生态产品产业链和价值链

通过税收、价格、信贷等经济杠杆的调控，从生产、交换、分配、消费等多方面，促进社会财富由物质产品和服务产品领域向生态产品领域转移。建立税收激励机制，降低生态产品的生产和供给税负；建立信贷激励机制，探索林权、水权、排污权、碳排放权、用能权等资源环境权益抵押贷款，为生态产品生产企业提供低息贷款或财政贴息，延长贷款偿还期限；建立价格调节机制，提升生态产品溢价空间。

参考文献

1. 十八大报告文件起草组. 十八大报告辅导读本[M]. 北京：人民出版社，2012.

2.《十九大报告辅导读本》编写组. 党的十九大报告辅导读本[M]. 北京：人民出版社，2017.

3. 习近平. 在深入推动长江经济带发展座谈会上的讲话[J]. 社会主义论坛，2019(10). 5-9.

4.《国务院关于印发〈全国主体功能区规划〉的通知》（国发〔2010〕46号）[0L]. http://www.gov.cn/zwgk/2011-06/08/content_1879180.htm.

5.《国务院办公厅关于健全生态保护补偿机制的意见》（国办发〔2016〕31号）[0L]. http://www.gov.cn/zhengce/content/2016-05/13/content_5073049.htm.

6. 杨伟民. 如何通过生态产品将绿水青山变为金山银山？[0L]. 央视网《中国经济大讲堂》（2018-11-14）. http://tv.cctv.com/2018/11/23/VIDEHwC2v5mt3Gv2HEpPgTxB181123.shtml.

7. 马强. 健全机制让绿水青山变成金山银山[C]. 生态文明贵阳国际论坛2018年年会"长江经济带生态产品价值实现机制"主题论坛，2018.

8. 张伟. 发挥绿色金融在生态产品价值实现中的作用[N]. 光明日报，2018-06-19(11).

9. 朱春全. GEP：生态系统生产总值[0L]. 新华网，2017(3-29). http://www.xinhuanet.com/fortune/2017-03/29/c_1120718911.htm.

10. 陈辞. 生态产品的供给机制与制度创新研究[J]. 生态经济，2014(8). 76-79.

11. 孙庆刚，郭菊娥，安尼瓦尔·阿木提. 生态产品供求机理一般性分析——兼论生态涵养区"富绿"同步的路径[J]. 中国人口·资源与环境，2015(3). 19-25.

12. 黎元生. 着力打造生态产品价值实现的先行区[N]. 福建日报，2016-11-29.

13. 曾贤刚，虞慧怡，谢芳. 生态产品的概念、分类及其市场化供给机制[J]. 中国人口·资源与环境，2014(7). 12-17.

14. 廖福霖. 生态产品价值实现[J]. 绿色中国，2018(10). 54-57.

15. 孙志. 生态价值的实现路径与机制构建[J]. 中国科学院院刊，2017(1). 78-84.

（执笔人：李忠）

分论篇

分论篇一

我国生态产品价值实现的理论探索

内容提要：本研究通过分析生态产品的概念和属性，认为生态产品作为自然要素，具有公共物品性、正的外部性和商品属性，并从价值理论、产权理论、公共物品理论和外部性理论的角度阐述了生态产品价值的理论基础，将生态产品的价值分为生态价值、经济价值和社会价值三个方面，总结了生态产品价值实现的内涵，并提出生态产品价值实现渠道多样、制度依赖和时空差异的特性，最后对生态产品价值核算开展研究，提出了生态产品价值核算的思路和研究方向。

习近平总书记的"两山"理论为生态产品价值实现实践提供了指引，保护自然就是增值自然价值和自然资本的过程，就是保护和发展生产力，理应得到合理回报和经济补偿。生态产品价值实现就是搭建"绿水青山"与"金山银山"之间的桥梁，让保护环境变得"有利可图"，推动实现经济发展与生态环境保护"双赢"。

一、生态产品的概念与属性

在2010年《国务院关于印发〈全国主体功能区规划〉的通知》（国发〔2010〕46号）明确提出"生态产品"这一概念之前，国内外并没有准确的关于"生态产品"问题的研究，但是"生态系统服务"和"环境产品和服务"这两个领域与生态产品较为相似。生态系统服务（Ecosystem Service）指自然生态系统所具有的调节局部气候、稳定物质循环、持续提供生态资源、为人类提供生存条件等多种功能。该概念的提出意在强调自然界虽然是自在的，并非人类劳动所创作，但它同样具有价值，人类在享用这些服务时，要像享受市场上提供的其他服务一样支付费用，用于养护和恢复生态系统的功能，防止对生态系统的透支。环境产品和服务包括为了保护和改善环境、维护生态平衡、保障人体健康而生产和提供的各种产品与服务，当今人类所需求的生态环境已经不能再像阳光一样依靠天然供给，而是需要人类通过主动治理活动来改善其质量，这种后天人类治理过的生态环境被称为环境产品。

《全国主体功能区规划》中将生态产品定义为："维系生态安全、保障生态调节功能、提供良好的人居环境的自然要素，包括清新的空气、清洁的水源、茂盛的森林、宜人的气候等；生态产品同农产品、工业品和服务产品一样，都是人类生存发展所必需的。""人类需求既包括对农产品、工业品和服务产品的需求，也包括对清新空气、清洁水源、宜人气候等生态产品的需求；从需求角度，这些自然要素在某种意义上也具有产品的性质。"党的十八大报告集中论述大力推进生态文明建设，其中在提到加大自然生态系统和环境保护力度时强调，要"增强生态产品生产能力"。党的十九大报告进一步指出："我们要建设的现代化是人与自然和谐共生的现代化，既要创造更多物质财富和精神财富以满足人民日益增长的美好生活需要，也要提供更多优质生态产品以满足人民日益增长的优美生态环境需要。"本研究沿用《全国主体功能区规划》中的定义，生态产品实质上是自然生态系统所提供的具有一定产品功能属性的自然要素，其主要功能在于能够维持人类良好健康的生存环境，能够保障自然生态系统的调节作用，维持整个生命系统的稳定。

结合前人研究成果，本研究认为生态产品具有以下属性。

（一）公共物品性

公共物品是指可以供社会成员共同享用的物品，严格意义上的公共物品具有非竞争性和非排他性。所谓非竞争性，是指某人对公共物品的消费并不会影响其对其他人的供应，即在给定的生产水平下，为另一个消费者提供这一物品所带来的边际成本为零。所谓非排他性，是指某人在消费一种公共物品时，不能排除其他人消费这一物品（不论他们是否付费），或者排除的成本很高。

生态产品通常具有公共物品理论的两种本质属性即非竞争性和非排他性。非竞争性是指在既定的生态产品供给下，新增加一个消费者对提供生态产品所产生的边际成本为零，强调生态产品的数量和质量不受影响；生态产品的非排他性是指在对生态产品进行消费时无法排除他人也同时消费这类产品，强调生态产品消费人群的范围不受影响。既具有非竞争性又具有非排他性的产品属于纯公共生态产品，比如空气、气候等，所有个体都有权享受到清新的空气、宜人的气候所带来的福利；具有竞争性但不具有排他性的产品，或不具有竞争性但可以排他的产品，这两种产品称为准公共生态产品或非纯公共生态产品，比如森林、河流等。但也有生态产品具有一定的竞争性和排他性，如矿产资源等。

通过是否界定产权或者产权是公共所有还是私有，可以将生态产品分为公共生态产品和"私人"（或私有化）生态产品。

1.公共生态产品

对于产权无法界定，或者是公共产权的生态产品，其一般具有非竞争性或者非排他性，或者两者兼具，这类生态产品可以叫作公共生态产品。在公共生态产品内部，又可以分为纯公共生态产品和准公共生态产品。

（1）纯公共生态产品：对于服务于大区域（国家）尺度的公共生态产品，既具有非竞争性又具有非排他性，这类生态产品属于纯公共生态产品。这类生态产品应该全部由政府供给，通过政府生态补偿方式加以保护，如清洁的空气、国家重点生态功能区提供的生态产品等，全国人民都可以享受其提供的福利。

（2）准公共生态产品：对于服务于中小区域尺度的公共生态产品，或具有竞争性但不具有排他性的产品，或不具有竞争性但具有排他性，这类生态产品称为准公共生态产品，如流域、城市水源地等，往往只有该区域周边的居民可以享受其福利，这类生态产品由区域政府供给为主，也可以引入市场机制，如茅台酒厂对赤水河上游进行生态补偿，以保障赤水河清洁水源的供给。

2. "私人"（或私有化）生态产品

对于产权能够界定的生态产品，可以转化成"私人"生态产品，具有一定的竞争性和排他性，其供给和价值实现可以通过市场交易实现，发挥生态产品的商品属性，进行市场交换，实现生态资本化经营。随着市场经济的逐步建立和完善，许多非市场价值在市场上也有了价值表现，如排污权、碳排放权等都可以在市场上进行交易，而私人承包的森林、草地，也可以通过抵押贷款等方式获得经济效益。

（二）正的外部性

外部性又称外部效应或外部经济，是指经济当事人（生产者和消费者）的生产和消费行为会对其他经济当事人（生产者和消费者）的生产和消费行为施加有益或有害影响的效应。外部效应分为外部正效应和外部负效应。负外部性意味着生产者或者消费者在生产或消费过程中对社会产生不良影响，而这种影响没有通过市场价格机制加以补偿，致使生产的私人成本偏离社会成本，造成产出过多；而正的外部性是指生产或者消费过程中给他人带来好的或有益的影响，但是这种影响没有得到相应的市场价格补偿，这会导致激励欠缺，造成产出不足。

生态产品具有典型的正外部性，主要表现为生态产品的生态价值和社会价值的外溢能够使社会收益大于私人收益，而市场只能体现其部分经济价值，由于这种正的外部性不能得到及时相应的补偿，会造成生态产品生产不足。政府应当通过建立合理的体制机制，通过补贴或直接的公共部门的生产来推进生态产品外部正效应的产出。

（三）商品属性

生态产品同样具有使用价值和价值。生态产品作为与农产品、工业品和服务品并列的产品，可以满足人民日益增长的优美生态环境需要，从满足人们需要的角度，其具有使用价值。生态产品既包括人类从生态系统中开发生态产品时凝结的人类劳动的价值，也包括人类对生态系统进行合理的保护和修复时所耗费的人类劳动的价值。因此，生态产品既有使用价值，又具有价值，具有商品的二重属性，生态产品也就具有商品属性。生态产品作为产品和商品，具有可生产性、可交易性和金融属性。

生态产品是依托自然生态系统，凝结了人类的劳动生产出的产品，其生产过程是通过生态资源的能量交换和其自然属性进行的。生态产品的可生产性除了体现在"从无到有"之外，也可以是"由坏变好"，即生态产品质量有优劣之分，可以通过投入资本和劳动将质量和价值较低的生态产品提升为质量和价值较高的生态产品。

生态产品可以通过市场公开买卖而实现其价值。

生态产品的金融属性是指生态产品可以进行资产化、证券化、资本化，如浙江通过一系列的体制机制创新，推动林权抵押贷款、公益林补偿收益权质押贷款、林地信托抵押贷款等，实现了生态产品"换"资本。

二、关于生态产品价值的理论基础

从目前国内外关于生态产品价值实现的相关理论来看，可以分为生态产品价值形成的理论基础和生态产品价值实现的理论基础，价值形成的相关理论主要集中在马克思劳动价值论、地租理论等方面，价值实现的相关理论主要包括劳动价值论、效用价值理论、产权理论、公共物品理论和外部性理论等方面。生态产品价值形成是生态产品价值实现的基础，产权理论和公共物品理论分别为明确生态产品价值的享有者和付费者提供理论指导，劳动价值论和效用价值论为衡量生态产品价值量大小提供指导，而外部性理论为生态产品价值采取政府和市场两种实现方式提供理论指导。（如图1-1所示）

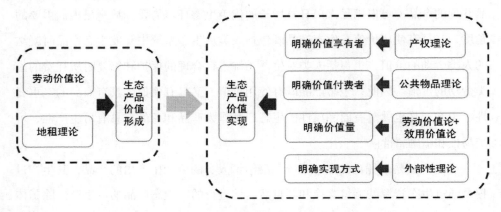

图1-1　生态产品价值的理论基础

（一）生态产品价值形成的基础理论

生态产品价值实现的基础条件是其必须具有价值，生态产品价值的形成主要是基于马克思的劳动价值论和地租理论等。

1.马克思劳动价值论

马克思劳动价值论认为无差别的人类劳动形成了价值实体，商品的价值量是由社会必要劳动时间决定的。如今生态产品的供给已难以满足日益增长的经济需求，必然需要投入劳动参与生态环境的保护和再生产，生态产品价值的形成正符合马克思的劳动价值的观点。生态产品中凝结的人类劳动主要包括两个方面：一是从生态系统中获得人类生存和社会经济发展所需的自然资源和生态要素时，在生态系统中凝结的人类劳动的价值；二是为了推动人与自然和谐共生，保证生态系统的稳定和可持续发展，维持生态产品的供给能力，人类对生态系统进行的合理的保护和修复所耗费的人类劳动所凝结的价值。

2.马克思地租理论

生态产品价值的形成还适用于马克思地租理论，即生态产品的所有者可以生态产品的使用和收益的权利进行出租，获得绝对地租和级差地租。由于生态产品具有稀缺性和在短时间内无法再生的特征，生态产品的供给也就受到限制，因此产生了地租。如居民或者企业对洁净水源的利用需要向水资源的所有者（一般为国家）缴纳水资源费、企业利用自然景观发展生态旅游可以赚取超额利润等，在这些过程中，生态产品就形成了价值。在对生态产品征收地租过程中，既包括绝对地租，即并不考虑生态产品的开发利用条件和质量的高低，只要使用权属清晰的生态产品，都应该向所有者缴纳一定的费用；又包括极差地租，即根据生态产品开发利用条件的不同和质量的优劣，其所获得的收益也会有所不同，这就产生了生态产品的级差地租。

（二）生态产品价值实现的理论基础

在生态产品价值实现环节，即生态产品流通、交换过程中，应综合运用马克思经济学理论与西方经济学相关理论为基础，明确生态产品的价值享有者、付费者、价值量的大小和价值实现方式。

1.产权理论为明确生态产品价值的享有者提供指导

产权理论是经济学上的一个重要理论，它实际上指明了所有者对于资源占有和使用的权利，使稀缺性的资源达到最优化配置成为可能，并且为解决具有外部性的问题提供了一个重要的思路。伴随环境问题的日益加剧，生态产品的稀缺性也越发凸显，而稀缺性的产生，决定了生态产品需求的竞争性和产权形成的可能性，也就为生态产品的市场交易创造了可能。产权可分为所有权、管理权和使用权。我国生态产品的所有权已经基本明确，即自然资源所有权属于国家和集体，生态产品的管理权经过行政机构改革也基本归于自然资源部管理。目前生态产品的使用权是最混乱的领域，生态资源的种类很多，很多为公共物品，其产权为共有产权，很难清晰界定，如环境资源、水资源等，而且还存在外部性问题，更是加大了使用权确权的难度，目前正在开展自然资源确权登记就是在推进这项工作。产权理论有助于明确生态产品的提供者，为确定生态产品的价值应该归谁享有提供理论指导。

2. 公共物品理论为明确生态产品价值的付费者提供指导

公共物品最大的特点就在于具有典型的非竞争性和非排他性。所谓非竞争性是指部分人对某种公共物品的使用不会减少其他人对这一产品使用的数量和质量；非排他性则是指部分人对某种公共物品的使用不能够阻止其他人对这一产品的使用。由清洁水源、清新空气等生态要素构成的生态产品明显具有这一特性。因而在对生态产品进行研究时要充分考虑到它的公共物品特性。而在享受生态产品带来的价值时，却存在着明显的"搭便车"现象，造成生态产品的受益群体庞大且难以明确，继而难以找到生态产品价值的付费者。在生态产品价值的实现过程中，应根据生态产品价值惠及范围的大小或生态产品消费群体的大小来明确生态产品价值的付费者，即具有典型公共产品属性的生态产品可以由政府付费（如生态补偿等），由部分群众享受的生态产品价值以收取税费等形式由受益群体付费，而具有私人产品性质的生态产品价值，则由明确的消费者付费（如生态农产品、生态旅游的价值）。

3. 劳动价值论与效用价值论为明确生态产品价值量和价格提供指导

马克思劳动价值论从生产商品的劳动的客观性出发，系统阐述了劳动创造价值的过程以及劳动的凝结。商品价值的表现形式是商品与其他商品相交换的属性，即交换价值，而价格是商品的交换价值在流通过程中所取得的转化形式。在该理论的指导下，生态产品价值的大小应由生产该商品的社会必要劳动时间决定，包括开发利用生态产品时凝结的人类劳动的价值和保障生态产品供给能力时凝结的人类劳动。生态产品的价格应由其价值量决定，即由凝结在生态产品中的无差别的人类劳动所决定，如可以使用生产同等量的瓶装水所耗费的人类劳动来衡量一定规模的洁净水源的价值。但有些生态产品很难确定其凝结的人类劳动的量，运用马克思劳动价值论来衡量其价值存在困难，如宜人的气候的价值、森林的生物多样性的价值等。

效用价值论是从物品满足人的欲望的能力或人对物品效用的主观心理评价角度来解释价值及其形成过程的经济理论。效用和稀缺性是价值得以产生的条件。生态产品是人类生产和生活不可缺少的，无疑对人类具有巨大的效用，而自20世纪70年代以来，中国的生态破坏和环境污染问题逐渐凸显，损害了生态产品的供给能力，生态产品供给与需求之间产生了巨大的缺口，生态产品具有效用和稀缺性。效用价值论实际上是运用使用价值来决定生态产品的价值的一种主观的价值理论，对于难以客观衡量生态产品中凝结的人类劳动时，可运用该理论，通过人们对生态产品效用的主观评价（支付意愿或者受偿意愿）来衡量其价值。

4.外部性理论为明确生态产品价值的实现方式提供指导

生态环境的外部性主要体现在两个方面：一个是由于人类活动造成生态环境破坏，进而对其他人造成不良影响，可称之为生态环境负外部性；另一个就是对于生态环境的保护，生态产品的生产能力得到强化，而使未参与这一活动的人群同样享受到因环保所带来的效益，可称之为生态环境的正外部性。但是针对生态环境保护和破坏的正外部性和负外部性均未在成本和价格中得到体现，会造成生态环境保护行为因未能得到合理补偿而供给不足，且生态环境破坏行为的成本小于其实际造成的损失而供给过多。外部性的存在说明市场和政府都有可能出现失灵，无论是正外部性还是负外部性都导致无法实现资源配置的帕累托最优，因此，需要对外部性进行治理、实现外部性的内部化，主要途径包括政府和市场两种途径，即环境经济学常用的庇古手段和科斯手段。庇古提出了著名的"庇古税"理论，即对产生负外部性的经济行为主体课以税收，对产生正外部性的经济行为主体进行补贴，从而实现资源配置的帕累托最优；根据科斯的理论，产权设置是优化资源配置的基础，解决外部性的关键是明确产权，即可以通过交易成本的选择和私人谈判、产权的适当界定和实施来实现外部性内部化。外部性理论为生态产品价值实现采取政府和市场两种主要方式提供了理论指导。

三、生态产品价值实现的内涵

生态产品价值实现就是要搭建"绿水青山"与"金山银山"之间的桥梁，将生态产品所具有的生态价值、经济价值和社会价值，通过货币化的手段全面体现出来，不仅实现其经济价值，还要使其正的外部经济性（生态价值和社会价值）内部化，体现出其作为公共物品的价值。

生态产品价值实现的目的是让保护生态环境变得"有利可图"，达到经济发展与生态环境保护的协同推进，实现可持续发展。《全国主体功能区规划》将人类生存发展所必需的产品分为生态产品、农产品、工业品和服务产品，此外，政府为民众提供的公共服务产品也与人民生活息息相关。如本书总论部分图2所示，生态产品价值的实现可以通过中央转移支付、生态产品交易等方式来提升地方政府的财政支出能力，进而提高政府供给公共服务产品的能力；生态产品还可以转化为生态农产品、生态工业品和生态服务品，极大地丰富农产品、工业品和服务品的品类、提升其质量，而生态产品本身也是人民美好生活所必不可少的需求。因此，生态产品价值实现可以更好地满足人民对美好生活的需求。

生态产品价值实现具有渠道多样、制度依赖和时空差异的特征。

（1）渠道多样性。生态产品价值实现具有多种渠道：一是政府直接购买生态产品，即生态补偿方式，对重点生态功能区、自然保护区、生态公益林、草原禁牧、草畜平衡、退耕还林等民众以自己的劳动或相对放弃发展经济的权利，来保护与修复生态环境而生产的生态产品价值；二是生态产品直接参与市场交易，如碳排放权交易、排污权交易和用能权交易等；三是将生态产品转化为物质产品和文化服务产品来实现其价值，发展以生态产品为比较优势的生态利用型产业，将"绿水青山"转化为产品优势，转化为现实消费品与生产环境友好型产品的中间投入品，如加快发展生态旅游与休闲养生产业、健康医药产业、特色生态农业、林业产业、畜牧养殖业、饮用水产业等。

（2）制度依赖性。制度依赖是指生态产品的价值实现需要一系列制度保障，其在普通产品（如农业品、工业品和服务品）的制度安排下，价值实现存在障碍和困难，如政府购买生态产品时需要通过转移支付、生态公益林补偿、草原奖补、退耕还林补偿等制度安排来实现，生态产品直接交易时需要通过明晰生态产品产权、培育生态产品市场等制度安排来实现，生态产品转化为物质产品和文化服务产品时需要通过制定产品认证标准、打造绿色生态品牌等制度安排来实现。

（3）区域差异性。生态产品的价值实现在时间和空间上存在差异：一是不同时期生态产品因其稀缺性不同而有不同的价值表现；二是不同地区的居民也因其经济水平和认知水平的差异，使得生态产品产生不同的价值。

四、生态产品价值实现的基本途径

生态产品价值实现的途径是多元化、差异化的，既有政府的作用也有市场的作用。结合生态产品价值实现的相关理论和实践，本研究将生态产品价值实现的基本途径概括为生态产业化、产业生态化，以及生态产品生态效益适度商品化及货币化等三种。

一是生态产业化途径。生态产业化是指按照社会化大生产、市场化经营的方式提供生态产品和服务，推动生态要素向生产要素、生态财富向物质财富转变，促进生态与经济良性循环发展。其实质是发挥独特的生态产品优势，以生态产品作为生产要素和中间投入品，将"绿水青山"转化为产品优势，生产现实消费品与生产环境友好型产品，发展生态利用型产业，间接实现生态产品的价值。如利用山、水、林、气等生态产品供给的优势，发展生态旅游产业、休闲养生产业、生态农业、饮用水产业等。

二是产业生态化途径。产业生态化是指按照"绿色、循环、低碳"的产业发展要求，利用先进绿色生产技术，培育发展资源利用率高、能耗低排放少、生态效益好的新兴产业，采用节能低碳环保技术改造传统产业，促进产业绿色化发展。其实质是减少一般产品生产过程中的环境负外部性，增加其正的环境外部性，并将其外部性内部化的过程，通过生产方式的绿色化，降低对生态环境的污染、破坏，促进生态产品保值增值，不断提高经济发展质量和效益。如发展循环高效型、低碳清洁型、环境治理型产业等。

三是生态产品的生态效益适度商品化及货币化途径。生态产品具有生态效益，即正的外部性，而这种正的外部性可以通过政府和市场两种具体路径进行商品化和货币化。（1）政府购买：政府购买是通过生态补偿等形式由政府对生态产品生态效益的商品化和货币化付费，如中央政府对重点生态功能区的转移支付、生态公益林补偿、草原奖补政策等；（2）市场交易：市场交易是通过培育市场、明晰产权，形成生态产品的市场需求，通过市场交易实现生态产品外部性的内部化，如构建排污权、用水权、用能权、碳排放权等交易市场，以及建立生态公益林收益抵押贷款机制等。

五、生态产品价值核算

"绿水青山就是金山银山"需要通过生态产品价值化来实现，价值化是指以货币表现的价值量及与其对应的实物量。通过用货币来度量生态产品的数量和质量，有助于人们正确认识生态环境保护的收益和破坏的代价。生态产品与一般商品不同，其较难通过市场直接确定其价值，因此生态产品的价值化需要开展生态产品价值核算研究。

（一）当前生态产品价值核算存在的问题

当前生态产品价值核算一般直接套用生态系统服务功能的核算体系，存在核算对象模糊、生态产品核算与其他产品核算存在交叉、核算方法和数据尚未标准化、核算结果缺乏决策参考价值等问题。

1. 生态产品价值核算的对象模糊

按照《全国主体功能区划》（国发〔2010〕46号）的定义："生态产品指维系生态安全、保障生态调节功能、提供良好人居环境的自然要素，包括清新的空气、清洁的水源和宜人的气候等。"而清新的空气、清洁的水源、宜人的气候这些生态产品都是各类生态系统提供的服务功能产生的后果，如森林、湿地、草原等生态系统都有净化空气、固碳释氧、涵养水源、净化水质、调节气候的作用。在核算领域，生态产品与生态系统服务功能概念的混用造成生态产品价值核算对象模糊不清，究竟是对分散在各个生态系统内产生的生态服务功能进行核算，还是对各类生态服务功能产生的总体后果（产品）进行核算，需要进行明确的定义。

2. 生态产品核算与其他产品核算存在交叉

《全国主体功能区划》（国发〔2010〕46号）提出："生态产品同农产品、工业品和服务产品一样，都是人类生存发展所必需的。"说明生态产品是与农产品、工业品和服务产品相并列的支撑现代人类生存和发展的基本产品之一，既然生态产品与农产品、工业品和服务产品相并列，则这四类产品之间在核算价值时就不应存在交叉，在加总时才能得到较为准确的社会产品总价值量。但在核算生态产品价值时，供给服务和文化服务中的各类物质产品、生态旅游服务产品等的价值，在现有的GDP核算体系中已经存在，归为农产品、工业品和服务产品类别，如在生态产品中再计算其价值，会产生重复计算的问题。

3. 生态产品价值核算方法和数据尚未标准化

生态产品价值核算面临着核算方法和数据等方面的障碍。一方面，由于生态产品类型众多，包括森林、河流、湖泊、滩涂、湿地等不同类别，同一类别生态产品的核算技术方法在国内外都存在诸多争议，整体生态系统核算就更难以达成共识；另一方面，我国资源环境基础数据薄弱，数据缺失不完整，部门之间数据不统一，难以支撑价值核算需求，而由传统的经济核算转到生态产品价值核算，核算单元从经济活动主体扩展到空间区域，使得生态产品价值核算面临统计数据支持不足的问题。近20年来，国内外生态系统服务功能相关评估也表明，无论是生态系统服务质量还是价值量，估算方法的差异往往造成结果取值数量级的改变，建立一套相对科学完备、有完整数据支撑的生态产品价值核算方法体系仍存在较大难度。

4. 生态产品价值核算结果的实践指导意义偏弱

目前国内开展的生态系统生产总值（GEP）核算，由于计算出的价值量过高而难以得到认可，对实践的指导意义不大。如福建省武夷山市、厦门市两个试点区域均已形成生态系统生产总值（GEP）核算报告等阶段性成果。核算结果显示，2015年，厦门生态系统价值核算1183.86亿元，是同年厦门市GDP的约1/3；武夷山市生态系统服务总价值为2324.4亿元，是同年武夷山市GDP的16.7倍。2010年三江源区生态资源存量价值总估值约为14万亿元，可核算的主导生态服务和主要生态产品价值每年近5000亿元，三江源区的生态资源资产流量价值是同期GDP的3.6倍。现阶段的生态产品价值核算尚未能与人类日常生产、生活中的物质使用和价格水平直接对接，从而影响了生态产品核算的决策应用能力。

（二）生态产品价值核算的初步思路

针对生态产品价值实现的迫切要求，参考当前以生态系统服务功能及其价值评估为基础的核算体系，本研究提出了生态产品价值核算的初步思路，包括明确生态产品价值核算的对象和方法，选择适宜的核算方法，最终核算出生态产品价值。

1. 明确生态产品价值核算的对象

由于供给服务和文化服务已经包含在现有的国民经济核算体系中，结合《全国主体功能区划》（国发〔2010〕46号）对生态产品的定义，生态产品与农业品、工业品和服务品并列，是侧重于产品的一类概念，强调其可以被人民群众直接享用的功能和价值。本研究认为，生态产品价值核算应与生态系统服务功能价值核算有所区分，生态产品价值核算的对象应为生态产品本身，即重点对清洁的空气、干净的水源、肥沃的土壤、宜人的气候、茂盛的森林等被人类直接感受或使用的产品进行价值核算，而非对生态系统中净化空气、涵养水源、保持水土、防风固沙、调节气候等间接的生态系统服务功能进行核算。

2. 依据不同的生态产品选择适宜的核算方法

生态产品价值核算首先要选择需要核算的生态产品种类（如空气、水、土壤、气候、森林、湿地、草原等），研究生态产品与人类福祉、经济社会发展的关系，明确生态产品向人类提供的最终产品和服务。在对每一项生态产品价值进行核算时，可以参考已有的生态系统服务功能的核算方法，针对不同的生态产品类型来选择合适的评估方法。由于评估的生态产品价值多是使用价值，基本不涉及非使用价值，因此尽量选择直接市场价值法和替代市场价值法来进行核算。

3. 核算生态产品的价值量

（1）核算生态产品功能量。统计生态产品在一定时间内提供的对人类的生态调节功能量。尽管目前尚未建立生态产品监测体系，但大多数生态产品提供的产品和服务的产量可以通过现有的经济核算体系获得，部分生态产品的调节功能量可以通过现有水文、环境、气象、森林、草地、湿地监测体系获得，部分生态产品的调节功能量可以通过生态系统模型估算。生态环境的监测体系，包括遥感监测、水文监测、气象台站、环境监测网络等可以为生态产品功能量的核算提供数据和参数。

（2）确定各类生态产品功能量的价格。根据生态产品及其功能类型，建立不同的定价方法，主要有实际市场技术、替代市场技术和模拟市场技术。实际市场技术以实际市场价格作为生态产品的经济价值，对应直接市场价值法；替代市场技术是以"影子价格"和消费者剩余来表达生态产品的价格和经济价值，对应的是替代市场价值法；模拟市场技术以支付意愿和净支付意愿来表达生态产品的价值。

（3）核算生态产品价值量。在得到各类生态产品功能量和价格的基础上，核算生态产品的总经济价值。下列公式表示一个地区生态产品的总价值。

$$V_{tot} = \sum_{i=1}^{n} (V_{ep,1} + V_{er,2} + V_{er,3} + \cdots)$$

式中，V_{tot}表示一个地区生态产品总价值，i表示这一地区生态产品的类型（如空气、水、森林、湿地、草原等），$V_{er, 1, 2, 3}$…表示每一种生态产品包含的各类生态功能的价值。

在核算一个地区生态产品总价值时，首先对空气、水、土壤、气候等生态产品分别核算其价值。对一些既是生态系统又是生态产品的核算对象（如森林、草原、湿地）进行价值核算时，由于其主要生态调节服务（水源涵养、土壤保持、防风固沙、洪水调蓄、固碳释氧、大气净化、水质净化、气候调节等）的价值已经通过空气、水、土壤、气候等其他生态产品体现，为避免重复计算，在对这类生态产品核算时不再考虑已被其他生态产品所表现出的功能价值，而重点考虑其在自然灾害防护、病虫害防治、美学价值等方面未被其他生态产品表现的价值。最后将各类生态产品价值加总得到一个地区生态产品总价值。

（三）生态产品价值核算的未来研究方向

针对以上生态产品价值核算存在的问题，建议生态产品价值核算的研究方向主要有以下三个方面。（如图1-2所示）

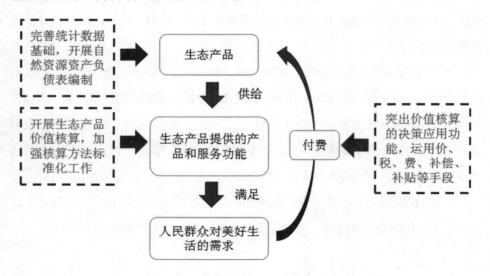

图1-2　生态产品价值核算的研究方向

一是不断完善统计数据基础。建立以空间区域为核算单元的数据体系，为实施生态产品核算提供信息保障。建议打通自然资源和生态环境相关部门现有的数据管理和监测平台，扩展统计数据的覆盖面，细化统计数据的涵盖指标。在生态产品核算数据体系建设中，首先要保证数量指标的完整性，再进一步细化质量指标。空间区域数据越细化，越有可能建立与机构单位以及其他经济社会信息之间的对应关系，在数据体系上实现经济核算与生态产品核算的对接。通过推进自然资源资产负债表的编制等工作，完善生态产品价值核算的数据基础。

二是加强核算方法标准化工作。成熟的生态产品价值核算必然是建立在已经细分生态产品功能量类型、明确价值量评估优选方法的基础上的，当前的核算结果千差万别，缺乏指导意义，亟需开展生态产品价值核算方法标准化工作。标准化工作应以规范生态产品指标体系为前提条件，在指标体系的规范过程中，应着重强调生态产品功能量类别体系的规范。之后针对不同生态产品功能量，优选适宜的核算方法，建议避免使用受主观影响较大的模拟市场价值法。在对功能量进行定价的过程中，应出台各功能量定价的导则或参考价格。

三是突出价值核算的决策应用功能。生态产品的价值核算必须具备决策应用功能才具有政策意义，其核算结果必须对后续的生态产品定价和交易提供指导。生态产品定价是生态产品价值化与市场化的基础，与一般商品价格相比，生态资源价格具有特殊性，主要表现为具有价格刚性、政府具有定价权、价格具有区域差异等。生态产品价值核算结果可以作为政府对生态产品市场干预，综合采取价、税、费、补偿、补贴等各种调控手段的重要依据。

参考文献

1. 胡咏君，谷树忠. "绿水青山就是金山银山"：生态资产的价值化与市场化[J]. 湖州师范学院学报，2015(11). 22-25.

2. 黄如良. 生态产品价值评估问题探讨[J]. 中国人口·资源与环境，2015(3). 26-33.

3. 李芬，张林波，舒俭民. 三江源区生态产品价值核算[J]. 科技导报，2017(6). 120-124.

4. 李萍，王伟. 生态价值：基于马克思劳动价值论的一个引申分析[J]. 学术月刊，2012(4). 90-95.

5. 刘耕源，杨青. 生态系统服务价值非货币量核算：理论框架与方法学[J]. 中国环境管理，2018(4). 10-20.

6. 刘思华. 生态经济价值问题初探[J]. 学术月刊，1987(11). 3-9.

7. 欧阳志云，靳乐山等. 面向生态补偿的生态系统生产总值（GEP）和生态资产核算[M]. 北京：科学出版社，2018.

8. 欧阳志云，王如松. 生态系统服务功能、生态价值与可持续发展[J]. 世界科技研究与发展，2000(5). 45-50.

9. 石薇，汪劲松，史龙梅. 生态系统价值核算方法:综述与展望[J]. 经济统计学（季刊），2017(1). 1-19.

10. 孙庆刚，郭菊娥，安尼瓦尔·阿木提. 生态产品供求机理一般性分析——兼论生态涵养区"富绿"同步的路径[J]. 中国人口·资源与环境，2015(3). 19-25.

11. 王爱民. 生态环境产品的政府双重垄断分析[J]. 社会科学，2005(8).5-9.

12. 王永海. 生态产品的基本内涵和特性探析——基于林业视角[J]. 行政管理改革，2014(2). 65-69.

13. 夏光. 增强生态产品生产能力意义何在[N]. 中国环境报，2012-11-30(2).

14. 于光远. 经济、社会发展战略[M]. 北京：中国社会科学出版社，1984.

15. 周景博. 生态系统核算:从理论框架到决策应用[J]. 环境保护，2018(14). 31-35.

16. Costanza R, et al. The value of the world's ecosystem services and natural capital[J]. Nature, 1997,387(6630): 253-260；

17. Daily G C. Nature's Services: Societal Dependence on Natural Ecosystems[M]. Washington D.C.: Island Press, 1997: 1-412；

18. Fisher B, Turner K. Ecosystem services: classification for valuation. Biological Conservation, 2008,141(5):1167-1169.

（执笔人：刘峥延）

分论篇二

生态系统生产总值（GEP）核算体系研究

内容提要：GEP是在国内生产总值核算（GDP）和生态系统价值评估的基础上形成的衡量生态盈亏、量化生态系统服务供给能力的指标，包括生产系统产品价值、生态调节服务价值和生态文化服务价值，可应用于辅助GDP评价区域发展质量和为生态价值转化提供标准。我国已在多个经济发展水平和生态资源禀赋不同的地区开展了GEP核算试点工作，形成了较为完善的GEP核算体系和政策应用思路。建议完善GEP基础数据调查监测体系，制定GEP核算技术规范；因地制宜推进GEP核算结果在价值转化中的灵活应用，分区分类实施GDP与GEP政府考核改革。

GEP是在国内生产总值核算（GDP）和生态系统价值评估的基础上形成的衡量生态盈亏、量化生态系统服务供给能力的指标。我国已在多个不同经济发展水平的地区开展了不同层次的GEP核算试点实践，在GEP核算方法和政策应用方面取得了较大的进展。进一步完善GEP基础数据调查监测体系，制定GEP核算技术规范，开展以生态效益为基础的GEP核算，可以考核政府在生态环境的保护、恢复和管理方面所取得的成效，也可为生态补偿标准、生态补偿绩效考核和生态产品市场交易提供依据。

一、GEP核算的内涵与应用价值

（一）GEP的提出背景

GEP是近几年在国内出现的一个新概念，受到了管理部门的重视，其产生背景可以归纳为以下三个方面。

1. 生态文明建设的需求引领

生态文明建设是在面对资源约束、环境破坏、生态系统退化的背景下提出的，旨在促进人与自然和谐相处，实现人与自然的可持续发展。党的十八大将"大力推进生态文明建设"作为重要战略决策，指出要加强生态文明制度建设，把资源消耗、环境损害、生态效益纳入经济社会发展评价体系。党的十八届三中全会通过的《中共中央关于全面深化改革若干重大问题的决定》提出，"对限制开发区域和生态脆弱的国家扶贫开发工作重点县取消地区生产总值考核"。对生态环境问题的关注经历了从资源到环境，再到生态系统的视角演进过程，突出强调对生态系统的综合管理与保护。由此，就会涉及生态系统的损失（损害）及其补偿责任、生态系统功能引发的区域间冲突与合作、生态脆弱地区经济发展与生态保护之间的矛盾等问题。落实到管理层面，就会转化为以下问题：谁应该为生态系统的功能退化负责，谁应该为生态系统的保护买单，生态系统对经济体系和人类福利的贡献应该如何衡量。GEP核算可以衡量区域的生态盈亏、量化生态系统服务供给能力，为管理和决策提供量化依据。

2. 国际相关研究动态、适时提供的方法论

国际上一直在开展针对生态系统核算的探索，最近几年有了较大突破，以生态系统服务为中心，形成了"服务–资产"的内容框架，并对生态系统核算的范围、生态系统服务与资产的定义、生态系统服务和资产的实物量核算方法、实现生态系统服务和资产价值核算可以采用的估价方法、生态系统服务与GDP等经济

总量的合并方法等问题，均进行了讨论。尽管很多问题尚没有定论，但仍为开展生态系统核算提供了丰富的思路，尤其是其中有关生态系统服务的概念定义、范围界定以及在核算中可供选择的相关方法，均可作为GEP指标开发和核算的方法论基础。

3. 生态系统价值评估与GDP核算已经具备的核算基础

生态价值评估在生态研究领域已经过多年研究，一方面，大到"千年生态系统服务价值评估"这样的全球性尺度，小到各种集中于当时当地特定主题的生态价值评估项目，为GEP从功能量到价值量的估算积累了方法和经验；另一方面，一直以来作为经济发展业绩核心评价指标的GDP核算，可以作为GEP核算的参照系，为后者的指标设计和方法开发提供重要借鉴。

（二）GEP核算的基本内涵与意义

1. GEP核算的基本内涵

GEP可以定义为生态系统为人类提供的最终产品和服务及其价值的总和。生态系统主要包括森林、湿地、草地、荒漠、海洋、农田、城市等7个类型。生态系统最终产品和服务是指生态系统与生态过程为人类生存、生产和生活所提供的条件与物质资源。其中，生态系统产品包括生态系统提供的可被人类直接利用的食物、木材、纤维、淡水资源、遗传物质等。生态系统服务包括形成与维持人类赖以生存和发展的条件等，包括调节气候、调节水文、保持土壤、调蓄洪水、降解污染物、固碳、产氧、植物花粉的传播、有害生物的控制、减轻自然灾害等生态调节功能，以及源于生态系统组分和过程的文学艺术灵感、知识、教育和景观美学等生态文化功能。

GEP概念的内涵中包含两个渊源，一个是国民经济核算中的GDP，另一个是生态系统核算中的生态系统服务。

GEP的概念是借鉴国内生产总值（GDP）概念提出的，目的是认识和了解生态系统自身的状况以及变化，评价与分析生态系统对人类经济社会发展的支撑作用，以及对人类福祉的贡献。GDP是当期经济生产过程中提供给人类消费使用的最终产品价值，其中不包括为其他产品生产提供支持的中间产品；类似地，将所有生态系统看作是一个统一的自然生产体系，在此范围内发生的生态系统内部和不同生态系统之间的流量应视为"中间产品"，生态系统对经济体系、人类福利提供的物品和服务则被视为"最终产出"，只有后者才纳入GEP核算范围。由此，GEP核算的重点是产品和服务的经济价值，而不是生态系统资产的经济价值，是流量的概念，而不是存量的概念。GDP是反映人类经济生产体系的最终产出指标，GEP则是反映自然生产体系的最终产出指标。

GEP核算的思路是源于生态系统服务功能及其生态经济价值评估。GEP核算的基本依据沿用了《环境经济核算——实验性生态系统核算》（以下简称EEA）中对生态系统服务的相关界定。具体表现在：（1）支持性服务作为中间性服务处理，不计入GEP。（2）生物多样性作为生态系统资产的特征但不视为生态系统服务，因此不纳入GEP计算范围。（3）具有"最终产出"性质的生态系统服务包括供给服务、调节服务、文化服务三个类别，构成GEP的基本内容。

2. GEP核算的意义

第一，有助于动态反映生态环境建设成果对生态文明建设发挥的作用及生态环境改善对生态文明建设的贡献。生态文明的内涵之一就是通过对人们的生产生活方式以及社会科学技术进行生态化改造，使之符合生态规律，建立人与自然的和谐关系，增强自然生态系统自身的生产能力、自净能力和稳态维持能力，为人类经济社会的可持续发展提供基础。通过GEP核算的生态供给价值、生态调节价值、生态文化价值等指标，可针对生态系统建立动态的保护和监管体制，且这一体制能够及时对生态环境建设作出反映及进行政策调整，以确保其在生态文明建设中的地位与作用得到更好地体现和发挥。

第二，有助于深化对生态系统服务价值的认识，提升生态文明意识。通过建立GEP核算制度，可以评估森林、草原、荒漠、湿地、海洋等自然生态系统以及农田、牧场、水产养殖场、城市绿地等人工生态系统的生产总值，以此来衡量和展示生态系统的状况及其变化。GEP核算有助于正确反映各区域生态系统的发展现状，改变人类原有的将环境与经济发展对立起来的传统思维方式，树立人与自然和谐相处的基本理念，并使人具备基本的生态环境保护意识，提高人们对生态系统服务功能的认知程度。尤其是有助于深化对位于生态屏障区的森林、水源等生态系统在吸收储存碳、释放氧气、大气净化、气候调节、水源涵养、土壤保持、保护生物多样性等调节服务方面的巨大价值和贡献，进而提升公众的生态文明意识。

第三，有助于引领正确的发展导向，推进绿色发展。传统的GDP核算没有考虑自然资源的消耗枯竭和生态环境的质量下降等问题，也没有将环境污染治理和生态恢复的各种投入费用计入其中。习近平总书记提出了"绿水青山就是金山银山"的科学论断，且强调民生改善、社会进步、生态效益等指标和实绩应列为考核干部政绩和考虑干部升迁的重要内容，不能简单地"以GDP增长率来论英雄"。GEP核算有助于引领正确的发展导向，树立科学的发展观和正确的政绩观，推动把环境资源成本纳入国民经济体系核算，把生态文明建设目标纳入地方各级政府绩效考核，坚持绿色发展理念，推进可持续发展。"金山银山"与"绿水青山"共存，经济与生态共赢。

第四，有助于为完善生态补偿机制提供科学依据，推进协调发展。生态补偿机制是以保护生态环境、促进人与自然和谐为目的，调整生态环境保护和建设各相关方之间的利益关系，根据生态系统服务价值、生态保护成本、发展机会成本等因素，综合运用行政、市场、法律等手段，让生态保护成果的受益者支付相应的费用，进而实现生态保护外部性的内部化。目前我国的生态补偿机制存在政府补偿为主，市场补偿较少；纵向补偿为主，区域之间、流域上下游之间等横向补偿较少；补偿范围较为单一，补偿标准难以确定等问题。GEP核算将有助于对各地区的生态系统服务价值进行科学调查、数量分析、合理评估，有助于进一步细化流域、森林、草原、湿地、海洋等单个生态系统的生态补偿实施细则，为合理确定纵向和横向之间的生态补偿范围和标准提供理论依据，为进一步构建环境资源产权交易市场、实行生态补偿的市场化机制、实现生态资产价值的最大化提供科学依据。

（三）生态系统核算体系的发展

随着资源管理、环境保护、生态系统维护建设，先后被纳入各国、各级政府的管理目标，宏观经济核算也逐步由国民经济核算（资源作为初级产业的基础）扩展到环境经济核算和以生态系统服务为核算对象的生态系统核算。改进以往作为决策依据和业绩考核依据的指标和基础核算体系，开展生态系统核算体系的研究与开发，以适应当前和未来管理及发展需要，这也是生态文明体制改革和推进生态文明制度建设的基本要求。在国内外实践中，已形成实验性生态系统核算（EEA）、绿色GDP核算、经济-生态生产总值（GEEP）和GEP核算等不同的生态系统核算体系。

在对国民账户体系（SNA）和环境经济核算体系（SEEA）进行扩展和延伸的基础上，联合国公布了EEA手册，首次对生态系统核算进行了系统的定义，即"一整套针对生态系统及其为经济和人类活动提供服务流量来进行综合测算、以此评估其环境影响的方法"。EEA阐述了生态系统核算的原则、生态系统服务和生态系统资产的实物量核算、生态系统服务和生态系统资产估价方法、生态系统价值量核算等主要内容，初步奠定了生态系统核算的理论基础。EEA只是一个初步形成的文本，呈现出来的生态系统核算还不是一个完备的核算体系，但是为研究和测试生态系统及其与经济和人类其他活动的联系提供了一个核算框架。

绿色GDP核算主张把资源消耗和环境污染计入成本范畴，纳入GDP的核算体系中，体现了一种全新的发展观和社会进步观。绿色GDP的核算理念是对传统GDP进行调整和修正，主旋律是扣减，即从现行GDP中扣除资源消耗、环境污染和生态破坏等损失成本之后，从而得出真实的国民生产总值。绿色GDP核算理念有一定的进步性，其改进主要体现在不能仅仅就经济生产本身去衡量业绩，需要将资源环境损耗纳入经济生产体系之中，从可持续发展角度去衡量经济产出业绩，其实质仍然是从经济视角看问题，本质上仍然是经济指标。

经济-生态生产总值（GEEP）是绿色GDP的升级版，在经济系统生产总值的基础上，考虑人类在经济生产活动中对生态环境的损害和生态系统对经济系统的福祉。GEEP可表示为绿色GDP和生态系统调节服务价值之和。GEEP认为生态系统提供的生态产品供给服务和生态文化服务已经在GDP中有所体现，因此在考虑生态系统为人类经济活动提供各种生态价值惠益时只考虑了生态调节服务。实际上，GDP中只包含了进入生态系统文化服务的市场价值，而对于非市场价值，GEEP并未考虑进去。

GEP并未否定GDP在评价发展业绩和宏观管理决策中的优势和广泛应用，其出发点不在于对GDP做调整，而是从生态系统的角度出发，去核算生态系统为经济生产和人类其他活动提供的最终产出价值。GEP的最初立场是生态系统立场而非经济体系立场，目的在于转换立场和视角，重新构建一个与GDP并行的核算指标，以便弥补GDP只显示经济产出业绩而无法体现生态保护建设业绩的不足。

（四）GEP核算的政策应用价值

GEP的增长、稳定或降低反映了生态系统对经济社会发展支撑作用的变化趋势，可以用来评估可持续发展水平与状况，考核一个地区或国家生态保护的成效。GEP核算的应用价值主要集中在以下两个方面。

第一，政府业绩考核方面。如果一个区域（尤其是生态脆弱区域）经济发展与生态保护之间具有明显的竞争性，可能会因为经济开发而损害其生态系统的功能，带来当地以及更大范围内环境质量的下降。在此情况下，单纯用GDP作为区域发展评价指标有很大弊端，如果将GEP这样一个与GDP并行、在某种程度上具有替代作用的指标纳入考核体系，以GEP动态变动率来辅助衡量区域发展质量，就会大大地提升区域发展评价的公允性，为实现整体可持续发展提供更好的激励。

第二，从区域间（以及区域内部）生态系统效益外部性度量角度方面。一个区域的生态保护可能会产生大范围的生态效应，但这些效应常常难以通过真实的市场在供给与需求之间实现交换，难以形成真实的市场价格以及真实的支付，由此就难以激励各区域主动实施生态保护活动，反而导致为获取较低经济收益而带来较高生态环境损害的粗放型发展方式。在此情况下，尤其需要在GDP之外有一个衡量生态系统产出效应的指标，为在政府主导下开展生态补偿、创建区域间生态系统产品/服务的"市场交易"提供标准，也为生态系统的正外部性提供度量指标。

二、GEP核算方案

（一）GEP核算框架

GEP核算的思路源于生态系统服务功能及其生态经济价值评估与GDP核算。如图2-1所示，GEP核算遵循"生态系统空间特征→生态系统服务功能量→生态系统服务价值量"的核算思路。对核算区域的生态系统空间特征分析是进行GEP核算的基础。将GEP的核算区域划分为若干空间单元，每个空间单元都有与之对应的森林、灌木丛、草地等生态资产，这些生态资产具有特定的生态特征，例如土地覆盖类型、地理位置、气候条件等，这些生态特征可以描述生态系统的运行情况。生态资产是一种"存量"概念，而GEP的核算对象是由这些生态资产所提供的产品和服务，因此是一种"流量"概念。

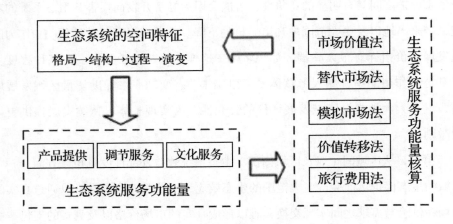

图2-1　GEP核算框架图

在进行GEP核算之前，需要对核算区域内生态系统的现有格局进行分析，包括区域内的生态系统类型、面积、结构、功能等，确定GEP核算的生态系统服务种类及相应的核算方法。根据生态系统服务功能评估方法，GEP可以从生态功能量和生态经济价值量两个角度核算。生态功能量可以用生态系统功能表现的生态产品与生态服务量表达，如粮食产量、水资源供给量、洪水调蓄量、污染净化量、土壤保持量、固碳量、自然景观吸引的旅游人数等，但由于计量单位的不同，不同生态系统产品产量和服务量难以加总。因此，仅仅依靠功能量指标，难以获得一个地区以及一个国家在一段时间内的生态系统产品与服务产出总量。因此，需要借助价格，将不同生态系统产品产量与服务量转化为货币单位以表示产出，再将各指标核算的价值量求和即得到GEP。因此，GEP核算的基本任务有3个。

一是生态系统产品与服务的功能量核算，即统计生态系统在一定时间内提供的各类产品的产量、生态调节功能量和生态文化功能量，如生态系统提供的粮食产量、木材产量、水电发电量、土壤保持量、污染物净化量等。尽管尚未建立生态系统服务功能监测体系，然而大多数生态系统产品产量可以通过现有的经济核算体系获得，部分生态系统调节服务功能量可以通过现有水文、环境、气象、森林、草地、湿地监测体系获得，部分生态系统服务功能量可以通过生态系统模型进行估算。

二是确定各类生态系统产品与服务功能的价格，如单位木材的价格、单位水资源量价格、单位土壤保持量的价格等。根据生态系统服务功能类型，采用不同的定价方法，主要有替代市场技术和模拟市场技术。替代市场技术是以"影子价格"和消费者剩余来表达生态系统服务功能的价格和经济价值，其具体定价方法有费用支出法、市场价值法、机会成本法、旅行费用法等，在评价中可以根据生态系统服务功能类型进行选择。模拟市场技术（又称假设市场技术），它以支付意愿和净支付意愿来表达生态服务功能的经济价值，在实际研究中，从消费者的角度出发，通过调查、问卷、投标等方式来获得消费者的支付意愿和净支付意愿，然后综合所有消费者的支付意愿和净支付意愿来估计生态系统服务功能的经济价值。

三是生态系统产品与服务的价值量核算,即在生态系统产品与服务功能量核算的基础上,核算生态系统产品与服务的总经济价值,包括生态系统产品价值、生态系统调节服务价值和生态文化服务价值。

(二)GEP核算指标体系

GEP是生态系统产品价值、调节服务价值和文化服务价值的综合,由产品功能、调节功能和文化功能这三项功能合计17个指标构成。其中,生态系统产品价值核算包括农业产品、林业产品、畜牧业产品、渔业产品、水资源、生态能源等;生态调节服务价值包括水源涵养、土壤保持、防风固沙、洪水调蓄、固氮释氧、大气净化、水质净化、气候调节、病虫害控制价值等;生态文化服务价值包括自然景观游憩价值等。(如表2-1所示)

表2-1　GEP核算指标体系

	功能类型	核算指标
GEP	产品提供	农业产品、林业产品、畜牧业产品、渔业产品、水资源、生态能源、其他
	调节功能	水源涵养、水土保持、防风固沙、洪水调蓄、固氮释氧、大气净化、水质净化、气候调节、病虫害控制
	文化功能	自然景观游憩

(三)生态系统产品和服务功能核算

1. 生态系统产品量

生态系统在一定时间内提供的各类产品的产量可以通过现有的经济核算体系获得,通过统计资料获取。

2. 生态系统调节服务功能量

水源涵养功能通过水量平衡方程,计算一定时空内输入水分和输出水分的差额,即系统内蓄水的变化量。

土壤保持功能选用通过生态系统减少的土壤侵蚀量(潜在土壤侵蚀量与实际

土壤侵蚀量的差值）作为评价指标。

防风固沙功能选用通过生态系统减少的风蚀量（潜在风蚀量与实际风蚀量的差值）作为评价指标。

洪水调蓄功能选用可调蓄水量（湖泊）、防洪库容（水库）以及洪水期滞水量（沼泽）来表征生态系统对减轻与预防洪水的危害方面所起的作用。

固氮释氧功能选用通过固氮量和释氧量作为评价指标，根据森林、灌木丛、草地等生态系统的固氮速率、生物量来评估生态系统的固氮量和释氧量。

大气净化功能选用生态系统吸收SO_2、氮氧化物和工业粉尘等大气污染物指标来核算。

水质净化功能根据生态系统中的污染物构成和浓度变化，选取适当的指标对其进行定量化评估。常用指标包括化学需氧量、总氮和总磷等。

气候调节功能选用生态系统蒸散发过程中消耗的能量作为评估指标，包括植物蒸腾和水面蒸腾两方面。分别利用植被和水面面积，根据蒸散发模型来计算。

病虫害控制通过依靠生态系统的病虫害控制而达到自愈的草地和林业区域面积来核算。

3. 生态系统文化服务功能量

采用区域内自然景观的年旅游总人次作为文化服务功能的功能量评估指标。

（四）生态系统产品和服务功能价值

1. 生态系统产品价值

生态系统产品能够在市场上进行交易，存在相应的市场价格，可用市场价值法对生态系统产品及其服务价值进行评估。

2. 生态系统调节服务价值

水源涵养价值主要表现为蓄水保水的经济价值。可运用市场价值法，即应用水价来核算水源涵养的价值；或影子工程法，即模拟建设蓄水量与生态系统水源涵养量相当的水利设施，以建设该水利设施所需要的成本来核算水源涵养价值。

生态系统土壤保持价值主要包括减少面源污染和减少泥沙淤积两个方面的

价值。生态系统通过保持土壤，减少氮、磷等土壤营养物质进入下游水体（包括河流、湖泊、水库和海湾等），可降低下游水体的面源污染，根据水土保持量和土壤中氨、磷的含量，运用替代成本法（即污染物处理的成本）来核算减少面源污染的价值；生态系统通过保持土壤，减少水库、河流、湖泊的泥沙淤积，有利于降低干旱、洪涝灾害发生的风险，根据水土保持量和淤积量，运用替代成本法（即水库清淤工程的费用）来核算减少泥沙淤积的价值。

防风固沙价值根据防风固沙量和土壤沙化盖沙厚度，核算出减少的沙化土地面积，运用恢复成本法，根据单位面积沙化土地治理费用（即将沙地恢复为有植被覆盖的草地所花费的费用）来核算生态系统防风固沙功能的价值。

洪水调蓄功能价值量主要核算减轻洪水威胁的经济价值，运用替代成本法（即水利工程建设成本）来核算自然生态系统（森林、灌木丛、草地、湖泊、沼泽等）的洪水调蓄价值。

生态系统固碳价值可以采用替代市场法（造林成本法、工业减排成本）与市场价值法（碳交易价格）来评估生态系统固碳的价值。

释氧价值采用市场价值法（工业制氧价格）或替代市场法（造林成本法）来核算生态系统提供氧气的价值。注：仅核算海拔3000米以上生态系统的氧气生产价值。

大气净化功能价值主要核算生态系统吸收污染物、净化大气环境的价值，运用替代成本法（即空气污染物治理成本）来核算。

水质净化功能价值主要核算生态系统降解水体污染物、净化水环境的价值，运用替代成本法（即水体污染物治理成本）来核算。

气候调节功能价值选用替代成本法（即人工降温增湿所需的耗电量）来核算森林、草地和水面蒸腾降温增湿的价值。

生态系统病虫害控制功能价值主要包括林业病虫害控制和草地虫害控制两个方面的价值。林业病虫害控制可以用发生病虫害后自愈的面积和人工防治病虫害的成本来核算其价值；草地病虫害控制价值则可以用综合防治成本与非综合防治

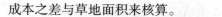

成本之差与草地面积来核算。

3.生态系统文化服务功能量

采用旅行费用法来核算人们通过休闲旅游活动而体验到的生态系统与自然景观美学价值，以及获得知识和精神愉悦的非物质价值。

（五）生态系统生产总值核算

将各指标核算的价值量求和，即得到生态系统在某一时间段内的生产总值。

三、GEP核算的实践进展

近年来，由国家发展改革委主导在我国选择了多个不同经济发展水平的地区开展了一系列GEP核算试点工作。

（一）内蒙古库布齐沙漠GEP核算

2013年2月25日，世界自然保护联盟与亿利公益基金会共同启动了中国首个GEP核算机制试点项目，项目试点地为内蒙古库布齐沙漠。《内蒙古库布齐沙漠生态系统生产总值（GEP）评估核算报告》分别从GDP和GEP的角度核算了亿利资源集团20多年治理库布齐沙漠的绿色发展账本。从GDP的角度来看，亿利资源集团25年间共计投入了100多亿元进行沙漠生态修复绿化和沙漠经济发展，但它的产出只有3.2亿元，投资大、周期长、见效慢，很多人认为不划算。但从GEP的角度来看，生态效益显著，绿化了5000多平方千米的沙漠，遏制了刮向北京的沙尘暴，而且库布其沙漠的生物多样性得到了明显恢复，惊奇地出现了大量的野生动物，特别是出现了"大面积厘米级"的土壤迹象。经过估算，创造了305.91亿元人民币的GEP。即使不再对其进行大量资金投入，这一生态系统自身仍可以维持一定的服务功能，产生一定的生态价值。

库布齐沙漠的自然条件得到明显的改善，降水量由过去的70毫米增长到现在的300多毫米；出现了仙鹤、天鹅、野兔、胡杨等100多种绝迹多年的野生动植物，生物多样性持续增多；特别是长期种植甘草等豆科类植物，通过生物固氮菌改良土壤，让1000多平方千米的沙漠出现了表面结皮和黑色土壤，具备了农业耕作的条件。企业的生态修复和生态产业每年可安排当地农牧民近1万人次就业，累计创造了100万人次的绿色就业岗位，实现了"绿富同兴"。企业还为沙漠里的孩子们捐建了沙漠亿利东方学校，让沙漠里的孩子们在家门口就能接受良好的教育。形成了全社会参与和创造的生态修复工程。

可见，仅使用GDP进行核算，并不能够客观体现生态系统对社会经济发展产生的价值。而引入GEP来量化评估生态系统的产出，核算生态系统的状况和对人类的贡献，能够使人们更直观地认识到自然生态系统的价值，从而引起全社会对生态系统保护与恢复的关注、支持和参与，实现人与自然的和谐发展。

（二）贵州省GEP核算

作为全国首批生态文明试验区之一的贵州省，也开展了GEP核算试点工作，基本建立了GEP核算框架和指标体系。

根据全省自然地理分布、社会经济发展情况等因素，贵州省选取了10个试点县（区），开展GEP核算，本底数据涵盖各县（区）土地利用现状、水文气象、农林牧副渔产品产出、森林资源、文化旅游等方面合计192个指标。试点县（区）主要分为五种类型：GDP较高，森林覆盖率较低（云岩区）；GDP中等，森林覆盖中等（贞丰县）；GDP较低，森林覆盖率较高（黎平县）；GDP较高，森林覆盖率较高（赤水市）；GDP较低，森林覆盖率较低（晴隆县）。

核算结果中，GEP由高到低依次为：黎平县（671.67亿元）、赤水市（421.65亿元）、江口县（309.57亿元）、锦屏县（290.43亿元）、黔西县（278.80亿元）、丹寨县（141.43亿元）、贞丰县（162.18亿元）、晴隆县（155.99亿元）、红花岗区（112.51亿元）、云岩区（44.52亿元）；GEP与GDP比值由高到低依次为：黎平县（8.36）、锦屏县（7.20）、江口县（6.31）、丹寨县（4.91）、赤水市（4.39）、晴隆县（2.36）、贞丰县（1.53）、黔西县（1.46）、红花岗区（0.26）、云岩区（0.06）。

核算结果基本客观，符合实际，为指导当地生态文明建设提供了有价值的参考依据。但仍需要进一步对数据进行核实，让数据更加客观地反映贵州的生态系统发展情况，进而完善与GDP相结合的社会经济发展考核制度。

（三）福建省GEP核算

福建省也是我国首批生态文明试验区之一，率先开启了GEP核算实践，分别以武夷山为山区样本、以厦门为沿海城市样本进行试点，把无形的生态算出有形的价值，为绿水青山打上"价值标签"。

武夷山市作为国家公园体制试点区和重要生态功能区，以水源涵养、水土保持和生物多样性维护等山区特征为基础，形成9个一级指标、18个二级指标的核算体系，打造了以森林、湿地、农田等典型山区生态系统为核心，以生态产品流转为重点的"山区样板"；厦门市作为海湾城市和海上花园城市，突出滨海地区特征，形成6个功能类别、13个一级指标、13个二级指标的陆地生态系统和4个功能类别、6个一级指标、8个二级指标的海洋生态系统核算体系，打造了以水、海洋、土地、生物、林木等典型沿海生态资源体系为核心，以促进绿色发展为重点的"沿海样板"。

在测算过程中，福建省一是建立起"一套数"模式，即将分散在各部门各领域的各类生态环境数据归集整合起来，在两个试点城市设置各类生态系统数据点位和监测点位近400个，累计收集数据10余万条，基本实现两个试点城市的山水林田湖草生态系统实物量的全方位、全口径调查。二是绘就"一张图"，即将海量基础数据转化为直观的生态系统"价值图"。重点对10余类生态系统的生物物理模型及价值核算的定价基准细化改进，实现不同核算指标、不同量纲数据和不同价值量的归一化、标准化处理，并以货币形式体现出来。

核算结果显示，2015年武夷山市GEP为2324.4亿元，是当年GDP的17倍；人均GEP为101.1万元，是全国平均水平的20倍。虽然经济发展水平相对不高，但生态资源价值十分丰富，有了GEP这面政绩评价新镜子，当地保护良好生态环境的底气将更足，同时应当更加珍惜并依托生态优势转化为发展优势。

厦门市2010年与2015年GEP核算结果显示，厦门市生态系统服务价值中的休憩服务功能增长最快,同比增长119.3%;同期游客量增长99.5%、旅游总收入增长113.9%。可见,近年来厦门市通过持续加强人居环境建设,充分发挥了生态优势助推旅游业等现代服务业发展,生态系统价值正在转换为产业发展优势。因此,可以借助监控GEP的年变化量和年变化率,剖析其变化情况和原因,为推进高质量发展提供决策工具。

(四)深圳市盐田区"城市GEP"核算

深圳市盐田区是全国首个"城市生态系统生产总值核算体系"的探索实践区。基于城市生态系统的特征,将单纯核算自然生态服务功能,上升到自然生态系统服务功能与人居环境系统功能改善相结合,突出了人类在资源环境的保护、维持和改善中的能动作用。盐田区"城市GEP"核算体系,包含"自然生态系统价值"和"人居环境生态系统价值"两个部分。自然生态系统价值的核算指标,包括自然生态系统为人类福祉所提供的生态产品和服务。其中,生态产品包括生态系统提供的可为人类直接利用的食物、木材、水资源等;生态服务包括水土保持、固碳产氧、净化大气等生态调节功能,以及源于生态景观美学的文化服务功能。人居环境生态系统价值的核算指标,包括大气环境、水环境、生态环境的维持与改善,以及土地环境的维持与保护等系列指标。

盐田区对于"城市GEP"核算的探索不仅在于构建了"城市GEP"核算指标体系,更是将GEP核算结果运用到了城市管理实践当中。盐田区推出"城市GDP、GEP双核算、双运行、双提升机制",将"城市GEP"提升为与GDP同等重要的位置,每年核算和评估城市生态系统价值,同时将GEP纳入到环保规划、项目引进决策和政府领导绩效考核中,以"GEP+GDP"双标准、双目标提升的绿色发展政绩观来要求当地政府领导。2013年,盐田区将"城市GEP"作为特色指标纳入《盐田区生态文明建设中长期发展规划》,2018年正式发布《盐田区城市生态系统生产总值(GEP)核算技术规范》,并在《盐田区国民经济和社会发展"十三五"规划》《盐田区生态文明建设中长期规划(2013—2020年)》中正式引入GEP作为重要的约束性指标。

一是每年公布GEP核算的结果，用以检验生态文明建设的具体成效。定量分析城市生态系统产出对城市的贡献，全面把握城市生态系统功能价值的变化；通过GEP盈余或亏损，定量地反映该区域的经济社会和生态支撑能力。核算结果表明，盐田区2013年GDP为408.5亿元，"城市GEP"为1015.4亿元；2014年GDP为446亿元，GEP则为1070亿元。数据显示，盐田区在GDP增长10%的情况下，"城市GEP"增长5.4%，实现了"城市GEP"与GDP双提升的目标。

二是将"城市GEP"纳入单位绩效考核和干部实绩考核。盐田区将提升"城市GEP"细化为各职能部门的具体年度任务，纳入区生态文明建设考核平台，将生态文明建设考核与勤政考核挂钩，激励各单位积极参与提升"城市GEP"工作，广泛调动各单位参与提升"城市GEP"的积极性。

（五）丽水市GEP和GDP转化实践

丽水市是全国首个生态产品价值实现机制的试点，在积极探索政府主导、企业和社会各界参与、市场化运作、可持续的生态产品价值实现路径等方面开展了大量有效的探索实践。在国内率先开展GDP和GEP转化研究，建立健全GDP和GEP"双核算、双评估、双考核"工作机制。丽水市2018年的生态系统生产总值（GEP）为5024.47亿元，按可比价计算，增长5.12%；GDP总量为1394.67亿元，增长8.2%，增幅位列浙江省首位。实现了GDP和GEP双增长，社会经济增长与生态环境保护协调发展。

2019年12月27日，丽水发布了景宁县大均乡的GEP核算报告。2018年大均乡生态产品总值达到17.88亿元，比2017年增加了0.94亿元，按可比价计算，增幅为5.64%。依据景宁出台的生态产品价值实现专项资金管理办法，对年度GEP增量明显的乡镇予以付费，即按照大均乡GEP增量的2%付给大均乡188万元，使大均乡成为GEP核算结果得到首次应用的试点乡镇。大均乡通过国资注入和村集体认筹的方式成立了大均两山生态发展公司（简称"两山"公司），负责经营生态资产，承担乡域内生态保护和修复的任务，同时将水、空气等生态产品价值进行"变现"。此次大均乡的生态增量获益资金，也将注入到"两山"公司中，以实现GEP的持续增值。这是首次以GEP为根本依据而开展的生态增量付费实践,意味着生态产品价值实现机制试点方案中提出的"政府采购生态产品"机制,有了进一步的探索实践。

此外,丽水市积极探索基于GEP核算的生态产品市场化交易路径。2020年5月19日,由国家电投集团投资1.7亿元建设的缙云县大洋镇大平山光伏发电"农光互补"项目正式签约落地。双方签订的协议中,首次出现了"企业购买生态产品"条款。占地800亩的大平山光伏发电项目,以其所在区域GEP的5%和生态溢价价值的12%计算,核算出共279.28万元的购买总价,即企业通过向当地生态强村集体经济有限公司支付279.28万元,以购买项目所在区域的调节服务类GEP,用于奖农民、优环境、美生态,从而成为丽水市首例基于GEP核算的生态产品市场化交易案例。

(六)GEP核算面临的主要问题

1. 生态系统的复杂性决定了GEP核算的难度

生态系统服务和功能之间关系复杂。一项生态系统服务可能由多种生态系统功能组成,各项生态系统服务功能同时又相互作用,构成其他生态服务类型。生态系统功能与生态系统服务类型之间的不对称性,加大了生态系统服务评估的难度。不仅如此,生态系统服务强度随着时间变动呈动态变化,且生态系统服务的类型和强度存在空间差异性,都为GEP核算增加了诸多困难。针对生态系统生长曲线分析的结果显示,生态系统服务强度随时间的变化而变化;而生态系统固有的空间差异性又会导致生态系统服务存在一定的空间差异,即使是同一生态系统,在不同的区域,其生态服务也会随之发生变化。

2. 生态系统服务理论方法和监测数据不完善影响了GEP核算的精度

生态系统服务评估的理论方法是进行GEP核算的基础。GEP核算的核心是要评估生态系统的产品和服务。生态系统服务理论涉及生态学、经济学、环境学等多种学科交叉的领域,是一个综合的、复杂的价值评估体系。现有研究普遍存在缺乏不同学科间的交流和认可,在生态系统结构、功能和过程,以及生态过程与经济过程之间复杂关系的确定上有较大分歧。生态系统服务及其价值评估的科学基础不牢，会直接影响GEP核算结果的科学性和应用价值，使得GEP将很长时间内只能是"评估研究"。同时，虽然遥感技术能够为国家尺度等大区域尺度的生态系统服务价值评估提供数据支持，但中小尺度的生态系统监测数据尚未形成积累，而且已有的监测数据采集频度低、时间序列分散，难以支持对生态系统长期、动态的服务和功能变化进行核算。

3.大尺度GEP核算降低了政策管理的有效性

目前针对大尺度区域以及森林、草地等单个生态系统的GEP核算相对多一些，而对于县、市、区等较小尺度的GEP核算较少。大尺度区域（全球、国家）的GEP核算更多的是提供参考价值，在科学决策方面需要更加重视小尺度区域的GEP核算，进而为区域可持续发展提供科学依据。中国生态类型多样，区域环境差异大，采用静态的相同的生态系统服务价格、从大区域尺度进行生态系统服务价值核算，容易忽视局部具有阈值和非线性特征的生态过程，不利于局地尺度的生态系统管理工作变化。在科学决策方面，需要更加重视小尺度区域的GEP核算，进而为区域可持续发展提供科学依据。

4.应用GEP核算成果的科学决策不多，宣传普及度不高

相对于GDP来说，GEP还是一个相对较新的概念。部分领导干部和大多数公众对其较为陌生。目前GEP核算还处于试点探索阶段，区域GEP核算较少开展且缺乏常态化，导致政府难以应用该成果进行因地制宜的科学决策，难以对地方政府领导干部的环境绩效进行科学量化考核，也难以对该区域的GEP数值及变化开展宣传普及，公众也无从知晓当地GEP的数值和变化。

五、关于将GEP核算纳入政府管理的思路与建议

（一）推行GDP与GEP"双核算、双运行、双提升"机制

GEP的增长、稳定或降低反映了生态系统对经济社会发展支撑作用的变化趋势，因此GEP核算可以用来评估可持续发展的水平与状况，考核一个地区或国家生态保护的成效，还可以作为评估生态文明建设进展的指标之一。

推行GDP与GEP"双核算、双运行、双提升"机制，构建充分反映资源消耗、环境损害和生态效益的绿色经济考评指标体系，有利于推动区域生态优势不断转化为发展优势，推动绿色发展制度化、常态化、长效化，实现经济发展与生态保护、改善民生的协同共赢。

在城市化地区纠正单纯以经济增长速度评定政绩的偏向，实行GDP与GEP"双核算、双考核"，以实现经济发展和生态保护的双赢为目标。GEP可以作为领导干部绩效考核的指标，也可以作为离任审计的定量指标。根据每年GEP的增减量和环境保护投入成本，评估生态保护、环境修复和污染治理的成效，纳入地方政府的综合考核、绿色发展评价等考核，以及对责任部门及其领导的考核。

对生态产品主要供给区和生态脆弱的相对贫困地区取消GDP考核，实行以GEP为基础的生态优先、绿色发展的绩效考评方式，通过评价重点生态地区的生态保护成效以及生态系统产品和服务的供给能力，转变生态地区发展方式，有效保护生态环境，实现区域经济发展与生态建设相协调。

（二）拓展GEP核算的应用实践探索

探索基于GEP核算的生态产品市场化交易。GEP核算让生态产品有了清晰价格，有助于培育生态产品产业链，开发新的生态产品交易市场。

以GEP核算结果为依据确定生态补偿标准。结合GEP核算考核工作，制定生态转移支付金标准，对在维持和提升区域GEP总量中作出突出贡献的区域给予生

态转移支付金，以补偿或奖励该区域对GEP的贡献，有效调动其维护生态环境的积极性。

将GEP纳入生态补偿绩效考核体系。将GEP核算与现有绩效考核体系进行有机结合，吸收县域生态环境质量考核在相关基础数据的监测、报送、审核等方面较为成熟的经验，在实践中探讨如何进行协调应用。GEP核算的优势在于核算生态系统产生的最终产品和服务，反映某一区域范围内的生态系统运行状况，发挥受偿主体在生态系统管理方面的经验，激发生态产品供给的创新动力。

（三）制定GEP核算的技术规范

不同区域和不同类型的生态系统产品与服务功能差异较大，GEP核算涉及多学科和多领域知识，为保证核算的科学性、延续性和可比性，建议发展改革、自然资源、生态环境、统计等相关部门会同相关领域的专家学者、科研院所等，建立制定GEP核算的技术规范，明确核算指标和方法，统一部署，以标准化的核算方法，组织对各区域、各生态系统的GEP进行科学评估。

（四）建立GEP调查监测体系

拓展现有统计数据范围，将GEP核算中所需的自然生态和资源环境的数量、质量、功能量等基础信息纳入统计体系；加快推进对能源、矿产资源、水、大气、森林、林地、湿地、海洋和水土流失、土壤环境、地质环境、温室气体等的统计监测核算能力建设，为GEP核算提供科学、准确、及时、可信的数据支撑。

根据各区域发展的主体功能，对各区域的生态系统产品和服务进行分区监测、评估和预警。尤其要加强对重点区域的生态系统服务功能的保育，严密监测生态功能变化的区域差异性。

参考文献

1. 高敏雪. 生态系统生产总值的内涵、核算框架与实施条件——统计视角下的设计与论证[J]. 生态学报, 2020(40). 402-415.

2. 欧阳志云, 朱春全, 杨广斌等. 生态系统生产总值核算: 概念、核算方法与案例研究[J]. 生态学报, 2013(33). 6747-6761.

3. 古小东, 夏斌. 生态系统生产总值(GEP)核算的现状、问题与对策[J]. 环境保护, 2018(46). 40-43.

4. 王金南, 马国霞, 於方等. 2015年中国经济-生态生产总值核算研究[J]. 中国人口·资源与环境, 2018(28). 1-7.

5. 靳乐山, 刘晋宏, 孔德帅. 将GEP纳入生态补偿绩效考核评估分析[J]. 生态学报, 2019(39). 24-36.

6. 刘伟华. 库布其GEP核算项目对我国生态文明建设的促进作用[J]. 前沿, 2014(7). 119-120.

7. 马国霞, 赵学涛, 吴琼等. 生态系统生产总值核算概念界定和体系构建[J]. 资源科学, 2015(37). 1709-1715.

8. 高敏雪, 刘茜, 黎煜坤. 在SNA-SEEA-SEEA/EEA链条上认识生态系统核算——<实验性生态系统核算>文本解析与延伸讨论[J]. 统计研究, 2018(35). 3-15.

9. 高艳妮, 张林波, 李凯等. 生态系统价值核算指标体系研究[J]. 环境科学研究, 2019(32). 58-65.

10. 马国霞, 於方, 王金南等. 中国2015年陆地生态系统生产总值核算研究[J]. 中国环境科学, 2017(37). 1474-1482.

（执笔人：夏晶晶）

分论篇三

国外生态产品价值实现的途径、模式与启示

内容提要： 本报告从森林、流域、耕地、矿产资源开发和生物多样性等代表性领域，通过梳理国际上关于生态服务付费、生态补偿实践的相关研究，分析对比了公共支付和市场支付这两种实现模式。针对生态产品的支持服务、供给服务、调节服务和文化服务，总结出4种生态产品形态；基于各类形态的生态产品价值实现的不同路径，报告梳理了目前较为成熟的路径实现机制，其中包括生态产品税收制度、资源环境权益交易制度、生态标签制度以及绿色金融制度等4种机制，并进一步对其进行了案例分析。在经验启示方面，报告指出产权明晰是生态产品价值实现的前提，建立市场化交易是未来发展趋势，依托现有交易平台才能推动市场交易的规模化发展。建立机制是生态产品价值实现的基本保障，多样化的补偿是价值实现机制的有效补充。

我国的生态产品价值实现可参考国际上生态服务付费和生态补偿的案例。早在20世纪90年代，国际学术界就开始研究生态环境服务付费（Payment For Ecosystem Services，PES）。目前，生态系统服务付费或生态补偿实践已成为各个国家生态领域的研究主题。关于PES的探索实践从小流域到区域，再到整个国家，其应用范围和对象、补偿方式等呈现出多样化特点，形成了几种较为成熟的

生态服务付费市场机制。对国外生态系统服务付费和补偿的实践经验的归纳总结，对于建立和完善我国的生态产品价值实现机制具有借鉴意义。

一、国际上关于生态产品价值实现的主要领域

生态产品的概念是由2011年《国务院关于印发〈全国主体功能区规划〉的通知》（国发〔2010〕46号）正式提出，文件中将生态产品定义为"维系生态安全、保障生态调节功能、提供良好的人居环境的自然要素，包括清新的空气、清洁的水源、茂盛的森林、宜人的气候等"。国际上与生态产品类似的概念有"生态系统功能（服务）"、"生态服务（Ecosystem Services）"，在内涵上，三者的重合度较高。作为生态学在经济领域的探索，生态产品既涵盖了生态系统及其构成要素和要素提供的服务，包括供给服务（如提供食物和水）、调节服务（如控制洪水和疾病）、文化服务（如精神、娱乐和文化收益）以及支持服务（如维持地球生命生存环境的养分循环）；还被认为是与物质产品、文化产品地位等同的公共产品，共同支撑着现代人类的生存和发展。

生态产品本身具有价值，同时，人类为维持和恢复生态产品的状态、提升生态产品的质量和数量所付出的劳动也是生态价值的间接体现。从已开展的PES实践来看，目前研究主要集中在森林、流域、矿产开发、生物多样性、自然保护区等领域。

（一）森林

国际上关于森林的价值实现是研究最早且最为丰富的领域。森林作为公共生态产品，具有强大的碳积蓄与储存功能，在改善生态环境、维持人与生物圈的生态平衡、维护生物多样性等方面具有重要意义。此外，森林还能够提供林副产品，经济效益同样显著。很多发达国家都建立了比较完备的林业税收体系，森林生态产品的补偿制度为森林的建设提供了资金来源，同时也提高了森林培育的积极性，极大地改善了生态环境，促进了公益林的发展。

哥斯达黎加实施的森林生态环境服务付费（PES）是世界森林补偿领域的成功典范。1996年，哥斯达黎加《森林法》（修订）规定林地所有者的造林保护和管理森林的行为应当得到补偿，即对土地所有者实施特定的有利于产生更多生态服务的土地利用行为（包括人工林栽植、森林保护、农用林业和天然林再生等）进行补偿。根据这一规定，哥斯达黎加设立了"森林生态环境效益基金"（FONAFIFO），该机构负责支付森林生态产品提供的生态环境服务。在生态补偿的具体运作上，先由林地的所有者向FONAFIFO申请加入到该制度之中。项目实施机构受理后，双方签订森林保护合同、造林合同、森林管理合同、自筹资金植树合同等四类合同。按约定，林地的所有者按约定履行造林、森林保护、森林管理等义务，机构向林地所有者支付环境服务费用。从1997年起，哥斯达黎加还按化石燃料市场价值的3.5%，对碳排放进行征税，所得税收的1/3进入FONAFIFO，用来资助私有林地所有者保护森林。此外，哥斯达黎加还对用水大户征收水税，水电大坝、农民和饮用水供应商也必须支付费用，以维护河流生态。菲律宾的Makiling森林保护区也采用了类似方法。在夏威夷，农场主、原住民以及水电公司达成协议，即原住民实施植树造林等措施保护和修复生态，为水电公司发电保证供水，同时也有权使用森林生态资源（如雨水截留、去盐碱化的水），农场主为其付费，把过去几十年的双输局面扭转为双赢。

从政策实施效果来看，哥斯达黎加的森林覆盖率从1986年的21%提升到2012年的52%；由于补偿标准不断提高，当前评价补偿标准为每年每公顷78美元，远高于该地块原本用于养牛所获得42美元的收益，人均GDP也由1986年的3547美元增至9219美元。生态补偿制度让哥斯达黎加的农民既守护住了青山绿水，水税和碳税又成为低收入者的主要收入来源，不但真正扭转了滥伐森林的现象，还丰富了扶贫的政策工具，这对我国开展森林生态补偿、发展生态旅游具有启示意义。

（二）流域

流域水资源价值的实现是通过流域生态补偿或生态服务付费来实现的。流域生态补偿作为一种流域生态保护和水污染外部成本内部化的经济政策工具，通过经济和市场手段来调整流域内的损益关系，对已经造成的水环境危害进行治理与修复，对上游区域进行的流域水生态环境建设与保护行为给予补偿，以实现流域协调可持续发展。例如美国1986年实施的保护区计划，即为减少土壤侵蚀对流域周围的耕地和边缘草地土地拥有者的补偿（美国田纳西州流域管理计划）。哥斯达黎加1995年就开始进行环境服务支付项目，成为全球环境服务支付项目的先导。

德国的流域生态补偿以易北河的实践为代表。易北河贯穿捷克与德国，随着流域开发利用强度逐渐增加，易北河水质日益下降。为提升灌溉用水水质，维持流域生物多样性，减少两岸排放污染物，德国和捷克于1990年成立双边合作组织，达成共同整治易北河的协议。双方共设置了8个专业小组：行动计划组负责制定目标计划；监测组通过数据监测以建立数据网络；研究组提出保护水质的措施和技术；沿海保护组则主要解决物理因素对环境的影响；灾害组用来防范和解决化学污染事故；水文组负责收集水文资料数据；公众组从事宣传工作并以年报形式报告各组工作情况和研究成果；法律政策组制定和研究政策与法律条款。在补偿方式上，处于中下游的德国通过财政贷款、津贴和收取排污费等方式筹集资金和经费，向位于上游的捷克进行经济补偿。例如，在2000年德国环境保护部向捷克支付了900万马克，用于建设捷克与德国交界的城市污水处理厂。根据双方协议，德国在易北河流域建立国家公园、设立自然保护区，通过各种叠加手段的整治，目前易北河上游的水质已基本达到饮用水标准。德国与捷克间的生态补偿起到了明显的经济效益和社会效益。

美国、法国在保护和修复水资源方面的做法一致。为扭转纽约饮用水水质不断恶化的趋势，美国联邦环境保护署选取为城市提供净化水资源生态服务的Catskill流域，将流域及周边地区的土地买断，严格控制流域内污水和农药的排放，以防污染物进入水源或者供水系统，通过自然过程实现根系和土壤水下渗达到净化水质、恢复流域生态环境的目的。该措施投入10亿~15亿美元，远比花费60亿~80亿美元建设水过滤厂以及每年300万美元的运行费用更具可操作性。

　　法国Vittel矿泉水公司为保持水质所开展的生态补偿实践是法国生态补偿的典型案例。20世界80年代，许多法国瓶装水公司的水源地水质受到污染，这些矿泉水公司面临三个选择：一是设立过滤工厂，二是迁移到新的水源地，三是保护该地区水源。经过测算，以经济手段保护地区的水源要比设立水源净化厂和迁址更加经济。因此，该公司以保护水源地的方式开展了水源地生态补偿实践。具体做法为：该公司购买了水源区1500公顷土地后，再将其无偿交付给农民使用，并且每公顷每年支付320美元的土地补偿，为期7年；将耕地转向发展集约程度较低的乳品农业，实施动物废弃物处理改良技术、禁止使用农用化学品等措施。该措施使污染大幅度减少，水资源的自净能力大幅提高，管理良好的草场每公顷每年还能生产饮用水约3000立方米。Vittel矿泉水公司通过生态补偿行为，保护了矿泉水生产所需要的饮用水水质，避免了建设新厂的巨大开支，节约了成本，也在确保公司产品质量的同时，也使当地农民获得了补偿收益。

　　莱茵河流域的跨国综合管理已经成为跨地区河流综合治理的典范。莱茵河发源于阿尔卑斯山的冰川，流经意大利、奥地利、瑞士、卢森堡、荷兰等9个国家。20世纪50年代起，莱茵河因受工业污染而水质恶化，直到80年代初，莱茵河一直被称为"欧洲下水道"。为了全面解决莱茵河流域水环境治理问题，保证莱茵河生态系统的可持续发展，莱茵河流经的各国建立了"保护莱茵河国际委员会"（ICPR）。为实现全面提升莱茵河水质、改善生态环境这一目标，ICPR制定了包括鲑鱼2000计划、莱茵河洪水管理行动计划、2020年莱茵河可持续发展综合计划、高品质饮用水计划等在内的一系列规划，同时建立了保障机制，成立国际性协调管理机构，签订保护公约，建立监测及预警机制，制定水质标准等。如今，莱茵河水质仅次于饮用水，流域的综合治理也取得了较大的成功。在莱茵河综合治理的过程中，首先，《欧盟水框架指令》（WFD）发挥了重要作用。作为欧盟各国统一的水资源管理法律文件，WFD要求所有改善河流计划的细节都要公布，并让公众参与提出意见，所有国家都要定期向欧盟汇报工作进展；WFD还制定了非常严格的惩罚条例，对无法完成指令的国家进行严厉处罚。WFD实施以来，各国在水资源管理和水环境保护上取得了举世瞩目的成就。其次，企业作为流域生态补偿的主体，能够在环境许可申报、审批、企业排污监控、污染治理等方面发挥至关重要的作用。而且经过各国多年的实践探索，企业在环境付费服务领域成立专业化的公司提供环境监测、固废垃圾和污水处理、环境事故应急处理等事务，已经形成较为成熟的运行模式。此外，哥伦比亚自发成立了12个用水户协会，自愿在原水费基础上额外支付每升1.5～2美元的费用，并将其纳入独立基金，用于改进流域管理、促进流域保护等活动。

（三）耕地

20世纪以来，由于农业技术水平的大幅度提高，耕地过度开发利用的趋势显现，为控制土壤被过度侵蚀，减少农业生产过剩，世界各地开展了耕地休耕计划。以美国为例，1985年美国制定了土地休耕保护计划（CRP），作为美国联邦层面最大的私有土地休耕计划，该计划主要目标是针对土壤极易被侵蚀、其他对环境敏感的作物用地进行补贴，扶持农作物生产者实施退耕还林还草等长期性植被保护措施，最终达到改善水质、控制土壤被侵蚀、改善野生动植物栖息地环境的目的。根据这项计划，与CRP签约的土地一定要休耕（通常10年或15年），退出粮食种植，并且要采取绿化措施，在土地上种植草木、灌木或林木等；CRP每年耗资约20亿美元，向耕地所有者提供包括土地租金补贴，以及种植林草、保护植被等不高于50%的成本补贴和不超过年租金20%的其他经济资助作为激励。自土地休耕保护计划（CRP）实施30年来，一批地力下降严重、生态环境脆弱的土地得到休养生息，土壤、水质以及野生动植物栖息地的环境得到明显改善。

欧盟在1988年后推行了欧洲共同农业政策（The Common Agricultural Policy, CAP），直接通过现金补助因休耕导致粮食减产、收入减少的农民。日本和中国台湾地区采取了休耕轮作的措施，调整稻田种植结构，减少水稻种植面积和产量，通过提高进口关税来稳定稻米价格。而我们的土地休耕政策根据所在地区的特点进行分类管理，生态环境脆弱区强制实施长期休耕，而粮食中低产区采取强制休耕和自愿休耕相结合的方式。资金补助方面，生态环境脆弱区通过粮食补助和绿色补助，以纵向转移支付和专项基金等政府财政补助的方式实现，而粮食中低产区的补助是通过中央和地方财政按照一定比例提供资金以实现粮食补助，或向污染企业征税等途径进行补助。

此外，由Turner提出的"生态资本"概念，即指可以为人类带来社会经济效益的生态资源和生态环境。基于此，美国提出了自然资本计划（National Capital Project），认为不同地块的土地具有最佳功能属性和价值，如有些土地最适宜开发房地产，有些地块的固碳能力较高，而有些地块的生物多样性较高。该计划的实施途径是通过开发软件，来计算和对比同一地块不同功能的综合效益，最终选取地块最适宜的功能并发挥其最大功用。该软件系统已经在我国的长江上游地区展开应用，帮助指导规划城市和农业用地扩张以及水坝建设。

（四）矿产资源开发

20世纪初，针对矿山开采造成的生态环境破坏问题，尤其是资源丰富的德国和美国，最早开始关注和实施矿区生态环境的恢复治理工作。为此，美国相继出台了《矿山租赁法》《露天矿矿区土地管理及复垦条例》，以法律的形式明确要求被开采破坏的土地和生态环境必须要进行恢复。20世纪20年代，德国鼓励在煤矿废弃地上植树；20世纪40年代英国开始制定相关的法令规章推动矿区复育，英国设立了复育基金来推动全国煤矿废矿区的生态修复；随后许多工业较发达的国家加速制定矿区环境保护法规，致力于矿山恢复治理工程。1971年，英国出台了《城乡规划条例》，对矿产资源规划的环境影响评价、限制开采活动的补偿、矿产开发的一般程序、允许开采的条件等方面作了详细的规定；1975年，法国为规范企业的开采行为，最大可能地减少对环境的影响，对采砂采石公司进行征税，恢复受到采矿影响地区地表的生态环境；1976年，为了减少污染、循环利用废弃物、保护生态环境，德国联邦政府以法律的形式对自然保护和固体废弃物处置作出了规定。

除各国开展的各项环境保护和恢复生态的措施外，在全球范围内广泛实践的矿区修复治理保证金制度也是矿产资源生态补偿的有效途径之一。即新建矿山企业在递交了开采计划、土地使用计划、矿山修复计划以后，在复垦许可证申请得到批准但尚未正式颁发以前，申请人必须交纳一定数量的复垦保证金（软性或硬性保证金）。采矿企业闭矿后完成了矿区土地复垦，经验收合格，保证金本金及利息归还给采矿企业。如果采矿企业没有履行矿区土地复垦责任，则由政府组织专业复垦公司替代其进行修复治理，费用支出超过保证金的部分由矿业企业承担。然而，尽管保证金制度已经得到世界范围的认可，但这项制度规定保证金只适用于新建矿山企业，或新矿山开发造成的新生破坏，对于历史遗留的矿山环境治理与生态恢复成本仍然纳入保证金的范畴。鉴于此，我国于2017年取消了矿山地质环境治理恢复保证金，建立矿山地质环境治理恢复基金，以促进矿山生态修复。

矿产资源作为"金山银山"，开发利用实现了其经济价值，同时，致力于矿山恢复的环境保护工作所付出的人类劳动也体现了其生态价值。关于矿产资源开发价值实现的政策制定领域，早在20世纪初，美国就明确采用了多样化的补偿方式。比如，对露天煤矿造成的土地、植被破坏和河流淤堵等问题，不仅对开采企业征收开采税费，还征收消费税，并将其划入黑肺疾病信用基金中，用于资助受害煤炭工人。各国针对煤炭资源开发采用的生态补偿手段为煤炭资源开发生态补偿机制的研究提供了借鉴。

（五）生物多样性

生物多样性的生态价值是以其生态功能的形式来体现的。生物多样性的价值由三方面因素决定，即生物多样性的功能、人类对生物多样性功能的感知、生物多样性的存在状况。世界生态系统功能价值的低值和高值分别为1600亿～5400亿元，中国大气污染损失的低值和高值分别为15.1亿元（美国东西方研究中心，1996）与411亿元（世界银行，1997）。

国际上对于生物多样性保护的补偿（Biodiversity Offset），最早开展的是德国和欧盟委员会率先发起的"生态系统和生物多样性经济学"（TEEB）行动倡议，力求达到在生物多样性的物种组成、生态环境结构、生态系统功能、人类使用和文化价值方面，实现生物多样性零净损失，最好是净收益，这也是目前在国际上广泛认同的生物多样性补偿目标。生物多样性补偿，按地点可以分为原地补偿或异地（场外）补偿。异地（场外）补偿是指由于社会经济建设占用、破坏了原地生态系统，只能在异地进行补偿，通过重建原来的生态系统，以结构与功能相似的生态系统来补偿原来的生态系统，也是补偿的主要方式。在生物多样性补偿发达的美国，主要有三种补偿方式：一是缓解措施，即让开发商自己补偿；二是补偿费缴付，即为修复实施者付费进行补偿；三是购买信用额度。从补偿主体来看，国际上一般是以政府和基金会的形式进行生物多样性的生态补偿，有时也会与农业、流域和森林等领域的生态补偿相结合，进行合并综合补偿。

当前，约有40个国家或政府建立了专门要求生物多样性补偿或某种形式的补偿保护以应对特定影响的法律或政策。澳大利亚新南威尔士州《生物多样性保护法（2016）》（2017年8月25日实施）建立了完善的生物多样性补偿制度，以替代《濒危物种保护法（1995）》建立的自愿性质的生物银行制度。另外，配套建立了生物多样性保护信托基金，把经济关系引入生物多样性补偿中。这套生物多样性补偿制度，使得土地的主人有积极性签订协议，利用自己"闲置的"土地生产出生态信额（信用额度），并将生态信额出售给建设者或开发商以获利。而后者通过购买生态信额，满足了生态保护的管理要求。这一做法既保障了生态系统物理保护的要求，又建立了市场化的可持续性体系；既满足了开发商履行其生态保护义务的需求，又使生态保护者获得了长久的收益。新南威尔士州从法律、规章、标准规范、技术方法、管理制度等方面建立了完善的生物多样性补偿体系，值得我们借鉴学习。

二、国际上生态产品价值实现模式

（一）公共支付模式

生态补偿的公共支付模式，其实施和补偿主体通常以国家或上级政府为主，以区域或下级政府或居民为补偿对象，是一种从上至下的补偿方式。相比其他方式而言，公共支付模式具有强制性的特点，一般以财政转移支付、实施生态保护项目、环境税费制度等形式进行补偿，存在资金来源单一、交易成本低，但制度运行成本高以及权责利脱节等弊端。在已有的生态系统服务付费的案例中，公共支付模式可大致分为政府主导的公共支付补偿与政府引导的市场补偿两种模式。（如表3-1所示）

表3-1　国际生态效益补偿类型

补偿类型	国家	补偿形式
政府扶持	美国	"由政府购买生态效益、提供补偿资金"，国有林和公有林由国家林务局和州林业部门做好预算报联邦和州议会批准
	英国	国有林收入不上缴，不足部分由政府拨款或优惠贷款
	德国	国有林实行预算制，由州议会审议后，由财政拨款
政府补贴	奥地利	鼓励小林业主不生产木材，只要经营森林接近自然状态，政府给予补助
	英国	私有林业主营造针叶林，则给予补贴
	法国	国家森林基金通过受益团体投资、特别用途税、发行债券等开辟林业资金渠道
	芬兰	为造林、森林道路建设及低产林改造提供低息贷款，由财政贴息
对受益部门征收补偿费	加拿大	森林公园、植物园、自然保护区等以森林为主体的旅游部门，必须在其门票收入内提取一定比例的补偿费支付给育林部门
	欧盟	推行二氧化碳税，实现生态效益补偿
	美国	在国有林区征收放牧税，用于牧场的更新、保护和改良
	哥伦比亚	污染者和受益者收费

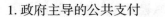

1. 政府主导的公共支付

政府主导的公共支付模式是指由中央政府或上级政府作为补偿主体，以直接投资或提供项目资金的方式进行补偿，通常政府要在生态产品价值实现的过程中发挥主导作用，即制定政策、法律法规或制度、提供资金支持等方面，通过政府有力的宏观调控手段来解决生态环境问题，这些往往是不能通过市场自发解决的难题，比如生态产品的受益者难以界定等情况。这种公共支付方式是政府直接向提供生态产品的资源所有者及其他提供者进行补偿，这也是最普遍的补偿方式，以天然林保护工程、退耕还林还草工程和生态公益林保护等项目工程为主要代表。主要手段有两种：

（1）征收生态补偿税模式。许多国家通过经济手段建立了资金筹集机制，调节不同资源使用者之间的关系，主流方式是通过生态税等消费税来调节资源消费者与社会之间的关系，这些税费最终被用于生态环境治理改善等领域。例如，瑞典、比利时、芬兰通过征收绿色税，对污染物排放进行限制的同时，筹集资金，最终实现对生态环境进行补偿。

（2）提供经济补贴模式。美国实施"土地休耕计划"等农业耕地保护计划，对按照计划退耕的农场主给予农产品价格补贴；欧洲制定法律，减少农业中氮的使用，如果遵守氮排放管理计划，将得到一定的补偿；芬兰采用国家购买的方式对生物多样性价值给予经济补偿。除了上述涉及生态产品的恢复、提升等补偿类型以外，政府的直接补偿还包括地役权保护，即为了使物权生态化，划出一部分土地并对其所有者进行补偿，这是公众参与自然保护地保护的新方式。

2. 政府引导的公共支付

政府引导的公共支付模式，是指在实现生态产品价值的过程中，采用市场与政府共同补偿的方式，由政府发挥引导与支持的作用。政府引导的公共支付模式通常以政策性基金为主要形式。该基金是由政府设立并按市场化方式运作的基金，主要通过政府的作用，引导社会资金进入生态保护等领域，发挥财政资金的杠杆放大效应。政府引导的公共支付模式与政府主导的公共支付模式区别在于，政府从过去的资金提供者变成现在的监管者，在减轻财政负担的同时，转换了政府职能，政府的监督作用能够保障资金的使用和生态环境保护的质量。政府引导的公共支付模式与纯粹的市场支付模式的根本区别在于，纯粹的市场支付模式是社会资本进行的自愿交易，具有实施范围小、时间短、不确定性较强等劣势。而政府引导的公共支付能够弥补这些不足，政府在生态环境保护领域投入资金作为基础，降低了社会主体的投资风险，通过充分发挥双方各自的优势，建立起"利益共享、风险共担、全程合作"的共同体关系，能够保障生态补偿效果。

政府引导的公共支付主要通过生态补偿基金的方式来体现。各国通行的设立废矿恢复治理基金，用于生态环境恢复治理；墨西哥政府提出的"水文环境服务补偿计划"，即从收取的水费中划拨200万美元成立基金，在生态产品的提供者和购买者之间建立联系，对重要生态区的森林植被覆盖率进行补偿。

（二）市场支付模式

市场支付模式是生态产品受益者对保护者（或产品提供者）提供的补偿，是在市场条件下，生态产品的受益者利用经济手段参与环境市场产权交易，保护者或产品提供者因收到付费而进行的改善生态环境等劳动投入，使生态产品的数量得以增加、质量得以提升。市场支付模式是较理想的生态补偿机制模式，该模式交易成本高，但制度运行成本低，通过调动市场和社会力量，能够促使更多主体参与并促进生态环境保护。通过市场补偿机制实施生态价值实现的模式主要包括自主交易模式、产权交易模式等方式，具有直接性、激励性、时效短等特点。

1. 自主交易模式

自主交易模式是指非政府组织作为生态系统服务的购买者而对生态产品的提供者付费的补偿模式，通常也称为"自愿补偿"，该模式与公共支付模式的区别在于补偿主体没有任何管理动机。商业团体或个人消费者可以出于慈善、风险管理，或准备参加管理市场的目的参与这类补偿。法国Vittel矿泉水公司为保持水质付费的生态补偿可称为自主交易模式的典型案例，该公司投资900万美元购买水源区1500公顷农业土地后无偿将土地交付给农民使用，并每公顷农地每年支付相应的土地补偿款，同时鼓励农民将土地转向发展集约程度较低的乳品农业，实施动物废弃物处理改良技术、禁止使用农用化学品等措施，实现土地利用清洁化，最终实现改善水源地水质，节省因转移水源地而发生的高额成本的目标。该交易完成后，水源地的非点源污染大幅度减少，水资源的自净能力大幅提高。

2. 产权交易模式

产权交易模式是生态产品价值实现的最直接的方式。产权交易和许可证交易的内涵一致，也是欧美国家最早实施的"限额交易计划"，该模式是在资源环境稀缺的情况下，且满足环境要求的条件下，建立合法的产权（也就是许可证），并将生态产品的产权当作商品一样，通过买入和卖出实现交易，而其中的差价就是生态产品的价值所在。产权交易模式是通过市场交易来实现生态产品的优化配置，从而也合理地分配了产权的额度控制。最常见的产权交易包括排污权、碳排放权、用能权、水权等形式。

以欧盟的碳排放权交易计划为例，该模式以市场为基础，政府或管理机构为生态产品在一定范围内允许的被破坏量设定一个界限（"限额"或"基数"），在控制碳排放总量的基础上进行碳排放权交易，从而将污染治理权赋予排放主体。通常来说，排放主体可以是机构或个人，可以选择按照规定来限制自己的排放量，也可以通过对其他生态产品的产权所有者进行付费，来平衡超限额排放所造成的影响。通过对这种抵消措施的"信用额度"进行交易，获得市场价格，达到补偿目的。

3. 信用基金模式

信用基金模式是指通过设立基金对一系列保护流域生态环境的行为进行资助。基金来源于政府或非政府组织向生态产品的使用者（个人、企业、项目等）征收的费用。最具代表性的有：厄瓜多尔通过设立水资源保护基金，补偿流域内上中游区域建立生态保护区、保护水资源的行为；日本建立了水源林基金（如广岛县水源林基金会），由河川下游的受益部门采取联合集资，主要用于对流域内上游区域进行植树造林等保护生态资源环境的行为进行补偿。

还有一些国家通过实施对污染者和受益者收费、建立信用基金补偿制度、完善水市场等措施来促进生态环境建设和完善流域管理。世界银行在哥斯达黎加、墨西哥、厄瓜多尔等拉丁美洲国家开展了环境服务付费（PES）项目，主要通过增加森林覆盖率以改善流域水环境的服务功能。美国的水银行将流域内的水资源分为若干份，以股份制的形式对水资源进行管理，此种方式可以用来保证使用水资源的行为主体需要支付相关的费用，即水权的价格。

此外还有澳大利亚控制盆地盐度的盐分信贷交易、水分蒸发蒸腾信贷交易，以及美国城市地区开发权交易、恢复湿地信贷交易及养分信贷交易体系等。美国Tar-Pamlico流域成立了协会，协会成员可以在规定的排放量下进行相互交易。如果不能保持在规定的排放量之内，成员须向一个基金缴费，以资助政府促进流域保护等项目。但由于治污成本存在区域差异，污染信贷交易可能会造成局部地区的污染加重。

（三）两种模式的差异

生态产品价值实现的两种模式，即政府主导的公共支付手段和市场主导的支付模式不论在目标、内容还是在表现方式方面都有较大差异。从实现的目标层面来看，政府主导的公共支付为了保障资金公平、高效地发挥作用，往往关注于单一的生态产品，并尽可能地实现多元目标。比如上文所涉及的哥斯达黎加的森林补偿作为典型的公共支付案例，通过保护森林这个单一的生态产品，达到水资源涵养、生物多样性和景观保护等多元目标。与之不同的是，市场支付模式有明确的资金来源和支付对象，对于生态产品价值的实现这一目标很明晰，为了达成这一目标，需要关联多个自然资源要素或生态产品的价值共同实现，所以市场支付模式是通过多个生态产品的价值实现来达成同一目标的模式。二者的区别本质在于，市场支付的模式由于目标清晰，达成目标即付费，生态产品的价值也因此而实现，所以往往效果更好。（如表3-2所示）

表3-2　不同层面上政府支付与市场支付的差异

不同层面	政府支付	市场支付
尺度层面	尺度较大，由点及面普及	尺度较小，实施范围精准
生态产品利益双方	买方是政府，政府强制性付费，自愿性服务	基于自由交易，买方是生态产品使用者，卖方提供服务
支付形式	现金支付为主，技术支付为补充	现金、技术支持、农业劳动成本、土地租金、实物等
补偿方式	财政转移支付、政策补偿、生态补偿基金等	产权交易市场、一对一交易、生态标记等
特点	交易成本低，制度运行成本高	交易成本高，制度运行成本低
劣势	资金来源单一、环境资源定价低以及权责利脱节	短期性、不确定性风险较大、法律法规配套不足
适用范围	规模较大、补偿主体分散、产权界定模糊的区域或流域	规模较小、补偿主体集中、产权界定清晰的区域或流域

就目前环境保护阶段和市场经济而言，政府和市场的关系并不对立，而是可以达成合作的。从表3-2可知，公共支付以财政转移为主的方式来维持生态环境，且支付范围广、周期长，因此使政府财政压力巨大，由于没有其他参与者分担资金压力，其补偿效率较低、持续性较差。因此，在财政转移支付不足的情况下，政府会调动外界力量筹集补偿资金，作为财政转移支付手段的补充或配套。在公共支付模式中，政府是发挥主导作用的，政府不仅要建立生态补偿机制的法规，而且在很多情况下是生态保护与建设的主体。与此同时，市场机制也不能脱离政府的管理和调控而存在，它需要政府在市场补偿的过程中发挥其职能，调节市场失灵、纠正偏差，担当补偿政策立法等法律和制度保障等角色。

三、国际上生态产品价值实现制度创新

如上文所言,生态产品不仅具有巨大的生态价值,还具有巨大的经济效益,其价值可通过多种形态来实现。国际上针对生态产品价值的实现路径也是按照生态产品的四大功能来分类实现的。

一是支持服务,如生态产品能够为社会经济系统和生态系统循环所提供的养分循环、土壤形成等支撑功能,通过资源税、碳汇交易、生态银行等路径实现。

二是供给服务,具体包括空气、淡水、食物、木材等,主要是通过生态产品认证、水权交易、互联网模式,使生态产品的价值得到合理认可,以增加供给实现产品价值。

三是调节服务,包括调节气候、净化水质、涵养水源等,通过生态补偿、资源环境权益交易、公益自然保护地等实现。

四是文化服务,包括美学景观、精神消遣、文化休闲等方面内容,通过生态旅游、农业旅游等形式实现景观价值的最大化。

整体上看,国际上关于生态产品价值实现的机制大致可总结为以下四个方面。

(一)生态产品税收制度

生态产品的税收在国际上最早是以绿色税收制度出现的。国际上各个国家的资源税制度各异,政策调整的对象、重点都不尽相同。资源税作为引导、保护本国自然资源的合理开发利用、提升生态产品质量和数量的手段,被各国实践证明是非常有效的。例如,能源重税政策使日本和欧洲国家的能源利用效率远超美国,从统计数据上可以得到印证。美国GDP大约占全球的26%,消耗的能源占全球的24%;而日本、德国、英国和法国的GDP合计占全球的35%,但能源消耗仅占14%。以德国为例,1999—2003年,德国采用渐进式分5年逐步提高税率,生态税的征收对象是汽油、柴油、天然气等化石燃料，不同用途或不同品种的燃料采用不同税率。通过征收生态税，提高化石燃料的价格，最终使消费者承担相关治理费用。从经济学角度看，适当的生态税改革具有所谓"双倍红利"的效果：一方面，激励消费者节约能源和提高能源利用率，减少污染物和温室气体排放，保护环境；另一方面，生态收入的90%用于补充企业和个人的养老金，10%用于环保设施的投入，降低了企业养老金费率，从而降低雇主的劳动力成本，创造更多的就业机会。

（二）资源环境权益交易制度

目前，国际上在资源环境领域展开的权益交易主要有排污权、碳排放权、用能权、节能量交易等类型。

1. 排污权交易

排污权交易是指政府或公共部门限定某项资源需要达到的环境标准，没达标和超标的单位可以对指标进行交易。市场化的排污权交易已成为国际节能减排的主流方式。这里的"生态产品"是由空气衍生而来的，包括二氧化硫、氮氧化物、汞、臭氧层消耗物在内的污染物排放总量和环境容量使用权，其交易是通过具有"富余排污权"的企业出售排污权，并建立排污权储备，由需要排污权的企业进行购买，实现企业的扩大再生产，从而出售排污权的企业获得资金支持。该交易制度能够促使企业尽可能地减少排污的主观意愿，从而促进节能减排。

最早的排污权交易起源于美国，主要针对大气污染物的排污交易。第一阶段以SO_2减排为主的"基准-信用交易模式"；第二阶段以"酸雨计划"为代表的"总量控制-许可证交易模式"，政策标的物包括了SO_2、氮氧化物、汞、臭氧层消耗物等；第三阶段是以碳排放权交易为主的"非连续排污削减模式"。如美国Tar-Pamlico流域为排污权交易成立了协会，协会成员可以在规定的排放量下进行相互交易。如果不能保持在规定的排放量之内，成员须向一个基金缴费，以资助政府促进流域保护等项目。除美国以外，排污权交易目前还只是在欧盟和北美一些市场经济发达的国家开展了实践，如澳大利亚Murray-Darling 流域控制盆地盐度的盐分信贷交易，以及Hawkesbury-Nepean流域富营养和藻化问题进行的磷和氮排污权交易；加拿大为了控制酸雨问题和削减臭氧层消耗物质，推行了SO_2、氮氧化物以及CFCs贸易等。美国大气污染物的排污权交易是迄今为止国际上最广泛和最成功的排污权交易实践。

通过施行排污权交易，空气中二氧化硫、氮氧化物、汞、臭氧层消耗物的排放量大幅度减少，生态产品的质量有所提升，优良的空气等生态产品的供给有所增加，有力促进了大气环境质量的改善，也降低了大气污染削减的社会成本，既体现了生态产品本身的价值，通过生态产品价值的实现，同时增加了社会效益和经济效益。

2. 碳排放权交易

从全球的角度来看，排污权交易主要是集中在碳排放贸易方面。此处的"生态产品"是指：一是政府给企业发放的排放许可（配额）；二是基于减排项目的减排权。在没有限制的情况下，购买一定量的减排权可以获得等量的排放许可的增加，也有的国家理解为碳排放权资产（EUA）。《京都议定书》确立了碳排放权交易市场制度，即国际排放机制、清洁发展机制以及联合履约机制等三种机制。在《联合国气候变化框架公约》框架外，一些国际性和区域性的环境公约也随之建立，形成了以强制性和自愿性减排制度为主的碳排放权交易市场。目前全球碳排放权交易市场主要分为两类：配额交易和自愿交易市场体系，从欧盟和美国的实践经验来看，逐渐形成了由免费分配转向拍卖的交易体系。

从具体实践案例来看，于2005年建立的欧盟碳排放权交易体系是最早的碳市场，也是目前全球最大的碳市场。欧盟排放交易体系分三个阶段实施，第一阶段针对能源部门等高耗能工业部门（2005—2007年）；第二阶段是2008—2012年，引入了航空运输业，成员国的数量和耗能行业均有所增加；第三阶段（2012—2020年），88%的配额会根据成员国相应的排放份额进行分配，10%将分配给人均收入最低且经济增长最快的成员国，剩余的2%用于奖励。自碳市场建立以来，EUA的市场价格波动性巨大，平均价格约20欧元，难以吸引低碳能源的投资和发展。

欧盟的碳排放权实施了总量设定和配额分配的措施，在市场调控手段上，设立了存储预借制度和抵消制度，对超额排放实施惩罚制度，对特定行业（如电力行业）等调整分配方式，采取有偿使用等措施；清洁发展机制允许投资者赚取可以出售的碳信用以实现海外减排目标，截至2011年已有近4000亿美元的投资通过该机制流向了发展中国家的碳减排项目。

相较之下，澳大利亚的碳市场则更加成熟高效。澳大利亚碳市场于2012年起正式运行，分为三步进行实施：第一阶段是启动固定碳价格交易市场的阶段（2012—2015年）。实行了持续三年的固定碳价碳市场机制，所有企业不设总量上限，都将以此固定价格从政府处购买排放权，企业彼此间不发生碳排放交易。第二阶段（2015—2018年），启动浮动碳价格的市场交易机制。在此阶段，政府设定排放权总量，对碳价格设置下限和上限，采取免费分配和拍卖这两种方式提供给市场。第三阶段（2018年至今），即放开碳交易价格并且实行碳交易完全市场化阶段，政府不再干预碳价格。澳大利亚分步实施、循序渐进的碳排放机制为碳减排提供了有效的途径，是目前少数实现并超额完成《京都议定书》减排目标的国家之一。

3. 节能量交易

节能量交易中，"能效证书"（经核定的节能量）作为生态产品，通过节约能源的使用来建立节能目标制度，采用"总量–许可证"交易模式，规定节能总目标并将其分配给特定的履约主体（主要是能源供应商和使用者）来实现生态产品的价值。国际社会在节能量交易方面进行了很多探索，并形成了各具特色的区域性节能量交易体系。

如美国执行的能效配额制度，要求能源供应商满足节能量目标的制度，即要求能源供应商在规定时期必须完成一定的节能量。具体来看，美国为工业节能领域制定了很多旨在鼓励高能效的政策和项目，包括制造业、采矿业和建筑业在内的工业领域。首先，政府通过三种不同方式影响工业领域的能源使用：一是开展鼓励更加高效用能的项目；二是为企业生产或购买的产品制定节能标准；三是制定让工业企业采取使用更多或更少能源措施的法律法规。项目通常需要制定苛刻的计划进度表，同时还要满足严格的投资回收期。其次，政府部门为普通工业产品，比如电机、风扇、水泵和压缩机等，制定最低能效标准。另外，除了已经立法的能效要求外，很多行业、技术和专业组织也制定了一些高客户预期的自愿性测试和标识标准，从而带动高市场产品的平均能效。

尽管一些法律法规通过强制性能效要求达到节能的目的，但也有一些法律法规会导致用能增加。比如，安全与环境法规经常要求安装一些额外的耗能设备，如出口标识（为员工安全设置的）以及污染控制系统等，尽管这些东西对人类和环境有益，但是造成能耗增加。另外有些与能源无关的政策和项目也会带来一些积极的、间接的节能效果，比如，对空气污染条例的修改，允许企业用高燃烧效率的办法替代安装控制系统，帮助制造企业实施先进生产实践的项目也可以帮助它们降低能源使用。

澳大利亚的能源消费结构与我国相似，其提高终端用能产品的能源效率作为减排的一个重要措施，实施了强制性能源效率标识与标准和最低能效标准这两项强制性措施，制定了由能源供应商承担节能义务的能源政策。澳大利亚实行节能量交易制度的4个州分别采取不同的交易方式，以机制较为成熟的新南威尔士州为例，其立法规定能源供应商具有节能义务，即所有的电力零售商、生产商和NEM市场消费者（33个强制参与方）承担节能任务，并为其设置了逐年递增的节能目标，以节能证书为交易标的，覆盖商业领域的大部分活动以及一部分住宅和工业活动，以约为31澳元/吨的节能量的市场交易价格为准。义务方在满足其节能目标后提供的额外节能量，经过注册能够证明在同一时间内只有一个拥有者就可以被买卖。未能达到节能目标的，则以31澳元/吨的价格进行处罚。（如图3-1所示）

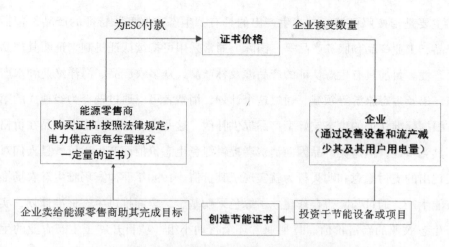

图3-1　澳大利亚可交易节能证书的运作周期

资料来源：郑婕《中国节能量交易机制研究》。

此外，欧洲于2002年实施的白色证书制度（The White Certificate，TWC）是目前国际上最为成熟完善的节能量交易制度之一，该制度是由政府部门为特定的履约主体制定节能目标，履约主体需要在规定期限内完成，否则会受到相应惩罚。英国实施的"能效承诺制度（EEC）项目"将生产能耗扩展到生活能耗，由能源供应商提出促进居民用户能效措施并完成居民节能任务。

（三）生态产品认证制度

生态标签认证制度有利于鼓励企业按照可持续的方式生产出生态友好型产品或绿色产品，促进节约能源资源消耗、减少污染排放、提升生态系统服务功能。这些含有生态认证标签的产品向消费者提供绿色生态产品而产生溢价，从而促进更多生态产品的持续产出。1978年联合国首次提出"蓝色天使"生态标签以来，环境标志制度作为一种环境管理手段被多国相继采用，并得到不断发展。美国"能源之星"是目前世界范围内非常有影响力的生态标签，从1992年启用开始，该标签减排温室气体约25亿吨，节约下来的能源价值高达3620亿美元。

除生态标签外，绿色产品的开发与认证也能够为生态产品提升价值。绿色产品主要是指按照可持续方式生产出的具有"生态友好型"特征的产品，包括农产品、工业产品和服务产品等。国际上通常采用可持续认证机制来证明其产品的生态性。目前具有生态认证的产品涉及林产品、众多农产品、海洋渔业和水产养殖，以及生态旅游等领域。通过这个计划，消费者可以通过选择为经独立的第三方根据标准认证的生态友好型产品提供补偿。这些含有标签的生态产品在价格上不具竞争性，但这类产品因向消费者提供绿色生态价值而产生溢价，且人们对此表现出的支付愿意和购买行为就实现了其价值。1990年菲律宾玛雅生态农场推广节能生产，通过与欧盟合作建立了绿色采购基金，全面推进生态标准计划，实现了生态农业的经济价值。肯尼亚"环境行动小组"项目开展了生态农业的生产项目，即采用堆肥、水土保持活动等措施使玉米产量提高71%，豆类产量提高158%。除经济价值外，生态产品的开发还具有一定社会和生态效益。如乌干达从事经认证为有机农产品出口生产的农民收入高于传统农民的收入，肯尼亚利用可持续生产方式的农业生产提高了作物产量等。

（四）绿色金融制度

绿色银行政策是将产生的削减量以信用的形式存储起来，供将来使用或用于交易、抵消新排放源的排放量的增加，信用可以在不同所有者账户之间进行转移。1991年美国创建了湿地银行（Wetland Mitigation Bank，原指交易过程中涉及的自然资源储备，在该项目中理解为"湿地缓解银行""湿地补偿银行"），建立储备湿地信用制度。在该制度下，生态产品是经保护和修复的湿地，这些湿地经过生态恢复实现了生态价值的增加，从而形成了"湿地信用"，而"湿地缓解银行""湿地补偿银行"制度就是先储备一些湿地，对其进行生态保护和恢复，再由湿地的使用者对湿地进行开发利用。这种交易机制是湿地的使用者对湿地的生态保护和恢复进行付费，湿地修复者通过专业技术对湿地进行保护和修复，湿地生态价值因保护和修复得当而实现"生态产品"价值的增加，从而使湿地使用者获得经济收益，同时也实现了生态效益的可持续性发挥。充分体现了"谁破坏谁修复，谁提供谁获益"的生态系统服务保护原则，从而实现湿地利用的占补平衡。这种模式也为民间资本参与生态修复创造了空间。

哥斯达黎加在1995—1999年发展了11个项目用于增加碳贮存，并开发了碳券（Carbon Bonds），发行贸易抵消证书（Certifiable Tradable Offsets，CTO）给外国投资厂商，国外投资者可利用该证书抵消其在国内需减少的CO_2量，有效期为20年。此外，英国的绿色投资银行（UK Investment Bank，也称绿色投资基金）不仅通过自有资金进行生态产品的投资，还能够吸引社会资本参与投资，平均每投资1英镑的公有资金即能够吸引3英镑的社会资本，具体形式是：政府公共资本向融资困难、必须通过公共资金支持的生态项目进行投资，由于公共资本的参与，投资风险降低，带动了私人资本投资的意愿。该机制能够行之有效是因为在政府公共投资和私人投资的共同作用下，生态产品的供给数量和质量能够得到保障，实现了绿色生态目标，而私人投资也实现了盈利目标，最终实现了双赢结局。（如表3-3所示）

表3-3　各国"生态银行"体系模式对比

层面	组建难度	经营难度	适用范围
生态服务公司	难度最低	需要配套法律法规、高效的监管体制和盈利模式支持，较难经营	生态产品丰富、修复成本低的区域
生态投资基金	难度适中	有专业化市场化的基金管理团队，经营的可持续性强	生态产业逐步成熟的地区
生态专项	难度大	具有中央支持，受政策影响，可持续性一般	生态产品重要且丰富、修复成本高的区域
政策性/商业性生态银行	难度大	可获得中央财政贴息和减税，可持续性强	生态产品具有较大的市场潜力和优势的区域

四、启示与借鉴

国际上关于生态系统服务付费的实践对我国生态产品的价值实现具有借鉴意义。发达国家走过了"先污染、后治理"的路子，对生态环境价值的认识要更加深刻、研究也更早，在森林、流域、矿产开发、生物多样性等领域开展了大量探索，取得了一些成功的经验，这对我国的生态产品价值实现问题具有借鉴意义。总体来看，国外的生态产品价值实现机制（PES）有比较坚实的理论基础和法律依据，并且执法严格；在此基础上，充分发挥了政府宏观调控的作用，调动了市场活力，构建了多渠道的融资体系，建立了包括公共支付、市场支付、生态税收、资源能源权益交易、生态标签认证等生态补偿框架体系。这些经验在一些领域有效地提升了生态产品的供给，为我国构建生态产品价值实现机制提供了借鉴与参考。

（一）主要经验

1. 政府补偿与市场补偿并举

公共支付和市场支付是国外实现生态系统服务价值的主要模式。公共支付模式是指政府通过财政转移支付、生态保护项目实施、环境税费制度等实施的补偿方式；市场支付模式是指生态产品受益者对保护者（或产品提供者）的直接补偿，主要有自主交易模式、产权交易模式等。生态系统受益者通过经济手段对保护者提供生态服务和丧失的机会成本进行补偿，以减少或消除个人成本与社会成本、个人效益与社会效益的偏差，同时为生态地区的生态保护行为提供经济激励。总体上看，政府支付与市场支付各有特点，但政府和市场不是割裂的，更不是完全对立的，政府支付模式也会引入市场机制，如国外通过政府引导设立的生态补偿基金或者信用基金；在市场支付模式中，政府发挥着制定政策和引导、监管等作用。总之，政府和市场共同发挥作用。

2. 付费机制主要利用市场化手段，注重补偿效益

国外大多数生态有偿服务制度的成功案例与流域管理有关，如纽约市Catskill流域为了解决下游居民用水问题，建立了用水户制度，即服务使用者（水用户）愿意通过支付水费的方式，获得饮用水供应，形成了生态有偿服务费用的机制。通过探索和实施生态有偿服务方法来解决问题，避免了"先污染、再治理"的老路，使纽约市民受益于持续、优质的饮用水供应，避免了持续不断的高处理成本。在这个案例中，"市场"存在于纽约市的水务公司和流域管理者之间，而不是数以百万计的纽约市用水户和流域管理者或水务公司之间。该类付费模式从补偿区域选择、机会成本的计算，以及受偿意愿和支付意愿都考虑了具体情况，尽量避免采用统一补偿标准所带来的补偿资金低效使用和补偿不足，而导致环境目标难于实现的问题，在环境保护行为的持续性、资金效率及环境目标的实现等方面效果较好，成为了全球范围内流域补偿的典范。

3. 生态系统服务的产权相对明晰

从国外运作成功的生态环境服务付费案例中来看，关于土地、森林和流域的相关研究最多。而这些自然要素具有明晰的产权结构，这也是南美洲国家有较多生态环境服务付费案例的一个原因。如美洲、欧洲和澳大利亚等发达国家和地区，在跨流域调水的交易过程中，流域的双方经过谈判和协议，对诸如水资源等流域性生态资源的权利份额分配，转让的范围、价格、优先顺序、上下游各方责任等，都进行了清晰的界定，为生态环境服务交易提供了法律法规基础，也为随后开展生态产品的价值实现铺平了道路。

4. 小范围实施的生态环境服务付费项目更易见效

国外的生态系统服务付费机制大部分是从小规模项目实施开始的。市场主导的补偿中，如厄瓜多尔的Pimampiro流域保护项目，是围绕该流域上游约496公顷的地域范围进行。补偿区域为小尺度流域或区域时，生态系统服务的受益者较少并且比较明确，在生态环境服务支付方式的选择上也较为灵活。生态环境服务的提供者在可控制的数量之内，采取了"一对一"的市场交易方式。小范围的补偿

能够弥补大范围内的利益群体众多所带来的较高交易成本，并且对资金规模的要求不高，因此也容易达到最大化的补偿效益。小范围的付费机制获得成功后，便可向更大范围进行推广。政府主导的补偿中，也是通常先在试点进行研究，随后根据财政预算调整再进行规模的扩大。

5. 灵活制定的付费标准和多样化付费形式的补偿效果最佳

国际上有关生态环境服务付费的实践经验表明，付费标准与生态环境服务的价值不直接相关，而且单纯采取成本补偿或价值补偿的方法难以获得实际应用。成功案例的通常做法是，先对服务提供者（或流域上游）进行需求分析，测算生态环境保护成本和受益地区的支付意愿，以及生态服务功能价值在区域间的转移流动。由此可见，从生态系统服务提供者和需求的角度来制定付费补偿标准和付费形式，既具有较强的可持续性和可操作性，也能符合实际，达到付费补偿效果。

付费形式方面，公共支付和市场支付的形式不同。其中，现金是最常见的付费形式，通常也有技术、人员支持和实物补偿，如提供植树造林所需的种苗、进行生产和保护的硬件设施等作为补充。在市场付费项目中，补偿方式比较多样化。例如玻利维亚在Los Negros项目的2800公顷实施范围内，针对水资源和生物多样性保护的两个环境目标，根据实物补偿和技术支持的具体内容不同，制定了至少6种的付费形式。也有一些发达国家的政府付费项目，如美国的保护性休耕项目（CRP）在1990年由统一的固定付费模式转变为通过竞争性投标（亦称为逆向拍卖法）的方式来选择项目参与者，再由政府综合环境敏感程度、补偿诉求高低等选择不同的付费水平。该方法通过生态环境保护者之间的竞争，减少了生态系统服务的付费金额，减轻了付费者的资金负担，这为我国开展生态系统服务付费提供了思路。

6. 生态利益相关方都能积极参与协商

由于生态系统服务付费涉及的利益主体众多，生态系统服务功能付费机制中许多问题的解决，离不开政府、企业、受益区居民与生态保护区居民的积极参与。墨西哥、巴西、美国、德国等国家在付费实施过程中都比较注重公众参与。只有各利益相关方的积极参与，才能促进形成有效的问题协商机制。例如，纽约市环境保护部门为了解决与流域内的社区生产生活的利益相冲突，参与协商的相关利益群体包括纽约市政府、农业和市场部门、环境保护部门、健康部门、联邦环境保护机构和非政府组织等。又如，在澳大利亚墨累达令河流域的水资源协调及质量管理中，各州政府、企业及居民的积极参与协商，都说明了多个利益相关方的参与是生态系统服务付费制度得以有效实施的保证。

（二）相关启示

1. 产权明晰是生态产品价值得以实现的前提

生态产品价值实现的根本在于生态产品的产权得以清晰界定。国际上的PES能够成功的原因关键在于产权制度明晰且完善，能够为市场化提供基础。由于我国自然资源产权属于国家所有，由此产生的生态服务的产权不清便成为生态价值实现的主要障碍。从全国范围来看，生态产品价值实现的途径仍以政府购买或参与为主，市场机制只能在条件成熟的中小尺度范围内起补充和辅助的作用。产权公有为通过财政转移支付形式来达到价值实现提供了条件。然而，随着"绿水青山就是金山银山"理念的不断普及与深入，以生态补偿为主要手段的生态产品价值实现模式在不断丰富和完善。加快生态产品的确权工作，争取通过法律形式确认相关市场主体和政府部门之间的物权权属划分是当前的重要任务，也是目前建立生态产品实现机制的重要突破点。

2. 建立生态产品市场化交易是未来的发展趋势

2002年出版的"*Silver Bullet or Fools Gold*"对当时287例森林生态服务交易进行了分析，发现这些交易可分为4种生态服务类型，其中，75例为碳储存交易、72例为生物多样性保护交易、61例为流域保护交易、51例为景观美化交易，另外还有28例属于"综合服务"交易。目前的实际交易案例已多达300个以上，遍布美洲、欧洲、非洲、亚洲以及大洋洲的许多国家和地区。从国际实践经验来看，市场化比较发达的国家都是充分利用市场机制代替由政府主导的补偿来推动生态产品的价值实现。在自然要素或资源的产权制度明确的前提下，引入市场化的生态补偿手段，利用市场机制来提高生态产品的供给，并通过市场交易实现生态产品的价值是未来的发展趋势。

在我国，实践中应用的主要政策手段是上级政府对受偿地方政府的财政转移支付，或整合相关资金渠道集中用于受偿地区。这些生态保护补偿政策有的已经实施多年，有的初步建立还需不断健全完善。然而，受经济社会发展状况等各种因素的制约，过多地依赖国家在各类生态产品的供给上投入大量资金已证明不可持续，因为鼓励私有部门的积极参加对于生态产品价值的实现十分关键，因此要调动起私有部门的积极性，通过它们的参与来实现生态产品的价值。所以，我国有必要在相关立法中明确规定企业、个人、中介组织和行业协会等参加生态产品价值实现的途径和方式，并为他们提供相应的激励和优惠措施。

3. 依托现有交易平台可有效地推动市场化规模

根据国际经验，目前建立完善、多元的"绿色生态银行"体系对我国国情提出了较大的挑战，尤其是对现阶段的法律基础、市场环境和监管能力方面均有较高要求，我国选择合适的银行增设绿色金融模块是最易实现且能够有效积累经验的方式。鉴于生态产品价值最终还是要经过市场化实践才能实现，因此，目前我国的生态产品市场化交易应依托现有的环境权益交易平台（如北京环境交易所、广州碳排放权交易所），围绕水、空气、森林、湿地、草地等生态产品及衍生品，设计出类型多样、形式多元的可交易的生态产品，以吸引社会资本参与投资，从而推动生态产品的流通和规模化交易。

4. 建立机制是生态产品价值实现的基本保障

绿水青山变为金山银山，需要政府推动与市场驱动相结合，通过规划引导、市场倒逼等多措并举，不断厚植生态优势，实现经济、社会、生态效益相统一。而不管是发挥政府还是市场的力量，都要依靠体制、制度和机制来保障，要建立生态资源产权制度、生态价值核算制度、生态产品的政府购买机制，培育生态产品市场体系、绿色金融支撑体系，规范生态产业税收制度，通过深化改革完善激励约束制度，建立保护生态环境和增强生态产品生产能力的长效体制机制。通过法律的形式规范生态产品价值的实现途径，能够有约束、利于统筹规划，可以避免地方出现无序混乱的发展模式，为良性循环奠定基础。

5. 多样化的补偿是价值实现机制的有效补充

从一些国家的生态补偿实践来看，直接的经济补助形式未必是最有效的。例如，在一般情况下，生态产品的所有者从生态补偿中获得补助较少，用直接现金补贴的方式对其现有生活改善或对生产活动的支持和帮助都极为有限。因此，我国在实现生态产品价值的路径方面，应该结合地区实际，探寻多样化的补偿形式。为了使生态产品的价值发挥出最大的效益，可通过其他途径有针对性地进行生态产品价值的兑现，如技术培训、能力建设、提供就业和信息、贷款和开拓市场等对当地的居民进行补偿，以提高被补偿地区的发展水平和生态产品的供给能力。

参考文献

1. 聂倩. 国外生态补偿实践的比较及政策启示[J]. 生态经济，2014(7). 156-160.

2. 李琪，温武军，王兴杰. 构建森林生态补偿机制的关键问题[J]. 生态学报，2016(6). 1481-1490.

3. 丁敏. 哥斯达黎加的森林生态补偿制度[J]. 世界环境，2007(6). 66-69.

4. 王世进，焦艳. 国外森林生态效益补偿制度及其借鉴[J]. 生态经济，2011(1). 69-73.

5. 郑海霞. 中国流域生态服务补偿机制与政策研究[D]. 北京：中国农业科学院博士论文集，2006.

6. 张建肖，安树伟. 国内外生态补偿研究综述[J]. 西安石油大学学报（社会科学版），2009(1). 24-29.

7. 靳乐山，甄鸣涛. 流域生态补偿的国际比较[J]. 农业现代化研究，2008(2). 185-188.

8. 张陆彪，郑海霞. 流域生态服务市场的研究进展与形成机制[J]. 环境保护，2004(12). 38-43.

9. 孔凡斌. 中国生态补偿机制：理论、实践与政策设计[M]. 北京：中国环境科学出版社，2010.

10. 谭伟. 欧盟水框架指令及其启示[C]. 水资源可持续利用与水生态环境保护的法律问题研究——2008年全国环境资源法学研讨会（年会）论文集，2008.

11. 朱文清. 美国休耕保护项目问题研究[J]. 林业经济，2009(12). 80-83.

12. 谭永忠，赵越，俞振宁等. 代表性国家和地区耕地休耕补助政策及其对中国的启示[J]. 农业工程学报，2017(19). 249-257.

13. 李启宇. 矿产资源开发生态补偿机制研究述评[J]. 经济问题探索，2012(7). 142-146.

14. 陈俊松，方向京，李贵祥等. 矿区废弃地生态恢复研究[J]. 安徽农业科学，2012(1). 326-328.

15. 宋蕾. 美国矿山修复治理保证金的构建和启示[J]. 资源与产业，2011(1). 166-172.

16. 李斯佳，王金满，张兆彤. 矿产资源开发生态补偿研究进展[J]. 生态学杂志，2019(5).1551-1559.

17. 徐嵩龄. 生物多样性价值的经济学处理：一些理论障碍及其克服[J]. 生物多样性，2004(3). 310-318.

18. 何军，谢婧，刘桂环. 生物多样性保护经济政策分析及展望[J]. 环境与可持续发展，2017(6). 22-27.

19. 王伟阳，宋蕾. 论我国生态补偿制度之法理综述[C]. 中国环境资源法学研究会2014年年会暨2014年全国环境资源法学研讨会，2014.

20. 庄国泰，王学军. 中国生态环境补偿费的理论与实践[J]. 中国环境科学，1995(6). 413-418.

21. 黄炜. 全流域生态补偿标准设计依据和横向补偿模式[J]. 生态经济（中文版），2013(6). 151-156+169.

22. 许芬，时保国. 生态补偿——观点综述与理性选择[J]. 开发研究，2010(5). 110-115.

23. 胡芳. 南水北调中线陕西段水源区水质保护与生态补偿研究[D]. 西安：西安理工大学博士论文集，2009.

24. 梁丽娟. 流域生态补偿市场化运作制度研究[D]. 济南：山东农业大学博士论文集，2007.

25. 吴越. 国外生态补偿的理论与实践——发达国家实施重点生态功能区生态补偿的经验及启示[J]. 环境保护，2014(12). 21-24.

26. 司英杰. 排污权交易制度实践的探索和思考[J]. 科技信息，2011(4). 60-60.

27. 揭建成. 浙江排污权交易及其制度构建对策研究[J]. 浙江树人大学学报，2010(2). 65-69.

28. 申勇. 市场生态经济：使生态走向繁荣的探索[M]. 南宁：广西人民出版社，2008.

29. 尹浩. 欧盟排放交易市场及其对能源市场影响研究[D]. 合肥：中国科学技术大学博士论文集，2012.

30. 李婷. 欧盟生态标签制度评析及启示[J]. 海南大学学报（人文社会科学版），2008(5). 507-511.

31. 杨帆，邵超峰，鞠美庭. 我国绿色金融发展面临的机遇，挑战与对策分析[J]. 生态经济，2015(11). 85-87.

32. Fletcher R, Breitling J. *Market mechanism or subsidy in disguise? Governing payment for environmental services in Costa Rica*[J]. Geoforum, 2012, 43(3): 402-411.

33. van der Meulen S, Brils J, Borowski-Maaser I, et al. *Payment for Ecosystem Services (PES) in support of river restoration*[J]. *Water Governance,* 2013, 4(2013): 40-44.

34. Kane M, Erickson J D. *Urban metabolism and payment for ecosystem services: history and policy analysis of the New York City water supply*[M]//*Ecological Economics of Sustainable Watershed Management. Emerald Group Publishing Limited*, 2007: 307-328;

35. Perrot-Maître D. *The Vittel payments for ecosystem services: a "perfect" PES case*[J]. *International Institute for Environment and Development, London*, UK, 2006, 24.

36. Andrén Meiton E, *Lagström M. Contactless Mobile Payments entering Europe*: The *contactless mobile payment ecosystem and potential on the European market*[J]. 2011;

37. Johnson K A, Dalzell B J, *Donahue M, et al. Conservation Reserve Program (CRP) lands provide ecosystem service benefits that exceed land rental payment costs*[J]. *Ecosystem services*, 2016, 18: 175-185.

38. Van Zanten B T, Verburg P H, Espinosa M, et al. *European agricultural landscapes, common agricultural policy and ecosystem services: a review*[J]. *Agronomy for sustainable development*, 2014, 34(2): 309-325;

39. Turner R K, Daily G C. *The ecosystem services framework and natural capital conservation[J].* Environmental and Resource Economics, 2008, 39(1): 25−35;

40. Barbier E B, Baumgärtner S, Chopra K, et al. *The valuation of ecosystem services[J]. Biodiversity, ecosystem functioning, and human wellbeing. An ecological and economic perspective.* Oxford University Press, New York, USA, 2009: 248−262;

41. Qué tier F, Lavorel S. *Assessing ecological equivalence in biodiversity offset schemes: key issues and solutions[J].* Biological conservation, 2011, 144(12): 2991−2999.

42. Maron M, Bull J W, Evans M C, et al. *Locking in loss: baselines of decline in Australian biodiversity offset policies[J].* Biological Conservation, 2015, 192: 504−512.

43. McAfee K, Shapiro E N. *Payments for ecosystem services in Mexico: nature, neoliberalism, social movements, and the state[J].* Annals of the Association of American Geographers, 2010, 100(3): 579−599.

44. Li Y, Hewitt C N. *The effect of trade between China and the UK on national and global carbon dioxide emissions[J].* Energy Policy, 2008, 36(6): 1907−1914;

45. Peek J, Rosengren E S. *Unnatural selection: Perverse incentives and the misallocation of credit in Japan[J].* American Economic Review, 2005, 95(4): 1144−1166.

46. Milder J C, Scherr S J, Bracer C. *Trends and Future Potential of Payment for Ecosystem Services to Alleviate Rural Poverty in Developing Countries[J].* 2010, 15(2):4.

47. Gómez−Baggethun E, De Groot R, Lomas P L, et al. *The history of ecosystem services in economic theory and practice: from early notions to markets and payment schemes[J].* Ecological economics, 2010, 69(6): 1209−1218.

48. Redford K H, Adams W M. *Payment for ecosystem services and the challenge of saving nature[J].* Conservation biology, 2009, 23(4): 785−787.

49. Farley J, Costanza R. *Payments for ecosystem services: from local to global[J].* Ecological economics, 2010, 69(11): 2060−2068.

50. Eshel D M D. *Optimal allocation of tradable pollution rights and market structures[J].* Journal of Regulatory Economics, 2005, 28(2): 205−223.

51. MacKenzie I A, Hanley N, Kornienko T. *Using contests to allocate pollution rights[J].* Energy policy, 2009, 37(7): 2798−2806.

52. Lo A Y. *Carbon trading in a socialist market economy: Can China make a difference?[J].* 2013.

53. Lin J. *Energy conservation investments: A comparison between China and the US[J].* Energy policy, 2007, 35(2): 916−924.

54. Ross S J, McHenry M P, Whale J. *The impact of state feed−in tariffs and federal tradable quota support policies on grid−connected small wind turbine installed capacity in Australia[J].* Renewable Energy, 2012, 46: 141−147.

55. Bertoldi P, Rezessy S, Lees E, et al. *Energy supplier obligations and white certificate schemes:*

Comparative analysis of experiences in the European Union[J]. *Energy Policy*, 2010, 38(3): 1455−1469.

56. Ward D O, Clark C D, Jensen K L, et al. *Factors influencing willingness−to−pay for the ENERGY STAR® label*[J]. *Energy Policy*, 2011, 39(3): 1450−1458.

57. Robertson M M. *The neoliberalization of ecosystem services: wetland mitigation banking and problems in environmental governance*[J]. *Geoforum*, 2004, 35(3): 361−373.

58. Castro R, Tattenbach F, Gamez L, et al. *The Costa Rican experience with market instruments to mitigate climate change and conserve biodiversity*[J]. *Environmental monitoring and assessment*, 2000, 61(1): 75−92.

59. Landell−Mills N, Porras I T. *Silver bullet or fools' gold?: a global review of markets for forest environmental services and their impact on the poor*[J]. 2002.

（执笔人：党丽娟）

分论篇四

生态产品价值实现的国内实践与面临问题

内容提要： 为探索生态产品价值实现的路径，国家将贵州、浙江、江西、青海4省设立为生态产品价值实现机制试点省份。各地结合自身经济社会发展水平、生态产品属性要求、市场环境等条件，积极开展生态产品价值实现的有关实践，探索出了不同的价值实现模式。本文首先分析了我国生态产品价值实现的现状，随后根据浙江、贵州、青海等地的实地调研情况，重点阐释各地区生态产品价值实现的模式，初步总结出"政府和市场双轮驱动型"的浙江模式、"绿色产业为主型"的贵州模式和"中央财政投入为主型"的青海模式，结合各地实践分析了我国生态产品价值实现面临的困难与挑战，并提出了对策建议。

党的十九大报告指出，必须树立和践行"绿水青山就是金山银山"的生态环保理念。"两山"理论是习近平总书记新时代生态文明思想的标志性观点和代表性论断，是当代中国马克思主义发展理论的重要创新成果，是全面建成小康社会的重要指引。"两山"理论的核心是推动生态产品价值转化为经济价值，实现生态经济化和经济生态化。为探索生态产品价值实现的路径，国家将贵州、浙江、江西、青海4省设立为生态产品价值实现机制试点省份。总体来看，我国生态产品价值的实现问题仍处于探索阶段，各地探索出的差别化的生态产品价值实现的实践和创新成果需要进行归纳和总结，形成系统、清晰的生态产品价值实现模式，为推动全国生态产品价值的顺利实现，提供经验和借鉴。

一、我国生态产品价值实现的现状

我国生态产品价值实现工作迅速推动，但目前仍处于初期阶段，通过出台一系列法规与政策，不断完善顶层设计，推动典型区域开展试点示范，在绿色金融、生态补偿机制、资源环境权益类交易等方面创新机制，为生态产品价值实现提供制度保障，同时积极引导生态经济发展，加快生态优势转化。

（一）初步完成生态产品的顶层设计

早在2005年，时任浙江省委书记的习近平同志就提出"我们追求人与自然的和谐，经济与社会的和谐，通俗地讲，就是既要绿水青山，又要金山银山""如果能够把这些生态环境优势转化为生态农业、生态工业、生态旅游等生态经济的优势，那么绿水青山也就变成了金山银山"。"绿水青山就是金山银山"生态环保理念逐渐成为我国的绿色发展理念，其核心是推动生态产品价值转化为经济价值。《国务院关于印发〈全国主体功能区规划〉的通知》（国发〔2010〕46号）中，将生态产品定义为"维系生态安全、保障生态调节功能、提供良好的人居环境的自然要素，包括清新的空气、清洁的水源、茂盛的森林、宜人的气候等；生态产品同农产品、工业品和服务产品一样，都是人类生存发展所必需的""人类需求既包括对农产品、工业品和服务产品的需求，也包括对清新空气、清洁水源、宜人气候等生态产品的需求；从需求角度，这些自然要素在某种意义上也具有产品的性质"。党的十八大报告集中论述了大力推进生态文明建设，其中在提到加大自然生态系统和环境保护力度时强调，要"增强生态产品生产能力"。2015年《生态文明体制改革总体方案》中提出："树立自然价值和自然资本的理念，自然生态是有价值的，保护自然就是增值自然价值和自然资本的过程，就是保护和发展生产力，就应得到合理回报和经济补偿。"党的十九大报告进一步指出："我们要建设的现代化是人与自然和谐共生的现代化，既要创造更多物质财富和精神财富以满足人民日益增长的美好生活需要，也要提供更多优质生态产品以满足人民日益增长的优美生态环境需要。"目前我国已初步完成了生态产品的顶层设计，定义了生态产品这一新概念，从满足人民需求的角度提升了生态产品的重要性，从理念上打破了把发展和保护对立起来的思想束缚，清楚地阐释了保护环境就是保护生产力、改善环境就是发展生产力的深刻认识，为实现生态产品价值提供了坚实的基础。

（二）积极推动生态产品价值实现的试点示范

生态产品及其价值实现作为新的概念，在顶层设计的基础上，需要通过推动试点示范总结经验做法，来促进我国生态产品价值实现机制的建立。2017年中共中央、国务院印发了《关于完善主体功能区战略和制度的若干意见》，将浙江省、贵州省、江西省和青海省列为国家生态产品价值实现机制试点，试点区域结合自身经济社会发展水平、生态产品属性要求、市场环境等特性，不断创新体制机制，为实现生态产品价值提供了创新思路、积累了丰富经验。浙江作为"两山"理论的发源地，依托经济社会高度发达的优势，省级财政投入大量资金提高生态补偿标准，探索生态补偿资金的统筹整合使用，积极开展排污权、用能权有偿使用和交易试点，创新生态产品资本化路径，推动生态产业发展和一二三产业融合，生态经济实力位于全国前列；贵州和江西以国家生态文明试验区建设为契机，扩大生态优势，优化国土空间开发格局和生态产品结构，增加生态产品有效供给，大力推动"生态产业化、产业生态化"，将生态优势转化为产业优势，增强绿色发展动能，重点促进生态产品价值转换，发展生态经济；青海省是我国重要的生态屏障地区，特别是三江源地区的生态系统稳定对我国的生态安全至关重要，通过建立三江源自然保护区和三江源国家公园，创新保护地管理体制，实施重大生态保护和建设工程，统筹利用好国家转移支付和生态补偿资金，实现了三江源地区的生态产品价值。此外，《国家生态文明试验区（福建）实施方案》中提出了建设"生态产品价值实现的先行区"，并作为福建生态文明建设的重要战略定位,福建省加大生态优势转化力度,发展高端制造业和高端服务业,依靠森林覆盖率多年位居全国首位的优势,创新开展林业碳汇,生态产品价值也得到较好的实现。

(三)创新体制机制奠定生态产品价值实现的基础

中共中央、国务院高度重视生态产品供给及其价值实现问题,在生态文明建设的框架下,不断提高生态产品供给能力,并推动绿色金融、生态补偿、资源环境权益交易等方面的体制机制改革,构建起生态产品价值实现的渠道,为生态产品价值实现提供了制度保障。提高生态产品供给能力是价值实现的基础和前提,通过划定重点生态功能区和生态红线、提高生态环境指标占地区和干部考核比重、强化领导干部生态环境损害责任追究机制等举措,我国生态产品供给的功能和地位得到加强。绿色金融体系可以对生态产品价值实现提供支撑,我国目前已初步建立了绿色金融市场,绿色金融实践取得了阶段性成果:截至2017年6月末,国内21家主要银行机构的绿色信贷规模达到8.22万亿元;截至2017年末,中国境内和境外累计发行绿色债券184只,发行总量达到4799.1亿元,约占同期全球绿色债券发行规模的27%。实施生态保护补偿是调动各方积极性、保障生态产品供给的重要手段,是生态产品价值实现的重要形式。近年来,各地区、各有关部门有序推进生态保护补偿机制建设,取得了阶段性进展,形成了政府主导、以纵向财政转移支付为主、横向生态补偿为辅的生态补偿机制。生态补偿的领域包括禁止开发区域、重点生态功能区等重要区域和森林、草原、湿地、水流、耕地等,并且开始试点生态补偿资金统筹使用的机制,以提高资金使用效率。2018年,重点生态功能区的转移支付金额达到721亿元,中央财政安排林业生态保护恢复资金达到416亿元。资源环境权益交易市场是直接实现生态产品价值的重要平台,目前我国资源环境权益交易市场仍以地区试点为主,主要有排污权、碳排放权、水权、节能量、用能权等类型。2007年开始,江苏、浙江、天津、湖北、湖南、内蒙古、山西、重庆、陕西、河北和河南等11个地区开展排污权交易试点,涉及化学需氧量、氨氮、二氧化硫、氮氧化物等污染物;2017年12月,国家发展改革委印发了《全国碳排放权交易市场建设方案（发电行业）》，标志着我国正式启动全国碳排放交易体系；2000年以来，浙江、宁夏、内蒙古、福建、甘肃等地开展了水权交易的实践探索，目前已形成区域水权交易、取水权交易和灌溉用水户水权交易三类主要形式；2011年我国提出建立节能量审核和交易制度，北京、深圳、上海、武汉、山东、成都、河北、青海、云南等地的"节能量交易"平台陆续建立；2015年《生态文明体制改革总体方案》首次提出了用能权交易，目前我国用能权交易试点主要有福建、四川、浙江和河南。

（四）生态经济蓬勃发展

发展生态经济是生态产品价值实现中最具潜力，也是未来最主要的价值实现方式。《中共中央国务院关于加强推进生态文明建设的意见》《生态文明体制改革总体方案》等为我国生态经济发展规划了方向；"十三五"规划、《中国制造2025》、《工业绿色发展规划（2016—2020年）》、《关于创新体制机制推进农业绿色发展的意见》等系列文件，则为我国生态经济的发展明确了实施路径。通过推动绿色产品认证体系建设，强化了生态经济市场的规范性，目前我国绿色产品相关领域的认证包括地理标志产品、生态原产地产品、中国环境标志认证、节能节水产品认证、国家统一推行的自愿性认证（如有机产品认证等）、绿色建筑评价、生态（绿色）设计评价、绿色印刷品认证、国家节水标志认证、绿色食品认证、能效和水效标识等。

近年来，我国各地区不断将生态环境优势转化为生态农业、生态工业、生态旅游等生态经济的优势，推动我国生态经济蓬勃发展。浙江省是我国生态经济最发达的省份之一，构建了投入品减量化、生产清洁化、废弃物资源化、产业模式生态化的生态农业体系。浙江青田县发展"稻鱼共生"生态农业模式，"青田稻鱼米"成功跻身中高端大米市场。浙江丽水市培育了"丽水山耕"公共生态农业品牌，品牌累计销售额61亿元，品牌溢价率超过30%。湖州市安吉县充分利用竹林资源丰富的优势，推动一二三产业融合发展，形成了七大系列5000多个竹产品品种。目前安吉县全职和半职的竹产业从业人员约5万人，竹产业产值达到210亿元。2017年，浙江省乡村旅游共接待游客3.2亿人次，实现旅游经营总收入300.7亿元，休闲观光农业园区产值353亿元，仅安吉县余村一个村的年旅游收入就高达1500万元。

二、我国生态产品价值实现的实践探索

生态产品价值实现模式与各地区经济社会发展水平、生态产品属性要求、市场环境等密切相关，各地在选择生态产品实现模式时充分依靠自身比较优势，统筹协调发展与保护的关系，探索和实践"绿水青山"通往"金山银山"的路径。本研究通过对浙江、贵州、青海等地的实地调研，总结分析了三省份不同的生态产品价值实现模式。

（一）浙江省生态产品价值实践探索

1. 主要做法和成效

（1）大力扩展省级财政资金购买生态产品的渠道。近年来，浙江省政府持续加大对环境治理和生态保护的财政支持力度，2013—2017年省级财政生态环境保护累计投入767.42亿元，年均增长24.31%。形成了生态环保财力转移支付、生态公益林补偿、重点生态功能区补偿、"两山"建设财政专项资金、绿色发展财政奖补等政府"购买"生态产品的渠道。对八大水系源头地区的45个市县区实施了生态环保财力转移支付政策，把推进生态文明建设和扶持欠发达地区发展有机结合起来。2006年以来，省级财政累计安排生态环保转移支付资金164.8亿元，省以上公益林的补偿标准从2010年的17元/亩提高到30元/亩，八大水系源头市县区以及国家级和省级自然保护区公益林补偿标准进一步提高到40元/亩。2017年，又将重点生态功能区、生态环保财力转移支付、重点欠发达县特扶、省级公益林补偿等整合为绿色发展财政奖补资金，其资金发放与生态保护绩效挂钩，进一步提高了资金使用效率。开展新安江流域水环境补偿试点并推动实施省内流域上下游横向生态补偿机制。

（2）加快生态产品直接市场交易体制建设。浙江省在建立生态产品直接市场交易体系方面：一是加快实施以不动产统一登记为核心的自然资源统一登记制度，成立省级指导组，建立分级评估制度，指导各地有序、平稳地实施统一登记，全省各市、县（区）已全面实施不动产统一登记；二是开展区域能评改革和用能权有偿使用及交易，出台《关于全面推行"区域能评+区块能耗标准"改革的指导意见》，新增1000吨标准煤以上项目中，35.7%实现承诺备案；三是深入推进排污权有偿使用和交易，出台《浙江省排污权储备和出让管理暂行办法》《浙江省主要污染物初始排污权核定和分配技术规范（试行）》《浙江省排污权租赁管理暂行办法》等政策文件，建立排污权交易管理平台，将氨氮和氮氧化物两项约束性指标纳入排污权有偿使用和交易范围，排污权配额累计成交金额约占全国10个试点省份总额的三分之二。

依托林地资源优势，浙江省通过一系列的机制体制突破创新，积极探索"活权变活钱""叶子变票子"，打通了生态资源资产化、证券化、资本化的转换通道。一是加快林业流转机制改革，在我国率先实施《林地经营权流转证》制度，颁布实施了《浙江省林地经营权流转证发证管理办法》，全省累计已发放流转证1352本，涉及林地84.5万亩，实现了林地承包权和经营权分离，并赋予流转证林权抵押、林木采伐、享受财政补助等权益证功能，吸引社会资本投资林业累计近500亿元；二是推进林业金融改革，创新推广"信用+林权"贷款、公益林补偿收益权质押贷款、村级惠农担保合作社等多种内容多种模式的林业金融产品，贷款规模和覆盖面不断扩大，5年累计发放林权抵押贷款超过350亿元，借款农户超过50万户，比前5年分别增长3.37倍和3.84倍。其中，丽水市为20万户农户建立了"林权IC卡"，农户可凭卡到银行办理贷款，截至2017年底，已累计发放林权抵押贷款202.2亿元，贷款余额占浙江省一半以上，居全国各地市第一位。丽水龙泉市在全国率先试行公益林补偿收益权质押贷款，以未来10年公益林补偿收益作为质押，每亩公益林可贷款300元，贷款期限可达5年，并实行不超过贷款基准利率1.3倍的优惠利率，盘活了丽水数百万亩的公益林生态资产。

（3）着力推动生态产品价值转化为产业附加值。一是以高效生态农业为主攻方向。浙江省围绕投入品减量化、生产清洁化、废弃物资源化、产业模式生态化，加快建立循环低碳的生产制度，总结提炼和集成推广生态循环农业技术创新模式和主推技术。化肥、农药比全国提前7年实现减量，废弃农膜回收率达到89%，畜禽粪便综合利用率达96%，秸秆综合利用水平达到92%。安吉县溪龙乡有1.8万亩茶园，通过对生态进行修复，在茶园当中夹种树木，实行统防统治，降低农药使用，保证安吉白茶的品质。目前，安吉县白茶种植面积达到17万亩，总产量达到1810吨，总产值达22.58亿元。2017年，仅白茶一项就贡献了该县农民人均年收入6000多元，为当地农民释放了"生态红利"。青田县"稻鱼共生"农业生产模式已有1300多年历史，被联合国粮农组织列为首批全球重要农业文化遗产保护试点。青田通过积极推广"百斤鱼、千斤粮、万元钱"种养模式和再生稻技术，在提高稻谷产量的同时，降低了农药和化肥使用量，"稻鱼共生"需要的农药量比水稻单作要少68%，化肥量减少24%。青田稻鱼米成功跻身中高端大米市场，每千克稻鱼米的零售价已经从过去的6~7元升至15~25元。浙江通过加快实施品牌战略和标准化管理，把实施农业品牌战略作为深化农业供给侧结构性改革的重要抓手，把农业品牌建设放在更加突出的位置，持续推进农产品特色化、精品化、品牌化。同时，开展浙江名牌农产品和"浙江农业之最"评选，推行农产品质量认证，建立优胜劣汰的管理机制，着力培育农产品区域公用品牌，不断提高无公害、绿色、有机食品、地理标志等"三品一标"农产品、品牌农产品比重，涌现出了"丽水山耕"等公共生态农业品牌。（参见专栏4-1所示）

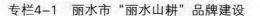

专栏4-1　丽水市"丽水山耕"品牌建设

2014年9月，"丽水山耕"正式亮相后，在政府引导推动下，快速在浙江周边的省份打响。2017年6月27日，"丽水山耕"成功注册为全国首个含有地级市名的集体商标，以政府所有、生态农业协会注册、国有农投公司运营的模式，开展标准认证和全程溯源监管，并结合生产合作、供销合作、信用合作"三位一体"改革工作，建立"丽水山耕"区域公用品牌为引领的全产业链一体化公共服务体系，成为丽水践行"两山"理论的新模式、新途径。

截至2018年6月底，丽水市生态农业协会会员总数达733家；培育"丽水山耕"背书产品875个，建设"丽水山耕"合作基地1122个，已有百兴菇业、鱼跃等733家企业加入到"丽水山耕"品牌旗下，形成了菌、茶、果、蔬、药、畜牧、油茶、笋竹和渔业等九大主导产业，"丽水山耕"产品累计销售额达101.58亿元（其中，2018年上半年销售额36.79亿元），产品溢价率超过30%。产品远销北京、上海、深圳等20多个省市。"丽水山耕"已成为农业版"浙江制造"和浙江省十大区域公用品牌产品。根据2018年中国农产品区域公用品牌价值评估结果显示，"丽水山耕"品牌价值达26.59亿元，列百强榜第64位。

二是以乡村生态旅游为主要突破口。2017年，浙江省乡村旅游共接待游客3.2亿人次，同比增长18.5%；实现旅游经营总收入300.7亿元，同比增长17.9%。围绕省委省政府提出"力争到2022年全省有10000个行政村、1000个小城镇、100个县域和城区成为A级景区"的要求，浙江省启动实施了城镇村"万千百"工程，在乡村旅游建设中注重生态优势、区位条件、地理风貌、自然禀赋、产业基础和人文内涵，突出乡村元素，留住传统，展示乡愁。2017年评定了首批2236个A级景区村庄和285个3A级景区村庄，全省培训乡村旅游等各类旅游人才超10万人次。浙江省德清县、安吉县余村和鲁家村、松阳县在实践中依据自身的不同禀赋和比较优势，探索出了不同的生态旅游模式。（参见专栏4-2所示）

专栏4-2　浙江省生态旅游模式探索

　　湖州市作为上海、杭州等发达地区的后花园，近年来经济增速一直位于浙江省前列。湖州市德清县充分利用自身经济发展活力和周边巨大的消费市场，发展乡村高端民宿"洋家乐"60余家，带来了良好经济收益，部分"洋家乐"的单张床位一年上缴税金达13万元，成为"山上一张床赛过山下一套房"的真实写照。在"洋家乐"的带动下，各种倡导自然、生态、环保的农家乐也逐步发展起来，逐步形成了莫干山国际乡村旅游聚集示范区和德清东部水乡乡村旅游集聚示范区两大乡村旅游集聚示范区。

　　安吉余村则实践了破坏后再建设的转型发展模式。早期余村曾拥有3家石矿、1家水泥厂、40余家竹制品加工企业，承受着工业发展带来的巨大环境压力。在"两山"理论的指引下，余村人坚定走生态发展之路，推动"三改一拆"行动，先后关停矿山、水泥厂及大批竹筷企业。截至目前，共拆除各类建筑2.6万平方米，其中违法建筑1.8万平方米，改造旧厂房1.8万平方米，拆除沿路沿线违法建筑11万平方米。凭借得天独厚的自然环境和悠远厚重的历史文化，先后引进了房车露营、美丽乡村设计院、精品民宿等项目。2015年，全村实现国民生产总值2.23亿元，农民人均纯收入32990元，村级持有集体资产2000余万元，集体经济收入达到475万元。

　　安吉鲁家村通过"能人经济"带动，积极发展村集体经济。在村支书朱仁斌的带领下，通过乡贤集资、申请政府补贴等多种途径，解决了发展资金瓶颈问题。2011年成功创建美丽乡村精品村；2013年起发展家庭农场，18家农场将整个村庄串联成一个大景区。2017年7月被纳入国家首批15个田园综合体项目之一，实现了村庄发展的"三级跳"。村集体资产从2011年的负债上百万元增长至如今的1.2亿元，村民人均年收入从2011年的1.9万多元增长至2016年的3.3万元。

　　丽水市松阳县推进全域旅游发展，不搞大拆大建，加强村落的传统格局和历史风貌的整体保护，在核心区严控建新房，外围区域建房注重建筑布局、高度、风格、色调上与村庄传统风格相协调，创新开展"拯救老屋行动"，大力传承和发扬民俗文化。推进全县域慢行系统和8条全域乡村旅游路线建设，高品质建成大木山茶室、石门圩廊桥、水文公园、独山驿站等一批精品示范项目，建成一批"画家村""摄影村""养生村""户外运动村"，并与周边村庄进行有机串联，带动整个区域的旅游发展。

三是以培育产业新业态为重要补充。浙江省充分挖掘利用农业的多种功能，加快发展农业观光体验、电子商务、文化创意等新产业、新业态，不断发掘产业附加值。截至2017年，累计建成各类休闲观光农业园区4598个，实现全年休闲农业接待游客2亿多人次，休闲观光农业园区总产值352.7亿元。全面实施农产品"电商换市"战略，拓展线上交易。依托阿里巴巴平台优势，全省已经建成10多个地方特色农业馆和一大批主导农产品专业平台。农产品电商呈现爆发式增长态势，2017年销售额突破500亿元。（参见专栏4-3所示）

专栏4-3 积极培育农业产业新业态

遂昌"赶街"创造性地实践了"一中心、三体系"（即县级电商服务中心、公共服务体系、农产品上行体系和消费品下行体系）的县域电子商务发展模式，农民专注于生产，公司负责营销，政府做好服务并帮助企业把控产品质量，让生态产品搭上"电商"的翅膀。农民自家产的笋干、茶叶等，原本只能靠人力在邻近地区销售，现在已经走向了全国。截至2017年底，"赶街"模式已覆盖全国17个省份42个县（区），建立农村电商服务网点8200多个。通过"赶街"平台，2017年实现农产品销售额6.8亿元，实现农民人均增收1400元。

安吉县深入挖掘竹乐、竹叶龙、竹鼓等地方文化元素，培育文化演艺和文化娱乐精品；着力打造"昌硕"文化品牌，积极开发书画、扇等文化衍生产品；加快推进安吉经典1958、环灵峰山休闲文化区等文化创意平台建设，鼓励发展众创空间和创意经济。大力发展生态影视文化，以教科文新区和开发区的老庄、双河区块为核心，以上影安吉影视产业园、戛纳影视城等重大项目为龙头，打造集剧本创作与交易、剧本评估、影视拍摄、后期制作、影视主题娱乐、影视教育培训等功能于一体的生态影视文化产业集聚区。

四是促进产加销一体化、一二三产业融合发展。浙江省积极推进农业全产业链建设，从2014年起开展全省示范性农业全产业链创建，按照纵向延伸、横向联结的思路，引入和培育农业龙头企业等产业链的核心组织，通过股权、品牌、战略合作等途径链接产业链各节点，推进农业产加销一体化、一二三产业融合。全省以主导产业和特色农产品为重点，以示范园区和龙头企业为带动，已建成省级示范性农业全产业链55条。（参见专栏4-4所示）

专栏4-4 促进产加销一体化，加强一二三产业融合发展

湖州市安吉县充分利用竹林资源丰富的优势，将竹子"吃干榨尽"，推动一二三产业融合发展。竹子变成了能吃（竹笋）、能喝（竹饮料、竹酒）、能居（竹房屋、竹家具）、能穿（竹纤维制作的衣被、毛巾、袜子等）、能玩（竹工艺品）、能游（竹林景区）的时尚用品，形成了七大系列5000多个品种。目前安吉县全职和半职的竹产业从业人员约5万人，共有竹制品企业2400余家，其中规模以上企业70家、2家国家竹业龙头企业、1家企业在新三板挂牌上市，产值亿元以上企业11家、产值5000万元以上企业29家，竹地板产量已占世界产量的50%，竹工机械制造业占据80%的国内市场。

遂昌金矿是一家集采、选、冶炼为一体的省属国有黄金矿山企业，近年来企业坚持"在保护中开发、在开发中保护"的绿色发展原则，成功将矿山打造为国家矿山公园和国家4A级景区，已经成为全国矿山旅游的典范和长三角地区一个新的旅游热点。

松阳县结合当地特色农副产品和加工技艺，打造红糖工坊等小而特、小而精、小而美的农业、工业与休闲产业相融合的农业特色工坊，推动乡村经济发展模式调整、乡村生产生活方式变革。种植甘蔗作为制作红糖的原料，保留古法工艺制造红糖，同时将红糖工坊打造成旅游体验地，提高了产业附加值，甘蔗亩产值达到两万元。

2. 生态产品价值实现的浙江模式

浙江省作为中国东部经济发达省份的典型代表，又是"两山"理论的萌发地，近年来一直在"两山"理论的指引下，不断开展生态产品价值实现实践，无论是直接实现生态产品价值还是通过转化为物质和文化服务产品间接实现其价值，浙江省均走在了全国前列。在充分利用自身经济社会发展优势的基础上，浙江省通过政府财政购买生态产品、生态产品市场交易与转化为物质和文化服务产品等，多种生态产品价值实现渠道全面开花，形成了生态产品价值实现的"政府和市场双轮驱动型"模式，可以作为发达地区生态产品价值实现的样板。

在政府财政购买生态产品方面，浙江省充分发挥经济发达、省级财政实力强的优势，在生态保护补偿和转移支付方面投入大量资金，不断提高标准，并将重点生态功能区、生态环保财力转移支付、重点欠发达县（区）特扶、省级公益林补偿等整合为绿色发展财政奖补资金，探索了生态保护补偿资金统筹整合使用的新路子。

在生态产品直接市场交易方面，浙江省利用自身体制机制创新、金融体系发达的优势，一方面积极开展排污权、用能权有偿使用和交易探索，另一方面创新推广了"信用+林权"贷款、公益林补偿收益权质押贷款、村级惠农担保合作社等多种内容多种模式的林业金融产品。

在生态产品转化为物质和文化服务产品方面，浙江省依托自身及周边消费市场庞大、市场机制灵活、村集体组织化程度高的优势，形成了以生态农业为基础,生态旅游为突破口,农村电商、休闲农业、文化创意等产业新业态为重要补充的生态产品价值转化模式,同时注重促进全产业链发展和一二三产业融合,以品牌建设实现生态产品溢价。

(二)赤水(贵州)生态产品价值实现的实践探索

1. 主要做法和成效

(1)推动实现生态产品保值增值。赤水市始终坚持生态立市,牢固树立生态优先的理念,推进生态文明示范创建深入民心,先后建成了丹霞展示中心等生态科普设施,并面向群众免费开放,确立每年6月5日为赤水的生态实践日,8月2日为丹霞自然遗产保护日,定期开展大型宣传活动。"十一五"以来,赤水实施生态建设项目528个,项目总投资22亿元,其中,中央资金6.1亿元、省级资金11.3亿元、县级资金4.6亿元,主要投入赤水河流域治理、退耕还林、异地搬迁、污水垃圾处理、绿化亮化工程、农业环境整治,近年来共投入57亿元用于城乡环境基础设施建设。"十二五"期间,赤水市争取到国家重点生态功能区转移支付资金17738万元,主要用于生态环境保护与申报世界自然遗产等。赤水市坚持走低碳经济和循环经济发展之路,发展生态旅游、生态工业、生态农业三种生态特色经济,制定生态功能区负面清单,严格限制产业准入,清洁能源占比达到98%以上,家家户户使用天然气。加强自然资源的管理,生态资源得到有效保护,退耕还林后每年减少流入长江泥沙量400万吨。通过大力实施"月月造林"行动,森林覆盖率从62.8%提高到82.85%,位居贵州省第一位。认真落实"河长制",流域生态环境得到了有效保护。守住了"绿水青山",实现了生态产品的保值增值。

(2)以"竹子经济"为核心,推动实现生态产品价值。2000年以前,赤水市竹林面积仅有53.2万亩,赤水市从2001年开始实施退耕还林工程,截至目前,累计退耕还林59.85万亩(退耕还林工程中退出坡耕地20.75万亩),转移农村劳动力5万人左右,造林面积达到132.8万亩,其中毛竹52.8万亩、杂竹80万亩,人均林地面积达到6亩,人均面积居全国第一,竹林总量居全国第二。赤水市向浙江安吉学习，大力推动把林业资源转化为经济资源。一是培育商品林，提高产量。2012年前，由于受交通基础设施等条件的制约，赤水市竹林效益较低，全市杂竹年产量30万吨，楠竹年采伐量400万株左右，竹笋产量5000吨，全市约5.6万户农户依靠竹林收入共2.1亿元，人均不足1000元。2012年以后，赤水市启动了"十百千万工程"（即十万亩金钗石斛、百万亩商品竹林、千万斤香鸡、三万亩生态水产），将退耕还林的20元补贴资金以竹肥的形式发放给农户，同时依靠道路等基础设施的不断完善，竹林产量不断增长，截至目前年采伐竹林量77万吨，楠竹年采伐700万株、竹笋5.07万吨，全市5.6万农户依靠竹笋人均收入提高了1850元。2020年杂竹产量达到80万~100万吨，基本能保证竹浆林纸一体化项目的竹浆用材需求。二是加强林产品加工，提高附加值。赤水市共有竹加工企业和商品作坊375家，其中规模以上的企业29家、1家国家林业龙头企业、5家获得省级林业龙头企业称号，初步形成竹建材、全竹造纸等加工产业链。三是实施林业改革，将资源变成资金。从2014年至今，共有5.6万亩林地实现经营权流转（流转费约800元/亩，30年），林地流转到大户和企业手中实现规模经营，产生流转资金4000多万元，林权抵押6.96万亩，贷款总额达到5903万元。

（3）特色种养体系逐步建立。"十百千万工程"的实施大大增强了赤水市特色生态种养体系的发展，实现了较高的经济效益。培育和壮大扶贫龙头企业26家，组建农民专业合作社132个。由于赤水河属于长江鱼类保护区，从2017年1月1日起，赤水河流域的所有天然水域全面禁渔（禁渔期自2017年至2026年），河渔船、自用船、商船全部上岸。禁渔以后，赤水市将赤水河中极富价值的土著鱼类开发利用，转移到不利于农业作物生长的地方开展生态养殖，养殖规模达到12000亩，"十三五"末期规模达到3万亩。目前有机鱼市场价格已经高达60元/斤，是普通鱼类市场价格的10倍。赤水市进一步开发利用竹林资源，发展林下经济，在竹林中养殖乌骨鸡，规模达到了1000万只，以目前赤水市140万亩竹林和果林面积计算，在环境承载力范围之内，乌骨鸡的养殖量可达到2300万只。此外，赤水市还大力开发种植金钗石斛，金钗石斛主要分布于贵州赤水、习水以及四川泸州一带，其中尤其以贵州赤水金钗石斛为佳，原国家质检总局于2006年3月批准赤水金钗石斛为国家地理标志保护产品，经济价值较高，目前赤水市金钗石斛种植规模达到10万亩。

（4）着力发展生态康养旅游。赤水市针对生态旅游提出"六全措施"——全景式构建、全产业发展、全社会参与、全方位服务、全区域管理、全季节体验，率先建成贵州省首个旅游标准化示范城市。赤水旅游综合体在贵州省100个旅游景区综合考评中，位居"优秀"序列。建成国家4A级景区4个，推动佛光岩、赤水大瀑布、四洞沟、竹海等景区基础设施改造，特色餐饮、三星级以上酒店及商务酒店、娱乐场所等旅游设施日益完善，接待能力不断增强，正在形成巨大的可供游客游住行购娱的全域旅游市场，实现由"景点旅游"向"全域旅游"转变。近三年来，赤水累计投入旅游扶贫资金3100万元，撬动社会资金8000万元，建成示范乡村旅游点15个、农业观光园12个，6个村列入全国乡村旅游扶贫重点村。2017年，生态旅游共接待游客1634万人，比5年前增长1.9倍。旅游综合总收入185亿多，比5年前增长6.5倍。旅游收入占GDP总值31%左右，从业人员达到7万多人。

2.生态产品价值实现的贵州模式

贵州省赤水市在践行"两山"理论中，始终把生态优先摆在突出位置，实践了"发展绿色产业为主型"的生态产品价值实现模式，走出了一条先守住"绿水青山"，再利用"绿水青山"发展生态产业的道路，通过发展竹林、高山冷水鱼、商品乌骨鸡、金钗石斛、生态旅游业等绿色产业，2017年赤水市成为贵州省首个脱贫摘帽的贫困县。贵州模式适合中西部经济发展程度不高、生态环境条件较好的地区借鉴。

贵州省的经济社会发展水平和省级财政实力与浙江相比存在一定的差距，在政府购买生态产品和生态产品直接市场交易的价值实现渠道上不占优势，更多的是依靠自身的生态环境优势来发展生态产业，实现生态产品价值。与浙江不同，贵州省及周边地区的消费市场规模不强，乡村经营主体的组织化程度不高，因此

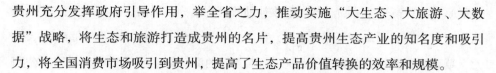

贵州充分发挥政府引导作用，举全省之力，推动实施"大生态、大旅游、大数据"战略，将生态和旅游打造成贵州的名片，提高贵州生态产业的知名度和吸引力，将全国消费市场吸引到贵州，提高了生态产品价值转换的效率和规模。

（三）三江源（青海）生态产品价值实现的实践探索

1. 主要做法和成效

（1）主要依靠中央生态补偿和转移支付资金来实现生态产品价值。从青海省的省情来看，其经济社会发展程度不高，省级财政实力不强，财政支出主要依赖中央财政转移支付。截至目前，青海省财政共安排三江源国家公园各类投资9.87亿元，每年青海省省级财政安排1亿元专项资金投入三江源建设。青海省的经济发展水平决定了其生态产品价值实现主要依赖中央生态补偿和转移支付的模式，这也符合三江源地区向中国乃至全世界供给重要生态产品的地位。青海省省级财政支出的82%来自中央转移支付，位于三江源国家公园范围内的玛多、治多、杂多、曲麻莱4县财政支出的90%以上来自转移支付。截至2015年底，青海三江源区生态保护和建设一期工程已按要求全面完成建设任务，累计完成投资76.50亿元。2016年，三江源生态保护和建设二期工程启动实施，共投资160亿元。

针对当地居民的生态补偿政策主要包括生态管护公益岗位制度、草原奖补政策、生态公益林补偿制度等。三江源国家公园生态管护公益岗位制度是为协调牧民群众脱贫致富与国家公园生态保护的关系而创新建立的一项生态管护公益岗位机制，按照精准脱贫的原则，先从园区建档立卡贫困户入手，整合原有林地、湿地等单一生态管护岗位，2017年全面落实"一户一岗"政策，目前共有17211名生态管护员持证上岗。三年来青海省财政统筹安排4.8亿元资金，户均年收入增加21600元，既保护了三江源区生态环境，又增加了当地群众收入，取得了显著成效。

青海省自2011年开始实施草原生态保护补助奖励政策，新一轮草原补奖政策涉及全省草原牧区6州2市42个县（市、区、行委）的21.54万牧户79.97万人，以及4.74亿亩可利用天然草原，其中，对2.45亿亩天然草原实施禁牧补助，对2.29亿亩草原实施草畜平衡奖励。各州禁牧补助测算标准为：果洛、玉树州每亩每年6.4元，海南、海北州每亩每年12.3元，黄南州每亩每年17.5元，海西州每亩每年3.6元，草畜平衡奖励政策统一按每年每亩2.5元的测算标准给予奖励。对国家公园核心保育区和生态保育修复区的5318万亩中度以上退化草原实行严格禁牧，对传统利用区的2377万亩草原全面推行草畜平衡管理，将放牧牲畜数量严格控制在理论载畜量之内。2015年，牧区6个州的天然草原平均产草量比政策实施前（2010年）提高2.5个百分点，植被盖度提高3.4个百分点，植被高度提高5.9个百分点。

三江源地区的2372.34万亩国家级公益林已纳入中央财政森林生态效益基金补偿范围。中央财政森林生态效益补偿资金依据国家级公益林权属实行不同的补偿标准，国有补偿标准为每年每亩10元，集体和个人补偿标准为每年每亩15元，年度补偿资金达到31467万元，实施范围涉及海南、黄南、果洛、玉树等4州21个县级单位、1个省直属林业局、1个国家级自然保护区管理局、2个州属林场，共25个实施单位。共设置管护员32010名，其中建档立卡贫困户管护员1098名，年平均管护费2.16万元。

（2）以发展合作社经济来提高生态产品转化的效率。在国家公园体制试点中，稳定草原承包经营基本经济制度，园区内牧民的草原承包经营权不变。2016年8月，在认真实施《青海省草原承包经营权流转办法》（青海省人民政府令第86号）的基础上，按照青海省人民政府办公厅印发《青海省人民政府办公厅关于规范全省草原承包经营权流转工作的指导意见》（青政办〔2016〕206号）要求，完善三江源国家公园草原承包经营权流转办法，坚持稳定草原承包经营基本经济制度，维持园区牧民草原承包经营权不变，在充分尊重牧民意愿的基础上，发展生态畜牧业合作社。截至2017年底，青海省草原承包经营权流转总面积达到2.31亿亩，其中园区内流转面积占全省的48.74%。目前三江源国家公园各园区已组建48个生态畜牧业专业合作社，其中，入社户数6245户、占园区总户数的37.19%；整合草场5182.37万亩，占可利用草场总面积的47.7%；整合牲畜125.21万头（只），占牲畜总数的40.7%。通过发展生态畜牧业专业合作社，生产要素得到优化配置，畜牧业生产经营方式从粗放低效向集约高效转变，分配方式由单纯的按劳分配向劳动、草场、资本、技术、管理等生产要素参与分配转变，牧民的收入渠道不断拓宽，并在合作社的有力引导下，富余劳动力积极开展交通运输、建筑、餐饮、工艺品加工等二三产业，同时通过发展电商模式，提高产品的销售半径，打开全国消费市场。2017年，三江源国家公园辖区内的牧民人均纯收入达到6258元，较2015年增加662元，较实施生态畜牧业建设起初的2008年增加1913元。

（3）通过特许经营将传统草地畜牧业和生态旅游业推向高端化。在坚持草原承包经营基本经济制度的前提下，三江源国家公园进一步将草原承包经营逐步转向特许经营，2016年10月出台了《三江源国家公园经营性项目特许经营管理办法（试行）》，划定了三江源国家公园内中药藏药开发利用、有机畜产品及其加工产业、文化产业、支撑生态体验和环境教育服务业等领域的营利性项目特许经营活动的范围，鼓励特许经营者开展与三江源国家公园保护目标相协调的民宿、牧家乐、民族文化演艺、交通保障、生态体验设计等支撑生态体验和环境教育的服务类项目；鼓励当地牧民将草场、牲畜等生产资料，以入股、租赁、抵押、合作等方式，流转到牧业合作社，探索将草场承包经营权转变为特许经营权；引导和支持政策性、开发性金融机构为特许经营项目提供绿色金融服务。

三江源国家公园有着严格的生态环境保护要求，这就意味着此类禁止和限制开发地区不可能通过推动规模化的产业化经营来实现生态产品价值。三江源园区内畜牧业的规模受到严格限制，为维护草原生态系统，正在实施减畜政策，同时已有的旅游景点正在逐步关闭。三江源地区只能发展高端化、集约化的生态畜牧业和生态体验，依靠三江源地区独一无二的生态环境优势，利用产品的高度稀缺性，打响"三江源国家公园"品牌，建立严格的认证体系和产品追溯系统，提高产品附加值，作为生态产品价值实现的补充途径。

草地畜牧业在未来10年依然是三江源的主体产业，草地畜牧业的发展同时也是传统文化传承发展的重要载体。严格保护三江源生态环境前提下的现代草地畜牧业发展，必须严格按照国家公园和自然保护区的功能区划，全面落实限牧禁牧政策和草畜平衡政策，进而推动畜牧业走向高端化：一是大力促进畜牧业合作社的发展，通过大轮牧、合同管理和统一生产，实现草场资源的有效、高效、合规利用，形成规模产出能力；二是龙头企业积极发挥作用，面向高端市场做好市场营销、冷链打通和维护、畜产品开发等营销生产管理，形成可盈利的商业模式；三是政府要做好乡村道路等基础设施建设、生态监测体系建设、牧民培训等工作，出台金融、财税、特许经营等相关扶持政策，为产业发展提供有力保障。最严格生态保护措施下的畜牧业产出，必然因其高品质和稀缺性而具有高附加值。高端畜牧业追求的指标，将不再是存栏数和出栏率，而是严控牲畜总量前提下的年总收入。

三江源有全球特有的丰富多彩的自然景观资源和生物多样性资源、特色鲜明的传统文化资源，但是高寒缺氧的自然条件恶劣，道路通信应急保障等基础设施单薄，同时还要落实最严格的生态保护政策，这就决定了三江源全域生态旅游的发展方向只能是围绕重点城镇的高端生态体验。在三江源禁止开发区内的生态体验，可依托部分可达的生态监测点（线）开展特许经营管控下的自然体验，限制开发区（自然保护区和国家公园外）则可在生态保护的前提下适度开展中小众的旅游产品开发。应摒弃低端的门票经济，采用旅游企业与合作社合作经营、共同盈利的方式，旅游企业负责营销、游客组织和管理、培训，牧民负责导游和接待，地方政府依法强化监管和保证合理的国有自然资源资产收益。商业模式在保障旅游企业合理利润的同时，应最大限度地使当地牧民受益。2017年，三江源国家公园试点了10个高端生态体验团，平均每个接待牧民增收达到8000元，此后将继续开展高端体验团的试点。（参见专栏4-5所示）

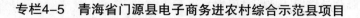

专栏4-5　青海省门源县电子商务进农村综合示范县项目

门源县于2016年5月申报了"门源县电子商务进农村综合示范县"项目，通过了青海省商务厅评审和商务部批准，2017年4月与合创神州（北京）科技开发有限公司达成项目建设协议，项目总投资1500万元，于2017年5月全面启动实施，2018年底前完成。

门源县落实县级财政配套200万元，以奖励补助的形式优先支持一批模式先进、有一定规模和知名度的电子商务企业和品牌；落实山东省援助门源县农牧区电子商务发展资金160万元，统筹安排和使用援建资金，为全县12个乡镇电商服务站配备了箱式物流运输车，在海北州生物园区管委会办公楼四楼设立门源县电商人才公寓；建设完成面积1700平方米的门源县电子商务公共服务中心，服务中心功能涵盖电商企业孵化、县级农特产品展示展销、文化产品展示、旅游资源共享、电子商务培训等，开通了门源电商微信公众平台和"爱尚门源"微信商城及淘宝店，京东商城、苏宁易购、供销e家等平台已进驻合作，入驻电商企业14家；整合供销社基层网点、邮政物流网点，打造了较为完善的农村电子商务体系，建设运营乡村电商服务网点64个，其中乡镇电商服务站12家，建设贫困村网点26家；开通了物流服务，并通过服务中心的免费电商培训，让农牧民学会网上开店，将本地农产品、土特产通过互联网销往全国各地，同时购买到自己需要的商品，真正实现"农超对接"，切实享受到在家门口充值缴费、保险办理、收发快递等各类服务；加快物流体系建设，与圆通快递达成物流合作协议，负责运营县乡村三级物流，完成了物流配送资源的有效整合，县级仓储物流中心和12个乡镇物流服务站投入运营，物流线路通达全县64个行政村，物流价格低于同等区域物流快递价格。

县域内电子商务注册企业67家，拥有各类网商320余家，电商从业人员达730余人。2018年上半年，门源县实现电商交易额604.56万元，其中电商服务站点459.09万元。

2. 生态产品价值实现的青海模式

三江源国家公园是中央批准的第一个国家公园体制试点，肩负着为我国国家公园体制的建立探索路子、树立样板的重任。三江源国家公园的根本任务，就是探索在重要生态功能区，落实禁止和限制开发政策的发展之路。对三江源而言，"让人民群众通过做保护过上好日子"，是激发当地群众投入生态环境保护的内生动力、实现可持续保护的关键，也是生态产品价值实现的应有之义。在这一过程中，青海三江源地区形成了"中央财政投入为主型"的生态产品价值实现模式。

青海省经济社会发展程度不高，财政实力不强，主要依赖中央财政转移支付，青海省财政共安排三江源国家公园各类投资达9.87亿元，每年青海省省级财政安排1亿元专项资金投入三江源建设，这显然与浙江省省级财政对生态环境保护的投入规模无法相比，青海省的经济发展水平决定了其生态产品价值实现主要依赖中央生态补偿和转移支付的模式，这也符合三江源地区供给重要生态产品的地位。

三江源国家公园有着严格的生态环境保护要求，意味着不能通过规模化的产业化经营来实现生态产品价值。为维护草原生态系统，三江源地区应当发展高端化、集约化的生态畜牧业和生态体验，依靠生态环境优势和生态产品的高度稀缺性，发挥"三江源国家公园"品牌效应，建立严格的认证体系和产品追溯系统，提高产品附加值，实现生态产品价值。

（四）小结

对于我国经济较发达的地区而言，在经历了经济长期高速发展之后，物质、文化产品的需求基本得到满足，对于生态产品的需求开始逐渐增强，加之经济发展过程中付出了一定的环境代价，迫切需要改善生态环境，生态产品的供给需求矛盾比较突出。对于生态环境较好的地区而言，这些地区大都经济发展水平不高，物质产品和文化产品的供给与经济发达地区相比仍存在一定的差距，这部分地区的生态产品供给能力强而需求较弱。生态产品价值实现模式与各地区的经济社会发展水平、生态产品属性要求、市场环境等密切相关，每个地区都有各自不同的自然地理、生态环境、人文社会等特征，经济发展阶段也不尽相同，因此在选择生态产品实现模式上必须充分发挥自身优势，尽量避免发展劣势，努力将生态优势转化为发展优势，统筹协调发展与保护的关系，探索和实践"绿水青山"通往"金山银山"的多样化路径。

总体来看（参见本书总论部分图7所示），经济社会发展水平高、区位优势好、生态脆弱性低的地区，如东部地区和中西部发展较好的省份，可以借鉴"政府和市场双轮驱动型"的浙江模式，即政府财政购买生态产品、生态产品市场交易与生态产品转化为物质和文化服务产品等多种实现渠道全面发展：充分发挥经济发达、省级财政实力强的优势，在生态保护补偿和转移支付方面投入大量资金，不断提高标准，并探索生态保护补偿资金统筹整合使用；利用自身体制机制创新、金融体系发达的优势，积极开展排污权、碳排污权、用能权、节能量等的有偿使用和交易探索，同时尝试创新与生态产品相关的多元化金融产品；依托自身及周边消费市场庞大、市场机制灵活、村集体组织化程度高的优势，形成以生态农业为基础，生态旅游为突破口，农村电商、休闲农业、文化创意等产业新业态为重要补充的生态产品价值转化模式，并且注重促进全产业链发展和一二三产业融合，以品牌建设实现生态产品溢价。

有一定经济社会发展水平、生态脆弱性尚可的地区，如中西部地区的大部分省份，可以借鉴"发展绿色产业为主型"的贵州模式。此类地区的经济社会发展水平和省级财政实力与发达地区相比存在一定的差距，在政府购买生态产品和生态产品直接市场交易的价值实现渠道上不占优势，更多依靠自身生态环境优势来发展生态产业并实现生态产品价值，充分发挥政府引导作用，打造生态产业名片，提高产品和服务的知名度，吸引全国消费市场，提高生态产品价值转换的效率和规模，将生态优势转化为经济优势，实现经济发展、人民增收和生态保护协同发展。

对于经济社会发展水平低、生态脆弱性高、需要严格实施生态环境保护的禁止或限制开发类地区，如重点生态功能区、各类保护地、国家公园等，可以借鉴"中央财政投入为主型"的青海模式，即主要依靠中央财政生态补偿和转移支付来实现生态产品价值，辅助以高端、集约的生态产业发展，以保障该类地区达到脱贫的基本要求。此类地区经济社会发展程度不高，省级财政实力不强，财政支出主要依赖中央财政转移支付，其生态产品价值实现主要依赖中央生态补偿和转移支付的模式。重点生态功能区或者各类保护地有着严格的生态环境保护要求，这就意味着这类禁止或限制开发地区不可能通过推动规模化的产业化经营来实现生态产品价值，只能发展高端化、集约化、小规模的生态产业，依靠独一无二的生态环境优势，利用产品的高度稀缺性，实施高端品牌战略，建立严格的认证体系和产品追溯系统，大力提高产品附加值，改以量取胜为以质取胜，以此作为生态产品价值实现的补充途径。

具体来看（如图4-1所示），维护良好的生态环境，保障生态产品供给能力是价值实现的前提，也决定了可以实现的生态产品价值量的大小。生态产品供给能力保障可以分为恢复型、提升型和维持型，如浙江省湖州市之前的发展主要依赖资源型产业，生态环境遭到一定程度的破坏，之后经过产业转型升级和生态修复，恢复了生态产品的供给能力；浙江省丽水市和贵州省赤水市一直没有发展高污染、高能耗产业，始终保护好生态环境本底，并不断提升生态环境质量，提升了生态产品的供给能力；青海三江源地区通过划定自然保护区、国家公园，实施重大生态环境修复工程，保护了生态系统的稳定性，维持了生态产品的供给能力。

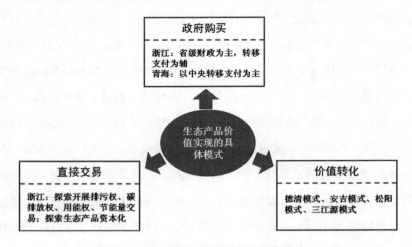

图4-1　生态产品价值实现的具体模式

　　从生态产品价值的具体实现方式来看：政府购买生态产品方面，浙江省等东部和中部经济发达省区，其省级财政实力强，国家对这些地区的转移支付规模也较小，这类地区以省级财政购买生态产品为主，以国家转移支付为辅；青海省等中西部经济落后省区，省级财政实力弱，主要依赖国家转移支付和纵向生态补偿来购买生态产品。

　　生态产品市场交易方面，目前生态产品直接交易主要以地区试点为主，浙江等地区依靠灵活创新的体制机制和完善的交易体系，探索了排污权、碳排污权、用能权、节能量等环境能源权益交易机制。在吸收这些地区经验基础上，应尽快健全生态产品直接交易机制，打破地区藩篱，进一步提升生态产品交易跨区流动，也有利于提升其市场价值。此外，浙江省等地区通过实施金融创新改革，通过实施林权抵押贷款、公益林补偿收益权质押贷款、林地信托抵押贷款等方式，打通了生态资源资产化、证券化、资本化的转换通道，实现了生态产品资本化。

　　生态产品转化为产品和服务方面，各地区依据自身资源禀赋和比较优势，探索实践出各具特色的转化模式。（1）德清模式。浙江德清县作为上海、杭州等发达地区的后花园，充分利用自身经济发展活力和周边巨大的消费市场，吸引资本投资发展乡村高端民宿，并形成了龙头效应，带动各种倡导自然、生态、环保的农家乐逐步发展起来，形成了莫干山国际乡村旅游聚集示范区和德清东部水乡乡村旅游集聚示范区。类似的经济发展活力强、位于大都市消费圈内的地区，可以加快转化进程，发展高投入、高附加值的高端乡村旅游转化模式。（2）安吉模式。浙江安吉县曾拥有石矿、水泥厂、竹制品加工企业等多家工业企业，承受着巨大环境压力，通过推动"三改一拆"，大量种植竹子和白茶，不仅修复了生态环境，还推动一二三产业融合，推动了竹子全产业链发展，成为全国最大竹产业基地和白茶生产基地。类似的生态环境方面有历史欠账，且有一定经济实力的地区，可以通过开展生态环境整治，积极开展产业转型和生态产品价值转化的设计与规划工作，进行适当投入，发展既有利于修复生态环境，又能带来经济价值的生态林农产业，走中投入、绿色化的转化模式。（3）松阳模式。浙江松阳县经济底子并不厚实，近年来创新开展"拯救老屋行动"，大力传承和发扬民俗文化，加强村落的传统格局和历史风貌的整体保护，推进全域旅游发展，并依托传统文化发展农旅、工旅融合项目。类似的经济发展相对落后、乡村文化特色强的地区，可以避免大拆大建，充分利用原有的村庄风貌，保护和继承乡村文化，实施低投入、有文化特色的转化模式。（4）三江源模式。三江源国家公园有着严格的生态环境保护要求，传统畜牧业规模受到严格限制，只能发展高端化、集约化的生态畜牧业和生态体验，提高产品附加值。类似的重点生态功能区可以开展高端化、集约化、高附加值的生态产品转化模式。

三、我国生态产品价值实现面临的困难与挑战

通过分析各地区生态产品价值实现的实践探索，发现我国生态产品价值实现在生产供给能力、社会认知、价值核算以及价值实现的体制机制方面存在一些困难与挑战。

（一）生态产品供需矛盾突出

由于中国人口众多、发展方式粗放，伴随着工业化和城镇化的持续推进，经济系统对生态系统自然资源要素的攫取和破坏逐步加深，本就承受巨大压力的生态环境，面临着进一步恶化的危险，跨区域大气污染、全流域水污染、耕地土壤重金属污染等环境污染问题持续产生，水土流失、荒漠化、草原退化等生态破坏现象进一步加剧，使得本就处于较低水平的生态产品供给能力进一步削弱。

与一般物质产品的极大丰富相比，生态产品的总供给严重不足，但随着物质产品需求逐步得到满足，人们开始对清洁的空气、干净的水源、怡人的气候等生态产品产生巨大的需求，如京津冀雾霾污染受到群众的普遍关注和指责，生态农产品价格较高但仍获得公众追捧等，生态产品的供需矛盾突出。低水平、不稳定的生态产品供给能力，将加重整个生态产品市场的脆弱性，也无法给生态产品价值转换提供稳定的基础，势必会影响到生态产品价值的顺利实现。

（二）对生态产品价值的社会认知有待提高

生态产品长期以来给人以"取之不竭、用之不尽"的印象，其价值一直未受到社会的重视，尽管近来年中国大力开展生态文明建设，生态环境保护的重要性得到显著提升，但社会公众的生态产品价值观念仍然有待提高，保护与发展的矛盾仍然尖锐。

由于多数生态产品具有公共物品性质，造成"公地悲剧"现象普遍存在。一些地方政府仍然没有认识到生态产品的价值，把限制排污、保护生态等同于限制地区经济的发展，从而千方百计以"未批先建""边建边报"等方式推进项目开发，造成大量社会资源的浪费和对生态产品供给能力的破坏；企业为追求眼前经济利益，违反环保相关法律法规破坏生态环境的案件屡禁不止。此外，对于生态产品转化而来的物质和文化服务产品（如绿色产品等）的价值未得到公众充分认可，主要体现为绿色产品的溢价率仍然不高，以及公众对绿色标识产品的信任度较低。

（三）生态产品价值核算存在一定难度

从生态产品到经济利益的转化，需要通过价值化和市场化来实现，而生态资产价值化与市场化需要经历核算这一基本环节。生态产品价值评估和其他资产的价值评估有所不同，常规的经济社会领域的资产评估核算方法难以照搬到生态产品的核算评估中。生态产品价值核算面临许多技术、观念和制度方面的障碍：一方面由于生态产品类型众多，包括森林、河流、湖泊、滩涂、湿地等不同类别甚至同一类别生态资产的核算技术方法在国内外也一直存在诸多争议，目前尚无公认的、统一的技术方法体系标准；另一方面，生态产品的核算评估需要资源、环境、生态等多年且大量的数据作为支撑，但目前我国生态环境资源数据基础相当薄弱，环境基础数据缺失、环境数据质量、数据透明度不高。此外，我国自然资源资产管理体制改革尚在推进过程中，部门之间的交叉管理关系正在理顺，同一类别的生态产品仍存在多头管理的问题，不同管理部门之间的生态产品相关数据由于监测标准、统计口径、统计工作目标和意义上的不同而存在较大差异。建立一套相对科学完备、有完整数据支撑的生态产品价值评估方法体系仍存在较大难度。同时，目前对于生态产品的价值评估，多是对存量价值的评估，价值评估结果巨大，对生态产品价值实现的指导性不高。生态产品的价值评估应更多地与生态产品的生产能力相结合，对生产出的生态产品流量进行评估，这也是生态产品价值核算的难点和突破口。

（四）生态产品的交易制度尚不健全

我国排污权、用能权、用水权等能源环境权益交易多处于试点探索阶段，碳排放权仅在电力行业开始建设全国性交易市场体系，生态产品直接市场交易的渠道还没有彻底打通：一是仍有一些生态产品未纳入市场交易体系，如氮、磷的排放未纳入排污权交易；二是作为实现生态产品交易的前提条件，用能权、用水权、碳排放权、排污权等权益的初始分配制度有待完善，确定初始分配总量既要对环境容量和承载力作出合理估计，又要考虑实践中所存在的实际问题；三是交易制度设计缺乏相关激励政策，造成交易参与主体相对单一，交易不活跃，全国9个碳排放权交易试点截至2017年2月底的总成交额仅为26亿元；四是初始分配和再分配的过程中缺乏细节性的规定，交易机制不灵活，造成交易的确权、核算成本过高，阻碍了生态产品交易市场的发展壮大。

此外，生态产品转化为物质和文化服务产品的市场交易制度仍存在缺陷。一是相关绿色产品的认证体系有待统一。当前我国有关节能、环保、节水、循环、低碳、再生、有机等多种产品领域中，第三方认证、评价和自我声明等多种情况并存，第三方认证或评价中有部委采信的，也有机构自主推广的。这在管理层面造成了监督职能交叉、权责不一致等问题；在企业层面则增加了重复检测、认证的成本和负担；在公众层面，由于宣传推广力度分散，消费者辨识困难，造成市场认可度和信任度不高。二是绿色产品的追溯体系有待建立。产品信息追溯体系是绿色产品提高溢价，增强消费者信任度的重要支撑条件，当前我国包含绿色产品供求信息、价格信息、品种和质量信息，以及与之相关联的产品储运、保险、包装、检疫、检测等完备信息的信息追溯体系尚未建立。三是政府采购体系的绿色化程度不高。政府绿色采购应该更多地向绿色产品倾斜，发挥政府购买行为的"风向标"作用，引导社会公众更多地购买绿色产品。

（五）生态补偿机制有待进一步完善

由于我国自然资源资产产权制度尚不完善，生态产权普遍模糊、权责不明，这就为建立生态补偿制度增加了难度，特别是增加了补偿对象之间的谈判博弈成本。我国生态补偿机制仍以中央对地方或者省对市县的纵向转移支付为主，地区间的横向生态补偿尚未有明确的制度支撑，各地只是在国家或者省级政府的支持下开展了一些实践探索，多建立在上级政府统筹协调以及地区间政府协商合作的基础之上。如果新一轮的谈判和协商进展不利，地区间已经开展的横向生态补偿工作就会面临不可持续的风险。生态补偿方式以政府财政资金补偿为主，政策补偿、项目补偿、技术补偿、实物补偿、产业补偿、人才补偿等方式还很少，也未建立包括企业等主体在内的市场化的补偿方式。生态保护成效与资金分配挂钩的激励约束机制仍不成熟，在国家层面还没有形成制度化、规范化的政策引导体系，尚未形成成熟有效的监督评估机制。另外，生态补偿标准难以确定，过度补偿和补偿不足并存。当前的生态补偿是以补偿当地财政收支缺口的一般性转移支付为主，对生态供给地区用于生态建设和环境保护的额外投资成本、生态价值以及发展机会成本的损失难以确定，量化标准的缺失，也就造成难以确定统一的让补偿和受偿双方都能接受的定量测度方法和补偿标准。

四、启示

生态产品价值转化应坚持多元化、多形式、多主体的模式，从各地生态产品价值实现的实践来看，生态产品价值实现首先应保护和修复好生态环境，实现生态产品的保值增值，而优质的生态产品往往富集在贫困地区和乡村地区，因此生态产品价值实现可以作为脱贫攻坚和乡村振兴的重要抓手。在实现生态产品价值的过程中，应充分发挥政府补偿手段的作用，继续加强中央转移支付对西部欠发达地区的倾斜，逐步丰富和完善资源环境权益交易市场，生态产品转化为物质和文化服务产品时应注重与新技术新业态的融合。

（一）在保值增值的前提下实现生态产品价值

自然生态环境是有价值的，保护和修复生态环境就是实现生态产品保值增值的过程。只有拥有了优良的生态环境，才能增强生态产品的供给能力，保护和修复好生态环境是生态产品价值实现的前提和基础。浙江省湖州市曾经是一个资源型城市，"两山"理论的发源地安吉县余村曾经拥有多家采矿企业，大量的矿产开采造成了严重的生态破坏和环境污染，经过产业转型发展的阵痛期后，湖州市逐步修复了优良的生态环境，并成为"两山"理论实践的典范；贵州省赤水市以生态立市为宗旨，森林覆盖率从62.8%提高到82.85%，造林面积达到132.8万亩，位居贵州省第一位，在这一过程中实现了生态产品的不断增值，最终通过发展生态种养殖业、生态旅游业，实现了生态产品价值，顺利完成了全市脱贫的目标；三江源地区作为"中华水塔"和中国重要的生态屏障，具有无比重要的生态价值，近年来国家通过三江源生态保护和一期、二期工程建设，并开展三江源国家公园体制改革试点工作，有效保护了三江源生态系统的稳定和可持续发展，同样实现了生态产品的保值，有利于后续进一步开展生态产品价值实现工作。

（二）将生态产品价值实现作为脱贫攻坚与乡村振兴的重要抓手

生态资源富集地区和生态环境高质量地区，往往是经济社会发展较为滞后的地区，一般也是乡村地区。一些贫困地区过去对自然资源的开发，采取浅层次、平面式、数量扩张型方式，导致生态环境恶化、资源枯竭、土地生产力下降。迫于生活压力，人们进行更大规模的滥砍滥伐，最终陷入"贫困→攫取资源→破坏生态→更加贫困"的恶性循环之中。立足贫困地区和乡村地区的生态环境优势，开展生态产品价值实践，以实施生态环境保护转移支付为依托、以实施生态产业项目为扶贫抓手、以资源产权与有偿使用制度建设为扶贫核心、以乡村生态资源的多层次利用和转化为基础，加快发展生态农业、生态旅游等产业，促进生态产品价值转化，实现生态环境保护、资源可持续利用和脱贫攻坚、乡村振兴紧密结合，促进贫困地区和乡村地区的人民步入"生态环境保护→实现生态产品价值→脱贫→生态环境保护"的良性循环。

（三）国家购买生态产品应更多地向西部地区倾斜

生态产品价值可以通过政府购买方式得到实现，以补偿当地政府和人民为保护生态环境而付出的努力和丧失的发展机会成本。当前政府购买一般又可分为国家层面的纵向生态补偿或者转移支付，以及省级层面的生态环境保护补偿或者奖补资金。由于省级财政实力强，东部经济发达的省份有能力投入大量资金用于生态环境保护和生态产品购买，如浙江省2013—2017年5年时间内省级财政生态环境保护累计投入达到767.42亿元，生态公益林补偿标准高达30～40元/亩，而青海省财政支出的82%来自中央转移支付，受自身财力的限制，青海省生态产品价值实现主要依赖国家购买。青海省财政共安排三江源国家公园各类投资仅9.87亿元，国有公益林补偿标准为每年每亩10元，集体林补偿标准为每年每亩15元，但就保护面积和保护要求来说，青海省的生态环境保护任务要远远重于浙江省。因此，应进一步加大国家对西部地区，尤其是生态环境保护任务重、自身财力弱的省份的转移支付力度，建立与生态保护绩效挂钩的生态补偿制度。

（四）逐步建立丰富、完善的资源环境权益市场

我国当前资源环境权益市场主要包括排污权交易、碳排放权交易、节能量交易、用能权交易、水权交易等，涉及化学需氧量、氨氮、二氧化硫、氮氧化物等污染物排放、二氧化碳等温室气体排放，以及能源与水等资源利用等各个领域。由于各类权益交易市场仍以各地区开展试点为主，主要以行政区域为单位划分，因此跨区域交易开展较少，各个试点地区也因社会经济发展水平不同，推进程度有差异。健全资源环境权益市场，首先，需要进一步完善顶层设计。生态产品具有公共物品属性，其市场属性不是自发形成的，而是要通过立法带动对资源与环境的内在需求。其次，需要在各地区试点基础上，尽快打破区域之间的壁垒，搭建全国性资源环境权益市场，推动资源环境权益在全国范围内流通交易，以扩大

资源环境权益交易量。再次，需要加强技术研发，充分利用区块链、物联网等新技术，通过有限数据的获取，运用模型或者算法以得到相对准确的各主体资源环境权益利用数据，以克服确权、核算成本过高的难题。最后，需要在现有资源环境市场领域的基础上进一步丰富市场体系，如可以考虑将氮、磷等污染物纳入排污权交易体系。

（五）生态产品转化为物质和文化服务产品时应注重与新技术新业态的融合

在各地通过开展生态农业、生态旅游业等产业经营来实现生态产品价值的实践中，出现了与互联网等新技术融合，发展农村电商的模式，促进了优质生态农产品在更广区域范围的销售，有效提高农民收入。如浙江省遂昌县"赶街"县域电子商务发展模式，通过构建电商服务中心、公共服务体系、农产品上行体系和消费品下行体系，企业从农民手中收购农产品并负责营销，而政府有效监管产品质量，有效提高了农产品的销量；而青海省门源县建立了电子商务公共服务中心，建成乡镇电商服务站12个、村级电商服务店52个，打造农产品供应链和营销体系，开展培训体系建设和人才引进，为门源县农产品网上销售打造了高效规范的平台。

同时，将优质生态产品与传统文化相融合，开发文化旅游、文化体验等新业态，也是促进生态产品产业转化的有效手段。如安吉县深入挖掘地方文化元素，培育文化演艺和文化娱乐精品，着力打造文化品牌，积极开发文化衍生产品；三江源地区开展高端生态体验项目，体验者不仅可以体验三江源独有的秀美风光，观察到难得一见的高原标志性生物，而且可以入住当地藏民家中，体验传统的藏族文化。

参考文献

1. 杨从明. 浅论生态补偿制度建立及原理[J]. 林业与社会，2005(1). 7-12.

2. 胡咏君，谷树忠. "绿水青山就是金山银山"：生态资产的价值化与市场化[J]. 湖州师范学院学报，2015(11). 22-25.

3. 谢高地. 生态资产评价:存量、质量与价值[J]. 环境保护，2017(11). 18-22.

4. 马奇菊. 浅析我国绿色产品认证的现状与意义[J]. 质量与认证，2016(7). 37-39.

5. 国家发展改革委中国宏观经济研究院国土与地区经济所课题组，贾若祥，高国力. 横向生态补偿的实践与建议[J]. 宏观经济管理，2015(2). 46-48.

（执笔人：刘峥延）

分论篇五

生态产品价值实现的生态补偿路径研究

内容提要： 本文通过梳理国内外生态补偿的政策进展与成效，总结出目前生态补偿领域在实践中所面临的主要问题，通过福建、浙江、江西、青海等综合补偿的案例分析，提出了生态产品价值实现的生态补偿路径应遵循"以提高生态补偿资金使用效率为目的，改善生态补偿效果；以平衡保护与发展为手段，增强生态补偿和扶贫开发双向互动；以政府为主导，推进单项补偿向综合性补偿转变；以提高生态产品供给为核心，建立地区生态补偿成果与资金分配挂钩的绩效评估机制"的基本思路，并提出了相关对策建议。

一、我国生态补偿的政策进展与成效

（一）我国生态补偿的政策进展

生态补偿实践在中国还不到20年，生态补偿的实践最早是从森林生态补偿开始的。1992年，原林业部提出必须尽快建立中国森林生态补偿机制，1998年实施了天然林资源保护、退耕还林等重点生态工程。此外，出台了新的《森林法》，提出了国家将建立森林生态效益补偿基金。1997年，原国家环保总局发布了《关于加强生态保护工作的意见》，要求企业必须对湿地的破坏采取经济补偿；2001

年起，在11个省份开展生态补偿试点。一些省份也积极开展了生态补偿试点示范工作。广西、辽宁、山西、福建、贵州、浙江等省份制定了生态环境补偿费征收管理办法，在湿地、水资源、森林、矿产等资源开发和电力建设方面进行了一系列征收生态环境补偿费的有益尝试。

2004年印发的《国务院关于进一步推进西部大开发的若干意见》中，明确提出"构建生态建设和环境保护补偿机制"；2005年10月，中共十六届五中全会在其通过的《关于制定国民经济和社会发展第十一个五年规划的建议》中，首次提出"按照谁开发谁保护、谁受益谁补偿的原则，加快建立生态补偿机制"，政府开始整合通过税收返还、财政转移支付等措施给予的各种自然保护补助、生态工程建设以及恢复治理环境破坏的各种资金投入，将它们全部纳入生态补偿的范畴之中。2007年的《节能减排综合性工作方案》提出开展生态补偿试点工作。同年，原国家环保总局印发了《关于开展生态补偿试点工作的指导意见》，提出在自然保护区、重要生态功能区、矿产开发、流域水环境等4个领域建立生态补偿机制；2008年开始实施的《中华人民共和国水污染防治法》是首次以法律形式提出了水环境生态补偿的内容。2009—2011年，《国家重点生态功能区转移支付办法》出台实施并逐步完善。

2011年，"十二五"规划纲要中提到，加大对重点生态功能区的均衡性转移支付力度，研究设立国家生态补偿专项资金。推行资源型企业可持续发展准备金制度。鼓励、引导和探索实施下游地区对上游地区、开发地区对保护地区、生态受益地区对生态保护地区的生态补偿。同年，全国第一个跨省流域生态补偿试点方案《新安江流域水环境补偿试点方案》制定实施，全国首个跨省流域生态补偿试点工作启动。

2012年11月，党的十八大报告中提到，深化资源性产品价格和税费改革，建立反映市场供求和资源稀缺程度、体现生态价值和代际补偿的资源有偿使用制度和生态补偿制度。2013年11月，中共十八届三中全会通过的《中共中央关于全面深化改革若干重大问题的决定》第十四部分专门就"加快生态文明制度建设"

作了具体的安排，其中在关于自然资源与生态保护制度建设方面，首次明确要求
"推动地区间建立横向生态补偿制度"。2014年3月，十二届全国人大二次会议
上的政府工作报告中提出，落实主体功能区制度，探索建立跨区域、跨流域生
态补偿机制。2015年，国务院印发《生态文明体制改革总体方案》，提出到2020
年，构建起资源有偿使用和生态补偿制度。2016年国务院办公厅印发了《关于健
全生态保护补偿机制的意见》（国办发〔2016〕31号），明确了生态补偿的总体
要求、分领域重点任务、推进体制机制创新、加强组织保障。

上述内容参见表5-1所示。

表5-1　关于生态补偿概念的提出

年份	文 件	内 容
1997	国家环保总局发布的《关于加强生态保护工作的意见》	按照"谁开发谁保护、谁破坏谁恢复、谁受益谁补偿"方针，积极探索生态环境补偿机制
2005	中共十六届五中全会通过的《关于制定国民经济和社会发展第十一个五年规划的建议》	首次明确提出"按照谁开发谁保护、谁受益谁补偿"的原则，加快建立生态补偿机制
2005	《国务院关于落实科学发展观加强环境保护的决定》（国发〔2005〕39号）	明确提出"要完善生态补偿政策，尽快建立生态补偿机制。中央和地方财政转移支付应考虑生态补偿因素，国家和地方可分别开展生态补偿试点"
2007	国家环境保护总局《关于开展生态补偿试点工作的指导意见》（环发〔2007〕130号）	生态补偿机制是以保护生态环境、促进人与自然和谐为目的，根据生态系统服务价值、生态保护成本、发展机会成本，综合运用行政和市场手段，调整生态环境保护和建设相关各方之间利益关系的环境经济政策
2011	《中华人民共和国国民经济和社会发展第十二个五年规划纲要》	按照"谁开发谁保护、谁受益谁补偿"的原则，加快建立生态补偿机制。加大对重点生态功能区的均衡性转移支付力度，研究设立国家生态补偿专项资金；推行资源型企业可持续发展准备金制度；鼓励、引导和探索实施下游地区对上游地区、开发地区对保护地区、生态受益地区对生态保护地区的生态补偿；积极探索市场化生态补偿机制；加快制定实施生态补偿条例

（续表）

年份	文　件	内　容
2012	中国共产党第十八次全国代表大会上胡锦涛同志作的《坚定不移沿着中国特色社会主义道路前进 为全面建成小康社会而奋斗》主题报告	深化资源性产品价格和税费改革，建立反映市场供求和资源稀缺程度，体现生态价值和代际补偿的资源有偿使用制度和生态补偿制度
2013	徐绍史在第十二届全国人民代表大会常务委员会第二次会议上所作的《国务院关于生态补偿机制建设工作情况的报告》	将生态补偿的领域从原来的湿地、矿产资源开发扩大到流域和水资源、饮用水水源保护、农业、草原、森林、自然保护区、重点生态功能区、海洋领域等
2013	中共十八届三中全会通过的《中共中央关于全面深化改革若干重大问题的决定》	坚持"谁受益、谁补偿"原则，完善对重点生态功能区的生态补偿机制，推动地区间建立横向生态补偿制度
2014	李克强总理的政府工作报告	推动建立跨区域、跨流域生态补偿机制
2015	中共中央国务院印发《生态文明体制改革总体方案》	到2020年，构建起资源有偿使用和生态补偿制度
2016	国务院办公厅关于健全生态保护补偿机制的意见（国办发〔2016〕31号）	明确了生态补偿的总体要求、分领域重点任务、推进体制机制创新、加强组织保障

资料来源：汪劲《论生态补偿的概念——以〈生态补偿条例〉草案的立法解释为背景》，《中国地质大学学报（社会科学版）》，2014年第14期。

（二）生态补偿成效

总体上看，我国已经初步建立了较为全面的生态补偿机制，形成了三种生态补偿类型：重点领域补偿、重点区域补偿和地区间补偿。其中，在森林、草原、湿地、荒漠、海洋、水流、耕地等七大领域都制订并实施了相应的生态补偿政策；重点区域补偿主要探索了重点生态功能区和禁止开发区的生态补偿，出台了《国家重点生态功能区转移支付办法》等系列举措和试点示范；地区间补偿主要开展了南水北调中线工程水源区对口支援、新安江水环境生态补偿试点、京津冀水源涵养区、广西广东九洲江、福建广东汀江-韩江、江西广东东江、云南贵州广西广东西江等开展跨地区生态保护补偿试点，以地方补偿为主、中央财政给予支持的生态保护补偿机制办法也在不断探索之中。整体上看，目前我国已经初步形成了以政府为主导的生态补偿政策体系。（参见表5-2所示）

表5-2　我国已发布的生态补偿政策

发布日期	文　号	政策名称
2004-10-21	财农〔2004〕169号	中央财政森林生态效益补偿基金管理办法
2006-02-10	财建〔2006〕215号	关于逐步建立矿山环境治理和生态恢复责任机制的指导意见
2007-08-24	环发〔2007〕130号	关于开展生态补偿试点工作的指导意见
2010-12-31	财农〔2010〕568号	关于做好建立草原生态保护补助奖励机制前期工作的通知
2011-06-30	财建〔2011〕464号	湖泊生态环境保护试点管理办法
2011-07-19	财预〔2011〕428号	国家重点生态功能区转移支付办法
2011-08-22	发改西部〔2011〕1856号	关于完善退牧还草政策的意见
2012-05-11	财综〔2012〕33号	船舶油污损害赔偿基金征收使用管理办法
2012-10-30	财企〔2012〕315号	大中型水库移民后期扶持结余资金使用管理暂行办法
2013-07-04	国土资发〔2013〕77号	关于进一步规范矿产资源补偿费征收管理的通知
2014-01-29	财综〔2014〕8号	水土保持补偿费征收使用管理办法
2014-05-20	农办财〔2014〕42号	关于深入推进草原生态保护补助奖励机制政策落实工作的通知
2016-06-20	财农〔2015〕258号	关于扩大新一轮退耕还林还草规模的通知
2016-08-23	国办发〔2016〕31号	国务院办公厅关于健全生态保护补偿机制的意见

截至目前，在森林、草原、湿地、水流等领域以及重点生态功能区等区域取得了阶段性进展。重点生态功能区转移支付制度基本形成，中央财政2008—2015年累计安排转移支付资金2513亿元。森林生态效益补偿制度不断完善，2001—2015年累计安排森林生态效益补偿资金986亿元；草原生态保护补助奖励政策全面实施，2011—2015年中央安排草原奖补资金773亿元；湿地生态保护补偿机制正在积极探索，2014—2015年中央财政累计安排湿地生态效益补偿试点资金10亿元；新安江等跨流域跨区域生态保护补偿试点稳步推进，2012—2015年中央和地方财政出资15亿元补偿新安江流域上游地区。退耕还林还草、天然林保护、退牧还草等重点生态保护工程顺利实施。

从试点实践的成果来看，新安江流域生态补偿机制试点以来，上下游坚持实行最严格的生态环境保护制度，倒逼发展质量不断提升，2012—2017年新安江上游流域总体水质为优，千岛湖湖体水质总体稳定保持为I类，营养状态指数由中营养变为贫营养，与新安江上游水质变化趋势保持一致。试点工作实施以来，上下游建立联席会议、联合监测等跨省污染防治区域联动机制，统筹推进全流域联防联控；建立了新安江绿色发展基金，促进产业转型和生态经济发展，实现了环境效益、经济效益、社会效益多赢。

另外，从津冀开展滦河流域生态补偿试点情况来看，2016年、2017年和2018年以来，月监测结果显示水质平均达标率分别为65%、80%、90%，水质逐渐转好，到2018年4月，除黎河、沙河交汇口下游500米监测断面于2016年8月3日监测时的化学需氧量超标0.2倍外，其余均不超标，水质均达到或好于Ⅲ类水质的目标要求，水质改善效果突出。

由此可见，生态补偿制度对于提升生态环境质量具有重大意义和成效。

二、生态产品价值实现面临的主要问题

（一）补偿方式相对单一

目前已开展的生态补偿大多是政府主导型的生态补偿，生态补偿资金来源于财政转移支付，多以项目补偿、纵向补偿为主，缺少地方间横向补偿、政府购买生态服务等多种方式的补偿，对于个人的补偿也大多数是现金补偿。但生态保护区大多处于经济不发达地区，这些地区的居民迫于生活只能靠山吃山靠水吃水，由于对这些造成生态破坏的底层问题仍未得到妥善解决，因此只能依赖政府间的转移支付。补偿给个人的资金微乎其微，无法从根本上解决当地居民因保护环境而带来的生产生活压力。同时，补贴等资金补偿需要政府配套资金，加重了地方财政压力，制约了当地的经济发展。

（二）生态补偿标准"一刀切"

目前的生态补偿实践中大多缺失量化标准，由于对生态供给地区用于生态

建设和环境保护的额外投资成本、生态价值以及发展机会成本的损失难以确定，大部分还是依据协商办法解决，很难确定令补偿和受偿双方都能接受的定量的测度方法和补偿标准。对于重点生态功能区的财政转移支付政策在资金测算时，主要按照面积补偿，而对区域的生态功能重要性、生态保护成效、居民投入及机会成本损失等方面的分配权重考虑较少，未能体现权责利的对应，也会使保护成效大打折扣，造成保护效果不佳。另外，政府补偿主要通过中央财政转移支付来完成，省、市、县（区）、镇按比例分担，这种层层分担的方式使补偿资金承担方式发生调整，变相降低了生态补偿标准。

（三）资金使用效率低下

生态补偿资金多头管理，使用分散，效益低下。一是政府多个部门掌握着一定额度的补偿资金分配权力，各部门按照其管理范围，分别确定支持项目，甚至同一部门不同分支也存在生态补偿专项资金在资金投向、补贴对象等方面相互重叠的现象，资金并未用于相应的生态保护和补偿，导致有限的资金不能集中用于补偿或生态功能的保护与建设，而是被分散使用，政策效应因而大打折扣。各部门之间存在的沟通机制不足、审批标准不统一等问题，加大了政府补偿的运作成本。二是生态补偿资金使用的指向性不够具体，资金投向与地区实际需求脱节，限制了生态补偿资金作用的充分发挥，同时给监管审计工作也带来难度。三是补偿资金落实不及时，对生态产品的提供者和保护者的资金支付和激励产生不良影响，难以保证生态产品供给和质量，阻碍了生态产品的价值实现。

（四）生态补偿的效率与公平失衡

我国在生态补偿政策实施过程中比较突出的一个问题就是效率困境。很多生态补偿政策往往设计的初衷良好，但实际政策效果不佳。一方面，国家只是提出了补偿的政策框架，实际补偿的责任（政策的落实）都由各省份承担，由于各地经济实力和生态补偿体量不均衡等因素，实际上各省份之间实施补偿的能力相差悬殊，导致生态补偿政策的落实力度存在差距。再加上地区间经济差异以及生态产品自身的独特性，生态补偿办法总是难以达到理想的公平补偿效果。另一方面，生态补偿的财政纵向转移支付注重区域之间发展不平衡的利益协调，但实施中往往造成顾及公平而偏废效率的困境，反而造成区域之间的利益失衡。

（五）生态保护成效与资金分配挂钩的奖惩机制有待完善

生态补偿的本质是对生态环境的破坏者收费，对生态服务的提供者（或生态环境的保护者）给予补贴，激励这些提供者（或保护者）主动提供优良的生态产品。然而，从各地生态补偿的实践情况来看，在补偿资金分配上，没有考虑到不同禀赋下生态环境保护和恢复的成本差异；也未和生态功能区的面积、生态保护的任务量挂钩。现阶段的生态补偿金采用的是平均主义的发放方式，对于不同生态功能区、不同贡献程度的当地居民等的区分度不够明显，造成了"搭便车"的无作为现象。另外，在绩效考核方面也存在管理不善问题，尤其是生态补偿资金的使用分配与生态补偿效果相挂钩的奖惩机制仍未形成，对补偿方与被补偿方的法律约束力不强，影响了生态补偿政策的效果。一方面，绩效评估考核指标未将补偿资金的分配与补偿效果挂钩。国家重点生态功能区转移支付资金的监督主要为环保指标，激励约束方面也主要为环保指标，而转移支付资金的发放额度却是由标准财政收支缺口决定，标准财政收支缺口很大部分又与民生指标有关，这就造成了政策执行与设计之间的矛盾，导致未能有效地引导地方政府积极开展生态环境的保护和恢复。另一方面，政府、企业和居民都共同承担了生态保护的责任，但没有建立很好地体现对各个主体进行生态保护的激励和惩罚机制，奖励和惩罚的力度不足，难以真正起到引导和警示作用。

三、优化生态补偿的主要模式与路径

（一）专项补偿

第十一届全国人大四次会议审议通过的"十二五"规划纲要就建立生态补偿机制问题作了专门阐述，要求研究设立国家生态补偿专项资金。专项生态补偿既可以是针对单个生态要素的补偿，也可以是针对某一区域的补偿，或是针对某一流域的生态补偿。涉及生态补偿领域的财政转移支付分为两种：一是有生态补偿作用的财力性转移支付，二是用于生态补偿的专项转移支付。其中，专项转移支付是上级政府为了因保护和恢复生态系统服务的地区丧失的机会成本给予一定的经济补偿而设立的，并且是以财政转移支付和地方配套资金的形式所组成的专款专用资金，该项资金明确规定了资金的用途，政府不得随意改变资金的使用方向。资金主要来源于政府财政投入，此外还可以通过财政预算安排、土地出让收入划拨、上级专项补助、接受社会捐助等多种渠道筹集资金。

国内生态补偿问题可分为三类。

1. 重要生态功能区生态补偿类问题

重要生态功能区是指在保持流域、区域生态平衡，防止和减轻自然灾害，确保国家和地区生态安全方面具有重要作用的江河源头区、重要水源涵养区、自然保护区、生态脆弱和敏感区、水土保持的重点预防保护区和重点监督区、江河洪水调蓄区、防风固沙区、重要渔业水域以及其他具有重要生态功能的区域。我国有1458个重要生态功能区，约占国土面积的22%、人口的11%。如青海、云南、广西等的江河源头区；内蒙古的草原生态脆弱区、陕西的黄土高原水土保持区、甘肃的秦岭自然保护区等。这些地区的共同特点是生态战略地位的重要性显著，但是经济普遍落后，保护生态和发展地方经济之间的矛盾突出。

以重点生态功能区的生态补偿为例，我国于2008年启动了国家重点生态功能区的生态补偿制度建设，中央政府在中央对地方的均衡性转移支付下增加设置了重点生态功能区转移支付，在不减少原有转移支付的基础上，进一步提高重点生态功能区的均衡性转移支付系数。随着我国《主体功能区规划》的出台，全国范围内的重点生态功能区转移支付制度正式建立，财政部于2011年正式出台了《国家重点生态功能区转移支付办法》，对重点生态功能区转移支付的基本原则、资金分配、监督考评及激励约束进行了明确规定。

截至目前，国家重点生态功能区转移支付的试点范围从2008年的224个县（市、区）、涉及转移支付资金总量为60.52亿元，增至2018年的676个县（市、区），转移支付资金总量为721亿元。从实施效果来看，现行的生态补偿制度为改善重点生态功能区的生态环境发挥了一定的积极作用，为国家重点生态功能区的功能发挥作出了贡献。（如图5-1所示）

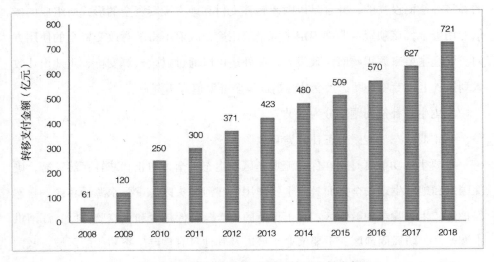

图5-1 国家重点生态功能区转移支付金额

资料来源：财政部网站公开数据。

从各地政策落实的情况来看，根据《2012年中央对地方国家重点生态功能区转移支付办法》规定，省级财政部门可以制定省级对下辖政府的资金分配办法，这也为省级政府提供了较大的操作空间，许多省份在此基础上对转移支付资金的分配管理方式进行了创新，没有将转移支付资金的分配范围局限于国家重点生态功能区，而是结合当地实际情况进行了调整。例如《广西壮族自治区重点生态功能区转移支付办法》中将国家及省级主体功能区规划中的重点生态功能区、禁止开发区，以及其他根据石漠化、森林覆盖、重要河流流域等客观因素确定的引导类区域都划定为享受重点生态功能区转移支付的区域。除了对于中央财政资金分配方式的创新，部分地方政府也对中央财政所主导的纵向区域生态补偿机制进行了补充完善。例如，海南省制定了《海南省非国家重点生态功能区转移支付市县生态转移支付办法》，即由省级财政对未被纳入国家重点生态功能区转移补助范围的 7 个县（市）进行转移支付，以引导和激励当地生态环境保护，提高基本公共服务保障能力。

2. 流域生态补偿类问题

流域生态补偿是我国生态补偿实践中最为广泛、深入的领域。流域生态补偿按照尺度大小，可以细分为四类：一是国家尺度上流域的生态补偿问题，主要包括长江、黄河等具有全局性影响的、跨三省以上的流域。这类补偿问题的流域涉及省份较多，受益和保护地区界定困难，补偿问题非常复杂。二是跨省际的中尺度流域的生态补偿问题。跨省际的中小流域不涉及生态全局，通常关系到流域上下游的两个省份，如江西–广东的东江流域、安徽–浙江的新安江–钱塘江水系、云南–广西–广东的珠江水系、跨陕西和湖北的汉江流域、跨青海及甘肃和内蒙古的黑河流域等。主要包括流域上下游的生态补偿和上下游的污染赔偿问题。三是省级以下行政辖区内的小流域生态补偿问题。其特点是流域小，利益主体关系比较清晰，辖区政府较容易协调其利益关系。四是城市饮用水源保护地的生态补偿问题。流域生态补偿实践经过多年的探索，取得了不少成功经验。

（1）新安江流域跨省断面水质生态补偿。我国目前大部分流域的生态补偿都是以上下游地方政府作为区域的补偿主体，流域生态补偿也因此成为各地区探索横向区域生态补偿的重点领域。其中，新安江流域的生态补偿机制作为我国首个跨省跨流域生态补偿试点近年来广为人知。在首轮试点周期（2012—2014年）中，整个补偿机制每年的补偿资金额度为5亿元，其中中央财政出资3亿元，安徽、浙江两省分别出资1亿元；根据流域跨省界断面的水质监测为依据，水质达到考核标准则浙江拨付给安徽1亿元，水质达不到考核标准则安徽拨付给浙江1亿元，中央资金3亿元不论水质是否达标均拨付给安徽省。目前首轮试点已经圆满结束，经两省联合检测，新安江流域总体水质优于地表水河流II类标准，连续3年符合水质考核要求，浙江省也按规定对安徽省进行了补偿。首轮试点期间，中央和地方财政出资15亿元补偿上游地区,对改善新安江流域的水环境质量产生了良好效果,目前新安江流域的生态补偿机制已经进入第二轮试点阶段。

随着该项目的实践成功,"新安江模式"也逐渐被广泛借鉴,这种跨区域的"双向补偿"机制已经在全国各地的流域生态补偿领域中得到了广泛应用。例如广西、广东两省份建立的九洲江流域跨界水环境保护合作机制,规定两省份各出资3亿元,共同设立九洲江流域水环境补偿资金,以补偿流域上游的广西玉林市陆川县、博白县;相对于新安江流域生态补偿中的"维持水质稳定"的目标,九洲江流域生态补偿进一步提出了水质逐步改善的要求。此外,南水北调中线工程水源区对口支援、京津冀水源涵养区、福建广东汀江-韩江、江西广东东江等跨省的流域生态补偿试点也在实施或推进中。跨界流域生态大多需要上级政府作为中介者进行协调,相比之下,省内各地市之间的跨地区流域生态补偿相对更加容易操作。目前,江苏省、福建省已经建立了覆盖全省重点流域的跨地市生态补偿机制。更多的省份也已经开始尝试在重点流域展开跨区域流域生态补偿实践,例如湖南省在湘江流域、黑龙江省在穆棱河和呼吉河流域等均开展了跨行政区的水环境生态补偿实践。

(2)赤水河流域市场补偿。贵州赤水河流域正在推行的跨省生态补偿创新机制,以及市场化补偿方式的积极探索,为流域生态补偿提供了参考案例。赤水河作为三峡库区上游重要的生态屏障,位于云、贵、川三省接壤地区,是长江上游珍稀特有鱼类国家级自然保护区的重要组成部分,也是国酒茅台和其他贵州白酒的重要生产基地。为了彻底改善赤水河流域环境,协调上下游地区经济的发展,确保下游产业能够获得清洁的水资源,尽管贵州省政府和赤水河沿岸地方政府做出了巨大努力,仍不足以解决赤水河积累的流域退化问题。在单纯依靠政府财政补偿模式收效甚微的情况下,赤水河流域采取了市场化生态补偿模式。全球环境基金(GEF)开展了"赤水河流域生态补偿与全球重要生物多样性保护示范"项目,该项目推动私营部门和社会力量出资参与环境和生态保护,将流域服务付费制度化,使其成为流域生物多样性保护机制,同时改善当地农民的生计。

　　根据"受益者补偿"的原则，赤水河流域生态补偿的主体包括政府、酒企、社会组织。首先，政府作为补偿主体，赤水河流域范围内的云南、贵州、四川三省已建立了跨省的流域生态补偿机制。2018年2月，云南、贵州、四川三省签署了《赤水河流域横向生态补偿协议》，每省按1∶5∶4的出资比例，拿出两亿元，按3∶4∶3的比例分配给三省，用于该流域的生态环境治理。根据协议，三省将依据各段补偿权重及考核断面水质的达标情况，分段清算生态补偿资金。例如，若赤水河清水铺的断面水质部分达标或完全未达标，云南省扣减相应资金拨付给贵州省和四川省，两省分配比例均为50%；若鲢鱼溪的断面部分达标或完全未达标，贵州省扣减相应资金拨付给四川省；茅台镇上游新增的断面水质考核部分达标或完全未达标，贵州省和四川省各承担50%的资金扣减任务。此外，政府利用政策优势，发展地方经济，通过制定优惠政策来扶持赤水河覆盖区域的环保企业和其他产业，引进资金，壮大当地经济，提高自身补偿能力。

　　其次，企业作为流域生态服务的主要使用者，在构建流域生态补偿机制中扮演着重要角色。赤水河沿岸分布了茅台、郎酒、习酒、泸州老窖等上千家酒厂，占据中国名酒榜单超过60%的份额。这些酒企均取水于赤水河，酒企从事的生产经营活动十分依赖当地水环境。从2014年起，仅茅台集团就连续10年累计出资5亿元作为赤水河流域的水污染防治生态补偿资金，用于赤水河保护。在赤水河流域的市场化生态补偿的尝试中，企业通过自筹资金和接受社会捐赠的方式筹集资金，建立生态补偿公益专项基金，以直接或间接的方式向赤水河流域的当地社区居民提供资金支持，以便于弥补生态保护所带来的损失，转变土地利用类型，从而恢复流域生态建设能力，恢复和改善生态系统的功能。企业通过建立赤水河流域的生态补偿专项基金账户，可为企业抵扣相应的税款，增强企业参与的积极性。

　　最后，赤水河流域还探索了信托基金的方式，鼓励农户将土地经营权以财产权信托方式入股（时限1~3年），利用生态补偿专项基金向农户支付补偿金，作为农户固定收入。信托公司将加入公司的土地进行集约化经营管理，转变土地利用方式，使用绿色无公害的种植方式，降低农药、化肥施用量，使农村土地管理实现可持续发展，以保障赤水河流域的生态健康。而下游受益企业则通过第三方向水基金信托投入资金或者通过出售生态产品等方式来筹集资金，筹集后的资金在扣除支付农户抵押保证金和日常运行维护费用之后，40%作为分红资金，并按酒企入股份额进行分红，以提高酒企的参与积极性。（如图5-2所示）

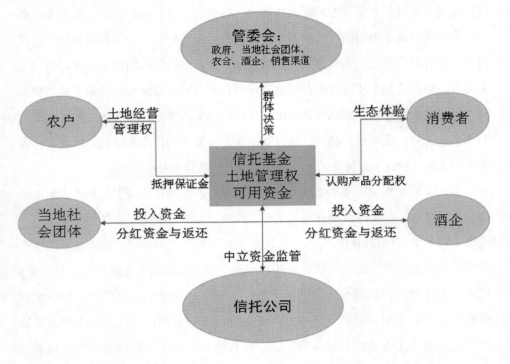

图5-2　赤水河生态补偿水基金信托架构

3. 生态要素补偿类问题

前面两类基本上是根据不同的生态经济系统和地理区位、区域来确定问题类型。生态要素补偿是指按照生态系统的组成要素作为划分的标准来进行分类，如矿产资源开发、水资源开发和土地资源开发等。（如表5-3、图5-3所示）

表5-3　我国生态补偿机制总体框架

类型	补偿内容	补偿方式及手段
重要生态功能区生态补偿类	水源涵养区 生物多样性保护区 防风固沙、土壤保持区 调蓄防洪区	中央、地方财政转移支付；专项资金；受益者保护、破坏者补偿
流域生态补偿类	大流域上下游间的补偿 跨省界的中型流域的补偿 地方行政辖区内的小流域补偿	中央、地方财政转移支付；地区间财政转移支付；专项基金；受益者保护、破坏者补偿；排污权交易；水权交易
生态要素补偿类	大气环境生态补偿 森林生态补偿 草地生态补偿 湿地生态补偿 海洋生态补偿 矿产资源开发区生态补偿 农业区生态补偿（土地复垦） 旅游风景区生态补偿	破坏者补偿、排污权交易；地方财政转移支付；中央、地方财政转移支付；专项基金；NGO捐赠；私人企业参与

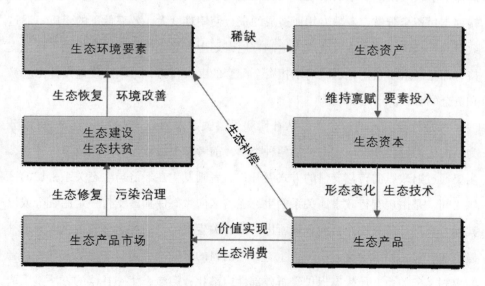

图5-3　生态产品价值实现的专项生态补偿路径

（二）综合性生态补偿

1. 综合性生态补偿的内涵

综合性生态补偿与单一性质的专项补偿不同，综合性生态补偿具有四层涵义。

一是资金和政策的综合。综合性生态补偿是在整合与生态保护相关资金基础上，通过综合考核指标，对受偿政府综合开展生态保护提供资金。以福建为例，福建省2018年开展综合性生态保护补偿的试点，对不同类型、不同领域的生态保护补偿资金进行统筹整合，以省级为主体，按一定比例整合，包括发展改革委预算内基建与生态保护相关专项、国土资源厅"青山挂白"治理和地质灾害"百千万工程"专项、环境保护厅重点流域生态补偿和小流域"以奖促治"专项等9个部门20个专项资金，配套部分省级生态财力转移支付资金构成。综合性生态补偿方法是与其他生态政策相配合，通过政策和资金的整合，能够统筹相近的资金投向和补贴对象的资金，解决了目前生态补偿规模偏低，难以满足地方生态保护事权支出的要求的难题，同时也避免了不同部门规定生态补偿用途的专项转移支付资金分散、专款专用而造成的资金使用难度大、效率低下的矛盾。通过政策与资金整合，为地方政府因地制宜地谋划生态建设蓝图和扶贫提供了财力支持，而且缓解了贫困地区政府承担资金配套的巨大压力，最大限度地发挥出政策和资金的合力。

二是补偿方式的综合性。从补偿和受偿关系来划分，生态补偿大致可以分为纵向生态补偿和横向生态补偿两种类型，前者是上级政府对下级政府的补偿，主要通过财政纵向转移支付的方式展开；后者则发生在经济与生态关系密切的区域之间，是由现有行政隶属关系的生态受益区向生态保护区支付一定的资金或以其他方式进行的补偿。目前我国所出台的有关生态补偿的规定多属于纵向生态补偿范畴。包括如下含义：第一，生态补偿的目的是明确界定生态保护者与受益者的权利义务关系，使生态保护经济外部性内部化；第二，生态补偿的方法是采取财政转移支付或市场交易等方式；第三，确立生态补偿应当综合考虑生态保护成本、发展机会成本和生态服务价值。新安江流域的生态环境补偿案例就是纵向补偿和横向补偿相结合的最佳案例，建立在纵向补偿为主、横向补偿为辅的补偿机制基础之上的综合性补偿，能够弥补纵向生态补偿上级政府财政压力过大的缺陷，能够共同促进流域治理，丰富和完善了生态补偿制度。

三是补偿途径的综合性。从国内外生态补偿的实践来看，目前的补偿方式主要有政府补偿和市场补偿方式。补偿途径的选择，要考虑补偿方的意愿、承受能力和受偿方的实际需求，还要考虑哪种补偿方式更有效、更能有利于生态产品价值实现。综合性生态补偿，要求政府要发挥在生态补偿中的引导作用，合理制定相应的公共政策，通过调整公共政策来实现生态保护中的经济外部性内部化，实现生态保护区和生态受益区良性互动发展；此外，还要充分利用市场力量，筹集生态补偿资金：其一，通过生态成本内置为企业内部成本，实现资源环境有偿使用，通过约束机制来促进企业形成生态保护、生态建设和生态补偿的资金源；其二，通过政府政策引导，如减免税、贴息、优惠的政策性贷款等，利用激励机制，引导社会资金成为生态补偿资金的来源，以弥补政府补偿方式的缺失。

四是发展与保护的综合性。在政府主导的生态补偿项目中，扶贫往往也是生态补偿的重要目标，尤其在宏观政策领域，生态补偿是保护环境与缓解贫困的双赢机制。从地理分布上看，水源、森林、草原、矿产等生态资源分布集中地区往往也是贫困人口多、贫困面大的地区，多年来的实践证明，生态补偿已经成为贫困地区缓解贫困的有效手段。扶贫开发、发展生态农业等产业也在缓解落后地区经济社会发展对生态环境压力方面发挥了重要作用。因此，综合性生态补偿就是将"输血"与"造血"进行有效结合。如此，不仅能够促进贫困地区人口增加生态产品的供给，生态产品的价值通过各种途径得以实现也能够帮助贫困地区人口脱困。

因此，从增加生态产品供给，实现生态产品价值的角度来看，从国家层面上，应统筹整合各部门生态补偿相关的各项政策和资金，建立综合性生态补偿资金，建立横向生态补偿和纵向生态补偿相结合、政府补偿和市场补偿互为补充、扶贫开发和生态补偿相互促进的综合补偿途径，推动单项生态补偿向综合性生态补偿调整，最大限度地调动地方政府的积极性，提高生态补偿资金的使用效率。

2. 综合性生态补偿的模式及案例

（1）整合资金激励模式——福建案例。《福建省综合性生态保护补偿试行方案》（简称《方案》）是全国首个开展综合性生态补偿的试点，《方案》以县为单位开展综合性生态保护补偿，以生态指标考核为导向，将省级9个部门管理的与生态保护相关的20项专项资金按一定比例统筹整合，设立综合性生态保护补偿资金池，并将统筹整合后的资金安排与生态环境质量改善指标考核结果挂钩，采用先预拨后清算的办法，通过正向激励，推动生态环境保护体制机制创新。

资金整合方面，采取了按比例分步统筹、逐年加大的思路，即从2019年起，省级财政从生态保护财力转移支付资金中每年安排6000万元；同时，2019—2021年，以2017年纳入整合范围的省级相关专项资金额度为基数，每年分别统筹5%、8%、10%，统筹资金由财政部门根据绩效考核结果下达，其余专项资金仍按原渠道下达。主要采取因素法并继续向实施县倾斜进行分配，赋予实施县统筹安排项目和资金的自主权。

绩效考核方面，该《方案》选择《福建省主体功能区规划》划定的重点生态功能区所属的县（市）以及纳入国家重点生态功能区转移支付补助范围的县（市），共有23个县（市），通过设立森林、空气、水质、污水垃圾处理、能耗等11个考核指标体系，根据上一年度指标考核结果，完成生态保护考核指标的可全额获得补助总额；如未完成，则按一定比例相应扣减专项资金。如得到提升，还可以根据提升程度获得不同档次的提升奖励，奖励金额将根据资金规模的加大而增加。

（2）多方筹措资金模式——江西案例。江西在全国率先出台的流域生态补偿办法，即《江西省流域生态补偿办法》（简称《办法》），提出了以政府为主导，实行各级政府共同出资，社会、市场募集资金等方式来综合统筹资金的方式，成为全国样板。具体来看，该《办法》采取中央财政争取一块、省财政安排一块、整合各方面资金一块、设区市与县（市、区）财政筹集一块、社会与市场募集一块的"五个一块"方式筹措流域生态补偿资金，整合了国家重点生态功能区转移支付资金和省级专项资金，设立全省流域生态补偿专项资金。

在资金分配方面，在保持国家重点生态功能区各县转移支付资金分配基数不变的前提下，采用因素法结合补偿系数对流域生态补偿资金进行两次分配，通过对比国家重点生态功能区转移支付结果，采取"就高不就低，模型统一，两次分配"的方式，计算各县（市、区）的生态补偿资金。其中，综合补偿系数的设定是江西样板的创新所在，根据"五河一湖"及东江源头保护区划定范围、主体功能区区划及贫困县名单的生态重要性等级来设定不同的综合补偿系数，生态重要性的等级越低，补偿系数就越低。以"五河一湖"及东江源头保护区补偿系数为例，属于"五河"及东江源头保护区的县（市、区）补偿系数为3，属于鄱阳湖滨湖保护区的县（市、区）补偿系数为2，其他县（市、区）补偿系数为1，以此类推。综合补偿系数（d）则为"五河一湖"及东江源头保护区补偿系数（a）、主体功能区补偿系数（b）、贫困县补偿系数（c）的乘积。在资金使用方面，分配到各县（市、区）的流域生态补偿资金由各县（市、区）政府统筹安排，主要用于生态保护、水环境治理、森林质量提升、森林资源保护、水资源节约保护、生态扶贫和改善民生等。每年7月底前向上级政府报送本地区上年度流域生态补偿资金使用情况及效果报告，并定期接受监督检查或审计检查。

（3）部门整合管理模式——青海案例。青海省的综合性生态补偿模式主要体现在"大部门制"的部门整合。在部门整合前，三江源存在着以国家级自然保护区、国际重要湿地等为主体的9种保护地类型，湿地、林地、农牧、风景区等都有相关管理部门，"九龙治水"，重叠严重。2016年青海省利用三江源国家公园试点建设的有利契机，将原来分散在林业、财政、国土资源、环境保护、住房建设、水利、农牧、扶贫等8个部门的生态保护管理职责，全部划归到新组建的三江源国家公园管理局和长江源、黄河源、澜沧江源这3个园区管委会，建立了覆盖省、州、县、乡的四级高效精干的"大部制"生态保护机构，打破了各类保护地和功能分区之间人为分割、各自为政、条块管理、互不融通的体制弊端,将公园范围内的各类保护地进行责权清晰、统一高效的管理,实现了体制机制的重大突破,探索出一条保护管理的新思路。

部门的整合能够带动政策、资金和监督考核的整合。在改革试点初期阶段,实行"一件事情由一个部门主管"的原则,以部门内部整合为主,由各部门根据原有分管专项资金来源额度,将分管资金进行归并,且结合行业发展情况,区分轻重缓急,分类分批安排落实资金项目。在此基础上,逐步实现行业部门之间同类项目的大范围资金整合。目前,青海省已对各类基建项目和财政资金进行整合,形成项目支撑和资金保障合力。体制试点工作启动以来,先后累计投入20多亿元资金,重点实施了生态保护建设工程、保护监测设施、科普教育服务设施、大数据中心建设等23个基础设施建设项目;扎实推进三江源二期工程、湿地保护、生物多样性保护等项目。同时,推进三江源国家公园绿色金融创新,构建多元的资金投入体系。鉴于此,在现行的专项资金管理体制框架下,创新时间和空间整合方式,丰富整合模式和拓展整合方式,能够为充分发挥生态保护资金整合的综合效益提供思路。

(4)奖惩结合考核模式——浙江案例。浙江省2017年出台的《关于建立健全绿色发展财政奖补机制的若干意见》,提出了8项财政奖补政策,其思路是通过对污染物排放实行财政收费制度。资金的去向有两个渠道:一是对污染物减排和水质考核达标的奖励,二是动态提高生态公益林的补偿标准。此外,在实行"两山"建设财政专项激励政策方面,通过省级财政在统筹财力的基础上,探索了绿色发展财政奖补机制,为我国探索综合性生态补偿提供可借鉴的思路。绿色发展财政奖补机制,其重点是完善主要污染物排放的财政收费制度,实施单位生产总值能耗、出境水水质、森林质量财政奖惩制度,实行与"绿色指数"挂钩分配的生态环保财力转移支付制度。具体来看,浙江省设立的"两山"建设财政专项激励资金每年36亿元,实施时间为2017—2019年,分为两类,即"两山建设一类"和"两山建设二类",两类专项各获得一半资金。其中,"两山建设一类"

以3年促进区域发展补短板为导向，以提升农村常住居民和低收入农户人均可支配收入水平、公共服务有效供给水平为核心目标，采取竞争性分配方式，择优选择位于生态保护重点地区的12个县（市、区）并每年给予1.5亿元激励资金。"两山建设二类"以生态文明及成果转化目标为导向，以提升生态环境、居民收入为核心目标，推动生态环境质量持续改善，绿色发展体制机制不断健全等，促进资源节约、环境保护和经济社会协调发展，且此类专项资金采取竞争性分配方式，择优选取18个县（市、区）并每年给予1亿元激励资金。两类专项在3年后展开考核，结果达不到预期目标的，相应扣回专项激励资金。

由此可知，浙江省的绿色发展财政奖补机制体现了资金和政策的综合性、发展与保护的综合性；此外，浙江省还提出自2018年起在省内流域上下游县（市、区）探索实施自主协商横向生态保护补偿机制，也为丰富补偿方式提供了新思路，体现了横向与纵向补偿的综合性，以及政府与市场补偿的综合性。从绿色发展财政奖补机制实施的效果来看，生态环境质量的正向激励与反向倒扣双重约束使得浙江省的绿色发展有了显著提升。另外，地区环境治理成果与地方经济利益完全挂钩，有效地提升了地方政府主动加大环境保护的力度。

3. 综合性生态补偿模式对比

福建省的综合补偿模式是以统筹整合省内各部门、各专项的资金，资金安排与生态环境质量改善指标考核结果挂钩，综合性补偿还分为保持性补偿和提升性补偿两部分，有奖有罚的方式体现了正向激励作用；浙江省的综合补偿模式是以省财政转移支付为主，统筹整合各类环境治理项目财力，通过考核"绿色发展指数"与生态环保财政转移支付资金相挂钩，以实现"补、奖、罚"；江西省的综合补偿模式主要体现在资金筹措手段多元化上，"五个一块"方式筹措流域生态补偿资金，既整合了国家重点生态功能区转移支付资金和省级专项资金，又通过市场手段筹措资金，共同设立全省流域生态补偿专项资金；青海省的综合补偿模式则是以部门整合为统领，带动各类基建项目和财政资金进行整合，形成项目支撑和资金保障合力，从体制机制上根本性地实现责权清晰、统一高效的管理。四类补偿模式各有侧重点，丰富了整合模式和拓展了整合方式，能够为充分发挥生态保护资金整合的综合效益提供思路。

国际上很多生态补偿模式都体现了综合补偿的思想，但是与中国探索通过整合资金和政策形成合力的综合补偿不同的是，国外的综合性生态补偿是补偿方式的综合，或是政府与市场互为补充的综合、横向与纵向结合的补偿，或是二者的结合。例如，水基金就是一种综合性生态补偿的典型案例。它是基于生态服务补偿制度建立的一种信托运行模式：用水者为水源地的生态保护投资以及饮水安全付费，从而获得可持续的清洁水源。保尔森基金会提出上塔纳-内罗毕水基金，就是城市政府、银行和环保组织间联合建立的金融模式和治理模式，该模式建立起下游水资源用户与上游居民生产活动之间的联系，由下游为上游提供资金，对流域进行综合管理。另外，根据各地不同的情况，水基金也有着不同的资金来源和补偿模式，如在浙江龙坞水库开展水源保护项目，就是通过发展环境友好型经营活动，创造可持续的资金机制，以支付农户土地经营权补偿金和水基金日常运行费用。希望实现用生态方法减少面源污染、确保饮水安全、提升小水源地生态系统服务功能的目标。此类生态补偿模式既结合了政府与市场补偿的方式，又借鉴了横向补偿和纵向补偿的方式，通过建立起生态产品受益者与提供者之间的关系，能够达到理想的补偿效果。（如图5-4所示）

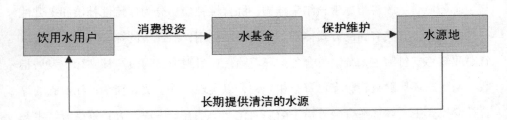

图5-4 水基金补偿模式示意图

国内外对于补偿方式的采用有所不同，但实质都是为了达到生态受益者付费、生态保护者获偿的最终目标。随着我国产权制度与市场机制的不断完善，生态补偿资金的来源将会不断丰富，补偿方式也将不断完善，综合性生态补偿作为未来生态补偿的重要导向，将在政府和市场补偿、横向和纵向补偿、资金和政策整合，以及发展与保护结合等方面发挥重要作用。

四、生态产品价值实现的生态补偿思路与任务

党的十九大报告中指出，既要创造更多物质财富和精神财富以满足人民日益增长的美好生活需要，也要提供更多优质生态产品以满足人民日益增长的优美生态环境需要，这对生态补偿提出了更高的要求。目前已形成的生态补偿理论和国际经验，都需要结合我国开展生态补偿的实践进行本土化整合、创新和突破。新时代生态文明建设的生态补偿制度，应坚持区际公平和责权利对等、政府调控和市场机制相结合、生态保护和民生改善相统一等原则，按照"以提高生态补偿资金使用效率为目的，改善生态补偿效果；以平衡保护与发展为手段，增强生态补偿和扶贫开发双向互动；以政府补偿为主导，推进单项补偿向综合性补偿转变；以提高生态产品供给为核心，建立地区生态补偿成果与资金分配挂钩的绩效评估机制"的基本思路，加快完善生态补偿制度框架，逐步形成专项生态补偿和综合性生态补偿互为补充、监管考核公平有效的生态补偿制度框架，为生态文明制度建设提供有力支撑。

（一）以提高生态补偿资金使用效率为目的，改善生态补偿效果

我国已在生态补偿领域投入了大量的财政资金，仅国家重点生态功能区转移支付一项，中央财政在2008—2018年累计下拨约3804余亿元。一方面，从实际效果看，这种以中央财政纵向转移支付开展的生态补偿确实使生态环境得到了改善。然而，另一方面，我国退耕还林项目每公顷的平均补贴额已经高于美国的土地休耕保护项目（CRP），其他领域的补偿也存在资金使用效率低下的问题。由于中央财政资金有限，仅依靠纵向生态补偿方式来解决普遍存在的区域之间的利益冲突已捉襟见肘。因此，亟待提高生态补偿资金的使用效率，从而优化生态补偿机制、改善生态补偿效果。由于资金使用效率与补偿对象的选择和补偿标准的

确定直接相关，因此，改善生态补偿效果应以提高生态补偿资金的使用效率为突破点，可借鉴"精准扶贫"理念，按照"精准补偿"的思路，科学合理选择补偿对象，增强补偿标准的科学性和补偿对象参与的积极性，提高补偿资金的使用效率。

具体来看，一是精准地选择补偿目标对象，摒弃区域"平均主义"的分配思路，按照区域生态系统功能的重要性、生态系统保护的压力及维护成本等因素，分次序地选择补偿对象，突出区域差异性和针对性，一改以往大多数项目以地方政府作为补偿支付对象的局面，将补偿资金聚焦并落实到具体的生态保护行为主体上。二是优化补偿标准，建立受偿者竞标或自愿参与的灵活实施机制，综合考虑补偿对象的成本收益，充分发挥补偿资金的使用效率，避免过度补偿和补偿不足。三是多样化补偿资金使用机制，因地制宜、因时制宜地建立更加灵活的补偿资金发放和分配制度，补偿方式不拘泥于现金和粮食等实物，同时应配合教育支持、旅游支持等措施，符合受补偿者的意愿，提升补偿实施效果。

（二）以平衡保护与发展为手段，增强生态补偿和扶贫开发的双向互动

据统计，我国95%贫困人口和大多数贫困地区分布在生态环境脆弱、敏感和重点保护的地区，发挥着生态保障、资源储备和风景建设的功能。多年来的实践证明，生态保护补偿机制作为生态脱贫的重要物质支撑，已经成为贫困地区缓解贫困的有效手段，扶贫开发也在缓解落后地区经济社会发展对生态环境压力方面发挥了重要作用。然而，生态补偿虽然能在一定程度上对各地的既有机会成本损失有所弥补，但各地经济社会发展阶段不同，所获得的发展机会和发展能力不同，将会导致更大的收入差距。国务院印发的《关于健全生态保护补偿机制的意见》指出"结合生态补偿推进精准扶贫，对于生存条件差、生态系统重要、需要保护修复的地区，结合生态环境保护与治理，探索生态脱贫新路子"。因此，增强生态补偿和扶贫开发双向互动，理应成为这类区域生态补偿必须坚持的基本思路。

具体来看，一是从根本上找准生态补偿的切入点，把生态保护补偿资金按照精准扶贫的要求向贫困地区倾斜，向建档立卡的贫困人口倾斜，充分发挥"造血型"生态保护补偿的优势，解决贫困地区生态工程建设资金不足、贫困人口因保护生态环境而收入不高的问题，作为稳定贫困地区生态屏障功能的基本保障。二是加大"造血型"生态保护补偿力度，通过创新资金使用方式，利用生态保护补偿来引导贫困人口有序转产转业，使当地有劳动能力的部分贫困人口转化为生态保护人员，真正激发起生态产品供给区各类主体参与的积极性。三是将生态优势就地科学地转化为发展优势，变"绿水青山"为"金山银山"，构建具有区域特色的生态产业体系，推动贫困地区走出一条生态环境保护与经济发展双赢之路，在取得扶贫脱贫效果的同时，不减少生态产品的存量。

（三）以政府为主导，推进单项补偿向综合性补偿转变

从国家目前开展生态补偿的政策实践来看，在现行管理体制下，单项补偿存在诸多问题：一方面，补偿规模偏低，难以满足地方生态保护事权支出的要求；另一方面，不同部门规定生态补偿用途的专项转移支付资金分散、专款专用，造成资金统筹使用的难度大，难以对地方政府的生态建设形成必要的财力支持。鉴于此，从提升生态产品供给能力的角度，为实现"绿水青山就是金山银山"的理论，生态补偿政策调整的思路是：应推动单项生态补偿向综合性生态补偿转变，从国家和省级层面上整合各部门针对生态补偿的各项政策和项目资金，建立生态补偿资金池，同时取消生态补偿专项的地方配套，并在资金使用上赋予地方政府一定的自主权，最大限度地提高生态补偿资金的使用效率和调动地方政府的积极性。

具体来看，一是充分发挥新成立的生态环境部的管理职能。整合分散的生态环境保护职责，统筹制定生态补偿政策。建立地方政府行使所有权职责并享有收益机制，提升地方政府保护生态的积极性。二是从源头整合资金。加大政府部门资金整合力度，在划分事权和支出责任的基础上，从预算编制和控制专项入手，重点整合中央财政及相关部门、省财政及相关部门的生态补偿资金和生态保护专项资金，形成合力。改进预算管理，将不同层面、不同渠道的资金整合后统筹分类使用。合并中央财政、省财政名目繁多的生态补偿类资金，统一资金拨付渠道，提高政府财政资金的使用效率。三是发挥财政生态补偿资金的引导作用，建立以项目、产业、园区、规划等形式的资金整合平台，从社会、市场与民众等途

径筹措资金，根据项目性质，采取财政补助、财政贴息、投资参股、以奖代补、贷款担保等灵活方式进行补偿。

（四）以提高生态产品供给为核心，建立地区生态补偿成果与资金分配挂钩的绩效评估机制

政府的财政转移支付作为生态补偿资金的主要来源，以提升生态产品供给为目的，资金的分配和使用直接影响着生态产品价值是否实现，以及生态产品价值实现程度如何，而这也是政府实施生态补偿的绩效评价的核心内容。目前生态补偿资金使用效率低下，资金分配并未和生态功能区的面积、生态保护的任务量挂钩，补偿资金使用的监督评估机制尚未形成，导致补偿和受偿方及相关利益方的约束力不足，影响了生态补偿政策的实施效果。因此，生态补偿专项资金支出作为公共财政支出的重要组成部分，能否合理有效利用，以及资金分配是否促进了生态产品供给能力的提升、形成激励，从而实现生态产品的价值，需要建立在一套行之有效的绩效评估机制之上。生态补偿的绩效考核应建立以生态补偿成果与资金分配完全挂钩的绩效评估机制，形成生态产品质量的正向激励与反向倒扣的双重约束，实现奖优罚劣，体现正向激励，充分发挥综合性生态保护补偿考核的指挥棒作用。

具体来看，一是建立统一的生态产品价值量化核算方法，加强生态产品供给增量的核算，科学合理制定补偿标准，为资金分配和使用提供依据。二是建立生态产品供给情况与资金分配挂钩的绩效评价考核体系，考虑到不同地区的资源禀赋以及不同类型生态补偿中补偿主体、补偿收益等的差异，建立起由"共同指标、差异指标、激励指标、惩戒指标和约束指标"五部分组成的考核指标体系，形成动态规范的考评管理方式。三是建立生态补偿绩效激励与约束机制。引导公众广泛参与生态补偿，建立共同参与的监测和评价考核机制，对生态资产实现保值、增值目标的地区，加大补偿力度；对于生态资产出现亏损的情况，扣减补偿资金等，并施以相应的处罚措施。

上述内容参见图5-5所示。

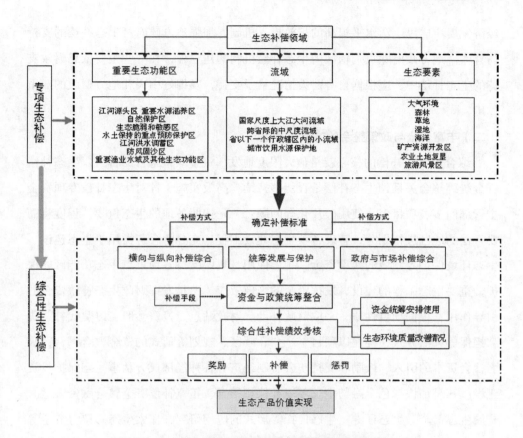

图4-5　生态产品价值实现的综合性生态补偿路径

五、政策建议

（一）继续加大均衡性财政转移支付力度

　　财政转移支付是生态补偿最直接也是最易实施的手段。建议按照各地区标准收入和标准支出的差额进行分配资金，并在财政转移支付中增加生态环境影响因子权重，增加对生态脆弱区和生态功能重要性地区的支持力度，按照公共服务均等化原则，增加对中西部地区的财政转移支付，对重要的生态区域（如自然保护区）或生态要素（如国家公益林）等实施政府购买措施，建立生态建设重点地区经济发展、居民生活水平提高的长效投入机制。加强地方政府对生态补偿的支持与合作。地方政府除负责辖区内生态补偿机制的建立外，在一些主要依靠财政支持的生态补偿中，应根据自身财力情况给予支持，发挥好中央和地方财政的双重作用。

（二）丰富资金与政策整合的方式与渠道

综合性生态补偿的核心就是最大限度地发挥资金政策整合的合力。生态补偿资金统筹整合关系到生态补偿是否能够持续、高效实施。针对生态补偿专项资金主管部门多、项目多、使用碎片化等问题：一是按照各地的生态重要性程度将需要补偿的地区进行划分，整理各项生态建设工程。充分整合各类用于生态建设、生态环境保护等领域的建设资金，统筹使用，集中支持各项重点生态功能区的保护、重要生态工程的建设，发挥资金的规模效应。二是发挥财政生态补偿资金的引导作用，根据项目性质，采取财政补助、财政贴息、投资参股、以奖代补、贷款担保等灵活方式，构建以项目、产业、园区、规划等形式的资金整合平台，吸引社会资本的引入，鼓励和支持非公有制经济等各种经济成分从事生态保护投资建设。三是加快绿色金融与生态环境补偿相结合，拓宽补偿资金整合融资渠道。开展生态信贷、生态证券、生态信托等形式的应用研究，探索生态彩票等资金筹集方式，吸引民间组织尤其是个人对生态建设的资金投入。

（三）积极拓展市场补偿模式

市场补偿是生态补偿制度深化创新的重要方向。各级政府将以"弱干预"的方式给予补偿，为市场补偿的发育提供保障。同时，充分利用市场资源来筹集生态补偿资金：一是通过生态成本内置为企业内部成本，实现资源环境有偿使用，通过约束机制来促进企业形成生态保护、生态建设和生态补偿的资金源。二是加快推动建立由公共财政主导、全社会共同参与的生态补偿多元化投入机制和多样化补偿模式，推行PPP模式，实行政府购买服务等方式，逐步形成政府引导、市场推进、社会参与的生态保护补偿投融资机制，以增强补偿的适应性、灵活性和针对性。三是开展定向援助或对口支援，搭建产业转移承接平台，鼓励园区合作，探索生态保护税收分享机制，对因加强生态保护造成的利益损失进行补偿，生态保护地区与生态受益地区共同分担生态保护任务。

（四）推动生态补偿的民生改善路径研究

我国当前的生态补偿中，中央政府作为唯一补偿主体，其补偿能力和效率有限，而且单纯的补贴只是输血而不是造血。生态补偿作为协调生态保护者和受益者相关利益关系的措施，其对生态环境保护区实施的政策倾斜或资金支持，将会直接影响当地居民的就业、医疗、收入和社会保障等情况，极大地促进当地的社会和经济发展。推动生态补偿的民生改善路径研究，将有助于受偿地区选择更利于区域发展和人民生活的生态补偿方式，努力创造"造血"补偿的条件，将补偿转化为地方生态保护或提升地方发展能力的项目，进而提高生态补偿的落实效果。要加快对生态产品供给地区的财政转移支付制度、激励额度、流域管理体制、环境税制度等建设，积极实施产业对接、产业转移、安置生态移民、提供就业、提供技术和资金扶持等，促进生态保护地居民的民生改善。

（五）建立生态补偿绩效的评估考核体系

由于不同地区的资源禀赋和发展能力不同，且不同类型生态补偿中的补偿主体、补偿收益也不尽相同，考虑到各项生态系统服务之间以及区域公平与效率之间的权衡，需要根据补偿的目标，建立差异化的评价指标体系，以确定不同责任主体的考核目标和差异化的生态补偿考核评价体系。一是要加强对补偿带来的生态产品供给增量的核算，为补偿标准的设定提供依据，也为补偿绩效考核等配套政策的设计奠定基础。二是进一步完善以改善生态环境质量为核心的资金分配机制。资金分配突出结果导向，加强资金绩效考核。三是建立生态保护成效与资金分配挂钩的绩效评价考核体系，增加绩效调整因子，体现"贡献大者得补偿多"原则，对生态环境质量明显改善的地区，加大补偿力度；对生态环境质量恶化的地区，扣减补偿资金等，切实发挥激励约束机制的效用。

（六）开展生态补偿的立法研究

生态补偿制度推行若干年来，尚未在国家层面出台相关法律法规，已有的涉及生态环境补偿的政策规定也分散在其他法律法规之中，既滞后于补偿现状，又缺乏系统性和参考性。因此，迫切需要在国家层面上制定生态补偿的详细法律法规，对生态补偿的责任主体以及其义务和权利，补偿范围及标准，补偿资金筹集、使用和管理，补偿途径等关键要素进行明确的界定，确立其指导地位，以调整和完善生态补偿过程中各类补偿主体的行为，也为落实生态补偿政策提供有力保障。

参考文献

1. 孙新章，谢高地，张其仔等. 中国生态补偿的实践及其政策取向[J]. 资源科学，2006(4). 25-30.

2. 杨从明. 浅论生态补偿制度建立及原理[J]. 林业与社会，2005(1). 7-12.

3. 李文华，李芬，李世东等. 森林生态效益补偿的研究现状与展望[J]. 自然资源学报，2006(5). 677-688.

4. 杨从明，黄明杰. 浅论生态补偿制度建立及原理[C]. 生态补偿机制国际研讨会，2006.

5. 王金南，蒋洪强，杨金田等. 关于实行环境资源有偿使用政策改革框架的思考[C]. 环球中国环境专家协会年会暨环境与自然资源经济学研讨会，2006.

6. 程臻宇，侯效敏. 生态补偿政策效率困境浅析[J]. 环境与可持续发展，2015(3). 50-52.

7. 杜振华，焦玉良. 建立横向转移支付制度实现生态补偿[J]. 宏观经济研究，2004(9). 51-54.

8. 何伟军，秦弢，安敏. 国家重点生态功能区转移支付政策的缺陷及改进措施——以武陵山片区（湖南）部分县市区为例[J]. 湖北社会科学，2015(4). 67-72.

9. 俞海，任勇. 中国生态补偿：概念、问题类型与政策路径选择[J]. 中国软科学，2008(6). 7-15.

10. 沈满洪，谢慧明，王晋等. 生态补偿制度建设的"浙江模式"[J]. 中共浙江省委党校学报，2015(4). 45-52.

11. 吴健，郭雅楠. 精准补偿:生态补偿目标选择理论与实践回顾[J]. 财政科学，2017(6). 78-85.

12. Uchida E, Xu J, Xu Z, et al. *Are the poor benefiting from China's land conservation program?*[J], *Environment and development economics*, 2007,12(4): 593-620.

（执笔人：党丽娟）

分论篇六

生态产品价值实现的市场机制创新研究

内容提要： 生态产品是新时代满足人民美好生活需要的重要组成部分，是经济高质量发展的重要体现。本文以"两山"理论为指引，研究如何建立健全生态产品价值实现的市场机制。文中分析了当前生态产品价值实现存在的制度缺位与短板弱项，初步构建了生态产品价值实现的制度创新框架体系，重点阐释建立生态产品市场交易体系，培育多元化供给主体，丰富生态产品体系，在传统的生态产品基础上，要重点发展三大类别的新兴生态产品，提出从纯市场机制、准市场机制、非市场机制等方面完善交易机制。结合生态产品价值实现的总体思路提出了买卖、转让、补偿等不同实现路径，提出生态产品交易机制相关配套体系的建设内容及对策举措。文中建议推进生态产品供给侧结构性改革，将生态产品价值实现机制融入高标准市场体系建设中，以机制创新推动生态产品高质量发展。

生态产品愈来愈成为人民群众美好生活需要不可缺少的组成部分之一，是经济高质量发展的重要体现。改革开放以来，我国逐步告别了物质产品和精神文化产品短缺的时代，然而生态产品短缺已成为制约经济高质量发展的重要瓶颈。党的十八大报告提出要"增强生态产品生产能力"；党的十九大报告进一步强调，提供更多优质生态产品以满足人民日益增长的优美生态环境需要。随着新发展理念逐步深入贯彻实施,生态文明建设不断推进,迫切需要建立健全贯通生态产品供给和消费的市场体系和市场机制。因此,如何充分发挥市场在生态产品配置中的决定性作用,加快建立生态产品价值实现机制,这是生态产品市场化供给的应有之义,是加快走上绿色发展新路子的客观要求。

一、当前生态产品价值实现尚存在制度缺位与短板弱项

在现代市场经济体制环境下,生态产品价值实现离不开市场机制作用。当前,生态产品的价值实现程度距离"绿水青山就是金山银山"的转化要求还有相当距离,究其原因,主要还是在生态产品价值实现方面仍有较多的制度缺项与短板。

(一)从供需制度来看:生态产品的供给与需求关系没有普遍建立

供给和需求是市场经济的基本关系,生态产品既然作为一种市场经济条件下的产品,自然也需要建立在供给需求关系的基础上。生态需求分为公共生态需求和私人生态需求两类。公共生态需求是指为补偿环境资源的耗费而产生的需求,即保护环境、防止生态恶化方面的生态需求。私人生态需求是一种满足个人享受生态产品的需求,即为了满足人们愉悦身心、游憩休闲方面的生态需求。生态产品在过去作为公共产品主要由政府提供,没有形成市场需求,也没有成为可以进行交换的产品。虽然政府出于各种动机,在一定程度上会完成一些生态产品的供给,但是生态产品的政府供给明显存在着低效问题。我国经济转入高质量发展阶段之后,生态产品高质量发展是应有之义。党的十九大报告提出,我们要建设的现代化是人与自然和谐共生的现代化,既要创造更多物质财富和精神财富以满足人民日益增长的美好生活需要,也要提供更多优质生态产品以满足人民日益增长的优美生态环境需要。随着人们对生态需求认识的提高,生态需求增长的速度会大大快于经济发展水平提高的速度。因此对于生态产品的供给,需要充分发挥市场机制的作用,尤其是对于"私人"生态产品的供给。根据产权理论,对于产权能够界定的,可将生态产品转变成私人产品,并通过市场来实现供给。如今,排污权交易、水权交

易、碳汇交易和林权制度等逐步建立和完善，为我们解决生态产品供给外部性和公共生态产品商品化提供了有效途径。随着经济高质量发展和市场机制作用不断健全，生态产品的公共属性会因技术水平、消费人数和范围等因素的变化而发生改变，生态产品的供给规模和主体以及生态产品的需求种类和数量等也处在一个动态发展的过程中，这将会弱化某些生态产品的公共属性，与私人产品之间的界限变得模糊，从而为生态产品产业化经营和生态产品市场化供给提供了可能。

（二）从产权制度来看：生态产品供给主体及产权制度缺位

产权是市场经济的基石，党的十八届三中全会通过的《中共中央关于全面深化改革若干重大问题的决定》指出，产权是所有制的核心。党的十九大报告提出，经济体制改革必须以完善产权制度和要素市场化配置为重点。生态产品生产的重要物质基础是自然资源，我国自然资源资产产权制度建设才刚刚起步。党的十八届三中全会明确提出健全自然资源资产产权制度和用途管制制度，要对水流、森林、山岭、草原、荒地、滩涂等自然生态空间进行统一确权登记，形成归属清晰、权责明确、监管有效的自然资源资产产权制度。长期以来，生态产品的价值没有得到体现，在体制上与我国自然资源资产产权制度没有建立健全，全民所有自然资源资产的所有者职责不到位、所有权边界模糊等有直接关系。产权制度直接关系到生态产品供给的主体责任是否清晰、主体权利是否明确、主体利益能否实现，从而关系到生态产品的价值实现。应该说，解决不好产权问题，就会导致产权主体不明、生态产品价值实现的其他问题就无从谈起。

当前，产权制度缺失主要表现在：一是生态产品价值认识不到位。现实中往往只注重经济价值，忽视生态产品所能够创造的生态价值，造成生态产品价值及溢价效应被低估。二是产权主体不明。国家所有和集体所有的具体表现形式没有落实，往往不同程度地存在产权边界不清晰的问题，并由此导致生态产品产权主体之间的利益冲突，相关监管责任缺失，影响到自然资源利用和收益分配的公平与效率。三是权利体系不健全。产权是权利束，缺一不可，但在现实中，处置权或受益权存在不完整等问题。产权不清晰带来的结果就是生态产品的市场主体没有得到很好地培育发展。当前，我国生态产品的供给主体缺位，既表现在生态产品的供给主体过于模糊，又表现在生态产品的类型划分不明。哪些生态产品应该由政府提供，哪些可以交给市场，目前并不明确。应该由政府提供的生态产品得不到有效落实，我国全民所有自然资源资产产权的主体代表缺乏明确法律规定，进而导致公共生态产品有效供给不足。

（三）从评价制度来看：生态产品价值的评价制度尚未建立

生态产品的价值实现是以生态产品价值评估为基础的。生态产品价值评估包括生态产品使用价值（生态系统价值）和生态产品交易价值这两个方面的核算。前者是反映生态产品对人类社会的生态服务价值，体现人与自然的关系；后者是反映生态产品生产过程中物化劳动和活劳动的投入，体现人与人的关系。在实践中，两者逐渐演变为两套核算体系，前者以生态产品数量为基础，演变出自然资源统计核算体系，最具代表性的就是联合国1993年公布的绿色国民经济统计核算体系；后者以生态产品价值化核算为基础，演变出一门新兴的学科——环境会计学。2002年，国家统计局在制定《中国国民经济核算体系2002》中设置了附属账户——自然资源实物量核算表，探索性地编制全国土地、森林、矿产、水资源实物量表。2013年，党的十八届三中全会提出探索编制自然资源资产负债表。之后，国家在江西、青海等地开展生态产品价值实现机制试点。近年来，浙江丽水等地形成了一批改革试点成果。但总的来看，我国绿色国民经济核算体系目前尚处于起步探索阶段，生态产品价值实现机制在实践中的应用并不广泛。核算生态产品的价值往往只注重其本身的经济价值，其附加的生态价值、文化价值并没有在生态产品的价值核算中得到体现。对于生态产品的价值评估，不能从简单的静态角度去评价，而应该与生态产品的生产能力结合起来进行评价，这也是生态产品价值核算的一大难点。

国内一些地方在这一领域展开了积极探索，浙江等地走在了全国前列。如《丽水绿色发展白皮书》显示，近十余年来，丽水市坚定不移保护绿水青山这个"金饭碗"，森林覆盖率一直稳定保持在80%以上，生态环境质量、发展进程指数、农民收入增幅多年位居全省第一，实现GDP和GEP双增长、双提升。2006—2017年，丽水市地区生产总值由362.29亿元增长至1298.20亿元，增长了2.6倍；居民人均可支配收入由16448元增长至29329元，增幅达78.31%，其中，农民人均可支配收入增幅连续9年位居全省首位，连续11年超过全省平均速度。根据丽水市发展和改革委员会与中国科学院生态环境研究中心发布的《丽水市生态系统生产总值（GEP）和生态资产核算研究报告》，丽水市生态系统生产总值（GEP）由2006年的2096.31亿元增长至2017年的4672.89亿元，增幅达122.91%。

（四）从市场体系来看：生态产品的市场交易体系建设尚在探索起步阶段

生态产品种类愈来愈多，有些可以作为绿色商品，像其他商品一样进行市场交换，而有些却不能成为商品，或者目前不具备成为商品的条件。根据经典经济学理论，产品要想成为商品，必须具有明确的产权且产品必须可以进行价值化衡量。根据《中华人民共和国资源环境手册》（2017年版），生态产品的主要种类如表6-1所示。

表6-1　生态产品的种类

大类	特点	具体分类	产权的分割性	价值核算的便利性
气候资源	变化最大、最频繁	光照资源	不可分割	难以核算
		风能资源	不可分割	难以核算
		热量资源	不可分割	难以核算
		空气资源	不可分割	难以核算
		水分资源	不可分割	难以核算
水资源	不可替代性、可再生性	海洋	分割较难	较难核算
		河流	可以分割	较难核算
		湖泊	可以分割	可以核算
		地下水	分割较难	较难核算
土地资源	不可移动性、竞用性	农用地	可以分割	可以核算
		建设用地	可以分割	可以核算
		林草地	可以分割	可以核算
		未利用土地	可以分割	较难核算

（续表）

大类	特点	具体分类	产权的分割性	价值核算的便利性
生物资源	种类繁多、差异巨大	植物资源	可以分割	较难核算
		动物资源	可以分割	可以核算
		微生物资源	不可分割	难以核算
能源资源	不可再生性、多数可以市场交易	煤炭	可以分割	可以核算
		石油	可以分割	可以核算
		天然气	可以分割	可以核算
		水能	难以分割	较难核算
		生物能	难以分割	较难核算
矿产资源	不可再生性、多数可以市场交易	已探明储量、可开采矿产资源	可以分割	可以核算
		未探明储量或不可开采矿产资源	可以分割	较难核算
排污权资源	主观性	碳排放权	可以分割	可以核算
		污染物排放权	可以分割	可以核算

根据以上分析可知，光照资源产品、风能资源产品、热量资源产品、水分资源产品、空气资源产品、微生物资源产品由于其产权上难以分割、价值上难以核算，因此无法纳入市场体系进行交易。海洋、河流、地下水、水能、生物能、未利用土地、未探明储量或不可开采矿产资源等，待未来在人类技术发展和市场核算方法进一步提高以后，有望纳入交易体系，目前来看尚不具备进行市场化交易的条件。湖泊、农用地、建设用地、林草地、煤炭、石油、天然气、已探明储量和可开采矿产资源、碳排放权、污染物排放权等理论上具备纳入市场化交易体系的可能，并且有一些已经在实践中进行交易。但是，总的来看，已经纳入市场化交易体系的生态产品只占各种生态产品的一小部分，多数生态产品由于种种原因尚未纳入市场化交易体系。因此，其价值往往没有得到应有的重视，很容易被低估而得不到相应的补偿。

（五）从交易机制来看：交易机制单一且与现代市场体系尚不适应

目前，很多生态产品尚无法纳入市场体系进行交易，市场化交易方式尚不丰富，同时由于规则不明确和政策不完善也导致高额的交易费用或者生态产品价值被严重低估。市场中有限的可交易生态产品的供给基本依靠政府机制，比如土地与矿产资源的出让机制与生态补偿机制。只有排污权与碳排放权的交易机制的市场化程度相对较高。排污权交易制度是最有共识也比较成功的生态产品案例。在排污权交易市场上，排污企业从其利益出发，自主决定其污染程度，从而买入或卖出排污权。排污权交易对企业的内在经济激励，通过这种市场交易机制就可以更有效地实现干净的空气、清洁的水源等生态产品的生产和供给。碳汇交易是通过市场机制来实现森林生态产品价值补偿的一种有效途径。碳汇交易可以通过市场来激励和资助发展中国家生产和供给森林这种具有涵养水源、保持水土、调节气候、固碳制氧、维持生物多样性等功能的生态产品。

我国开展碳汇交易尚不普遍，市场交易规模比较有限。实际上，作为一种产品，生态产品强调的是生态要素本身所具有的价值以及为了生产生态产品所必需的投入。从经济学角度来说，这种社会投入必然要考虑成本与收益。在社会主义市场经济体制大环境下，生态产品的供给需要充分发挥市场机制的作用。随着市场化的发展，越来越多新的市场化交易机制开始在生态产品领域得到应用，例如合同外包、特许经营、生态购买等。不过，这些市场化的交易机制在我国的应用还不广泛，以碳排放市场交易额为例，我国从2013年启动碳排放试点交易以来，深圳、上海、北京、广东、天津、湖北、重庆等地先后启动碳排放权交易，至2017年12月，国家发展改革委出台《全国碳排放权交易市场建设方案（发电行业）》，标志着全国统一的碳排放交易体系正式启动，碳排放市场交易金额已从2014年的近6亿元增长到2017年的11.8亿元。但市场起步较晚，累计成交金额也仅有37.3亿元，与中国每年超过90亿吨的碳排放市场相比、与3万亿美元的国际市场规模相比，仍有巨大差距。（如图6-1所示）

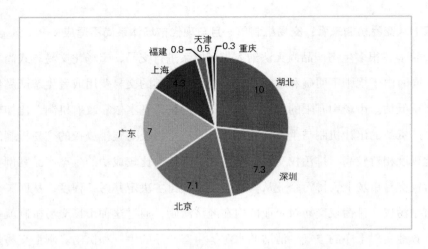

图6-1 2013—2017年中国碳市场累计成交额（亿元）

资料来源：前瞻产业研究院发布的《2017—2022年中国低碳经济发展前瞻与投资战略规划分析报告》。

（六）从法治保障来看：生态产品价值实现的配套法律法规还较薄弱

目前，有关自然生态资源开发、利用、保护和管理的法律法规尚不完善，生态产品价值实现的法治保障制度比较薄弱，集中表现在与权利体系和有偿使用规则相关的法律法规方面。

一是法治保障体系不健全。到目前为止，我国还没有与生态产品价值实现相关的基础性法律法规，即使部分法律法规已含有生态补偿的有关规定，但这些规定不够系统，零散分布，效果不强。生态产品价值实现的权责关系严重不对等，对于生态产品的占有、使用、收益等权利归属关系不清，法律滞后于发展需要。

二是缺乏配套的具体规定和实施细则。虽然我国草原、森林等自然资源法律法规中都规定了实施生态补偿制度，但是缺乏配套的法规和实施细则以及具体可操作的规定。近年来政府监管全面加强，但相对而言，市场机制的作用发挥得不够，激励机制还有待进一步建立。比如，在相关法规中缺少健全的资源价格形成机制，没有形成生态环境激励法律制度，导致资源型企业在开发中并未考虑资源的生态价值即社会成本，进而导致资源稀缺程度、生态价值和环境损害成本没有充分体现。

三是法律法规修订进展相对缓慢。我国正通过试点和修法来逐步落实自然资源资产有偿使用制度，比如，对国有森林资源等难度大、风险高的部分改革开展相关试点，通过改革试点推动相关法律法规修订，推进完善土地、水、矿产、森林、草原、海域、无居民海岛等全民所有的自然资源资产有偿使用的法律法规体系。从目前情况来看，与生态产品价值实现相关的法律法规修订尚未得到充分的落实，阻碍有偿使用方式的发展。

四是产权立法的缺失。我国正推进以价格发现机制来促进绿色发展，但当前的物权法及各项资源法中有关自然资源产权的具体规定尚未修改完善。比如，有关自然资源所有权、使用权以及相关民事权利的规定，有关产权转让和交易的规定，有关自然资源产权代理制度、统一确权登记制度、统一交易市场制度等基本法律制度，都需要根据改革进程，逐步修改完善。

五是法治保障的协调性不强。生态环境资源法律不健全，多头、纵向、分散的生态保护与资源管理体制不利于生态环境资源保护，相关管理制度和措施的系统性不强，致使生态产品的价值实现环节出现"断点"。

二、以生态产品供给侧结构性改革为重点来创新市场交易体系

增强生态产品的生产能力和市场容量，关键还是要发挥市场在生态产品配置中的决定性作用，大力发展各种形式的市场化交易机制。加快生态产品供给侧结构性改革，拓展生态产品价值实现的转化、交易渠道与途径，积极发挥政府通过公益性财政性资金补偿和购买服务等方式，推动准市场化、非市场化等交易机制建设，建设多元化、市场化、专业化的交易市场体系。

（一）在"经济生态化和生态经济化"方向上推动生态资源资本化

探索生态产品价值实现，应遵循的基本方向是"经济生态化和生态经济化"，其中一个重要基础是要加快推动生态资源资产的资本化。自然资源是一个国

家或地区的重要财富，是支撑经济社会发展的重要基础性条件。长期以来，由于人们对自然资源资产认识的偏差，将自然资源看作上帝的"恩赐"或者是可以自由取用的"免费物品"，导致生态环境的破坏日益严重。根据经典经济学理论，当资源变得稀缺并具有明确的产权之后，即可变为资产，这一过程称为资源资产化。资产用于增值创造收入时即成为资本，这一过程称为资产资本化（如图6-2所示）。随着社会经济发展所带来的生态系统破坏、生态资源枯竭，资产或资本的内涵从经济领域逐步延伸到生态环境领域。首先，生态资源具备一定的使用价值，包括生态产品价值和生态服务价值，例如土地、森林等表现出物质性较强的使用价值。大气、水体则表现出在生态调节、环境容量等生态服务方面的使用价值。生态资源是人类

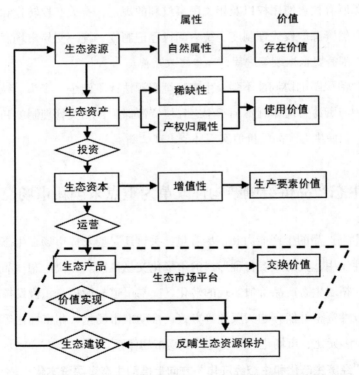

图6-2　生态资源资本化和产品化的基本路径示意图

资料来源：曾贤刚等《生态产品的概念、分类及其市场化供给机制》，《中国人口·资源与环境》2014年第7期。

赖以生存和经济社会发展的物质基础，除了为人类提供直接的有形产品以外，还能提供其他各种生态服务功能，包括调节功能、休闲功能、文化功能和支持功能等。其次，随着经济社会的发展，自然资源的稀缺性已不言而喻。多数自然资源在法律上也有明确的产权所属，即与其他经济类国有资产一样，属于国家所有，政府作为国家代表来履行所有者职责。最后，随着经济社会发展，人们不再把自然资源当成一种无偿的产品，在使用自然资源的过程中必须要给予相应的经济补偿，从而使自然资源资产具备了给人们带来潜在收入的能力。善于经营的人们将生态资产盘活，成为能增值的资产，才能成为生态资本，经过资本运营实现其价值，这一过程就是自然资源资产的资本化。

（二）按照现代市场需求，建立可交易的生态产品体系

丰富的生态产品体系是高质量发展的需要，也是交易路径建设的需要。清新的空气、清洁的水源、茂盛的森林、宜人的气候等，都是人类生存发展所必需的。依据公共产品理论，按照曾贤刚等在《生态产品的概念、分类及其市场化供给机制》中的分类，生态产品可以分为如下四种类型。

全国性公共生态产品。其供给应该列入基本公共服务的范围，并应将其纳入均等化的范畴，由政府来供给。

区域或流域性公共生态产品。其生产和供给涉及多个行政主体的参与，具有非常显著的公共资源性，尤其是具有消费的非排他性，如上下游生态环境的保护与治理，这种跨区生态产品的供给，无法由单个地方政府单独有效地解决，地方政府之间的合作是解决跨区生态产品供给的重要途径。

社区性公共生态产品。这种生态产品在社区层次上具有公共性，然而对于社区之外的其他居民来说，其具有排他性或私人性。为满足社区成员对生态产品的需要，社区可以采取社区自治的方式，来实现社区生态产品的共享与共同受益。

"私人"生态产品。属于产权能够界定的生态产品，可通过市场交易实现供给。

随着市场经济的逐步建立和完善，特别是近年来在新发展理念的指引下，绿色发展备受重视，人民群众对生态产品的认识和消费不断增长，许多原来不具备市场交易属性的生态产品在市场上也有了自己的价值，并通过转化机制使生态效益转化为经济效益。

当前，生态产品体系发展有两大重点：第一类是传统的产品体系发展重点，具体包括：一是为传统农产品等赋予更高的生态价值，实现传统产品向生态型产品升级；二是生态价值向功能性产品转换，通过功能性产品间接实现生态产品价值；三是生态价值向服务价值增值转变，在旅游、民宿、康养等服务业发展中融合生态产品价值。第二类是新兴的产品体系发展重点，具体包括：一是保护和提升生态环境价值的权益类产品的发展，用水权、排污权、林权、用能权等交易，环境产品的交易是发展的重点方向；二是基于自然生态资源资产管理衍生出的生态环境关联的许可证、配额、政府间生态资源资产管理指标等交易，是生态产品价值实现的新需求新方向；三是融入生态产品价值的金融类产品及服务的交易，如碳金融、绿色金融等，是生态产品价值实现的更高级交易类型。

（三）培育多元化的生态产品供给主体

一是政府要切实履行多数生态资源资产管理和公共产品供给的主体职责。多数生态产品的国有性质，决定了政府理所应当是生态产品的供给主体。政府作为生态产品的主要供给者，具有天然的顶层优势，既可以通过加大资金投入，推进在全国或区域范围内开展大规模的生态修复、生态治理和生态建设工作，恢复或增强生态产品的生产能力，又能够通过制度建设，如出台相关激励政策、财政转移支付等，提高其他供给方生产生态产品的积极性。在传统生态产品的市场化供给外，随着政府要切实履行自然资源的资产管理主体职责，地方政府是公益性生态产品的主要供给主体。

二是扩大企业供给生态产品的种类与数量。让更多生态产品由企业（私人）供给，是解决生态产品供给不足的有效途径，私人供给既能够减轻政府在生态产品供给中的压力，同时也能够覆盖到部分政府服务所到达不了的领域。未来，生态产品供给企业主要分为两类：一类是从事生态农业、生态林业、生态服务业（旅游）等行业的企业，在企业运行的过程中，自觉或不自觉地生产生态产品；

另一类则以直接从事环保事业的企业为主，如从事垃圾处理、污染处理的企业等，通过这些企业促使环境质量趋好，也是供给生态产品的一种方式。除此之外，其他企业通过自身的公益活动，如造林等，也提供了生态产品。

三是积极发挥非政府组织在生态产品供给中的作用。非政府组织也将是生态产品供给的重要供给者之一，主要包括环保组织、扶贫组织等。非政府组织在生态产品的供给上主要体现在两个方面：其一，在于非政府组织具有传播环保理念、推广环保意识的功能，能够帮助公众树立"生产生态产品也是创造价值，保护生态环境也是发展"的观念，有助于间接地促进生态产品的供给；其二，非政府组织协助生态地区开展扶贫工程或生态项目，以项目为依托，为生态区的居民提供工作机会，能够使生态区收益，从而在促进生态区发展的同时提高了该地区生态产品的生产能力。

四是提高公民对生态产品的新需求。在《国务院关于印发〈全国主体功能区规划〉的通知》中指出："生态产品是指维系生态安全、保障生态调节功能、提供良好人居环境的自然要素，主要包括清新的空气、清洁的水源和宜人的气候等。"这一定义充分展现了生态产品对于人类生存和发展的重要意义，也决定了生态产品的需求主体必然是社会整体，或者说是全人类。因此，每个公民都要树立自己是生态产品需求者与消费者的意识，摒弃生态产品是无偿的旧观念，树立资源环境都有价值，使用消费时都要付出代价的理念。

（四）交易市场及平台建设

生态产品交易有着巨大的潜在市场，随着我国人民生活水平的提高，建立适当的生态产品交易平台就显得尤为重要。建立健全市场化的生态产品交易机制，必须以生态产品交易平台为基础，促进生态产品提供主体的多元化，吸引各种力量及企业参与其中。

加快生态产品交易市场建设，形成覆盖全国的市场网络布局，方便生态产品进入市场交易。在传统的商场、市场等领域更多地建设具有明显区分度的生态产品专区、专柜。发展生态产品直销市场。

　　结合贯彻新时代习近平生态文明思想，加强环境权益交易市场建设和功能完善。其中，环境权益交易制度以区域性、行业性试点为主，如排污权、用水权、节能量、用能权交易等，在全国选择更多省份作为试点对象。绿色电力证书交易可以在电力行业普遍运行。另外，在环境权益交易制度体系构建过程中，我国已出台一系列政策规章，对环境权益交易制度的发展起到了重要支撑作用。总之，要对接生态环境保护新要求，加快环境权益交易市场发展。（参见专栏6-1所示）

专栏6-1　加快发展环境权益交易市场

　　自2007年起我国全面开展排污权交易首批试点工作以来，我国相继启动了碳排放权、用水权、节能量、用能权和绿色电力证书等环境权益交易制度的试点探索工作。经过多年的发展，我国在各类环境权益交易制度方面展开了丰富的理论研究和实践探索，积累了许多宝贵经验，对我国资源节约、污染物和温室气体减排工作起到了积极的推动作用。

　　目前，除碳排放权交易于2017年12月启动全国市场外，我国大部分环境权益交易制度仍然以区域性、行业性试点为主，如排污权、用水权、节能量、用能权等交易均选择部分省份作为试点对象，绿色电力证书交易则主要集中于电力行业。在环境权益交易制度体系构建过程中，我国已出台一系列政策规章，对环境权益交易制度的发展起到了重要支撑作用。一方面，我国从顶层设计的角度明确了环境权益交易制度体系构建的大致框架，在"十三五"规划、《生态文明体制改革总体方案》和《关于构建绿色金融体系的指导意见》等政策文件中，均涉及了完善环境权益交易制度体系的相关内容，为环境权益交易制度体系框架建设指明了基本方向；另一方面，对某一种具体的环境权益交易制度，相关部门也通过出台针对性的政策规章，明确了国家层面制度建设的主要内容。此外，在具体试点过程中，部分试点区域也积极行动，以碳排放权为例，各试点省份在国家层面政策规章的基础上，也陆续出台了碳排放权交易试

点工作实施方案、交易管理暂行办法、交易规则等一系列地方层面的政策规章来支撑试点工作的推进。

相比建设之初，我国环境权益交易制度体系建设取得了显著进展，政府治理方式也从注重控制转向协调与合作，从主导环境资源配置转向更多地运用经济杠杆进行环境治理。但与此同时，环境权益交易制度体系及其内部各项制度建设仍明显滞后于绿色发展及生态文明建设的需求，尚存在诸多问题。一是顶层设计和统筹规划的系统性不足。相关部门在顶层设计阶段较注重对某一种环境权益交易制度的建设，却将每一种环境权益交易制度割裂开来，未充分考虑不同环境权益交易制度的定位分工问题，这种分割极容易导致环境权益交易制度体系内部不同制度间的重叠交叉，如碳排放权、节能量和用能权交易这三套制度在规制对象上的部分重合，这无疑在某种程度上增加了试点工作的难度。二是衔接协调机制尚未建立。关于环境权益交易制度体系内部制度间的衔接机制、交易平台以及数据共享等问题，制度层面也尚未给出明确规定。三是主体协调和良性互动机制有待完善。目前排污权交易试点主要由财政部推动，碳排放权、用能权、绿色电力证书交易试点主要由国家发展改革委推动，用水权交易试点主要由水利部推动，节能量交易试点则主要由工业和信息化部推动，不同环境权益交易制度由不同主管部门推动，这些主管部门间的相互协调机制如何建立，也还未有明确方案。此外，在以上几套环境权益交易制度试点中，环境保护主管部门发挥的作用比较有限，功能尚不够突出。

环境权益交易制度体系构建是一项复杂的系统工程，也是资源环境领域的重大制度创新。从宏观层面上来讲，要做好顶层设计和统筹规划，明确制度体系的总体目标定位，不断完善制度体系框架机制；从微观层面上来讲，既要强化体系内部每一种具体环境权益交易制度的建设，明晰其发展目标、规制对象和角色职能，也要重视体系内部不同环境权益交易制度间的并行、衔接、协调和配合等问题。

推进各地不同类型的生态产品交易市场联网运行，探索设立全国性的生态产品交易平台或中心。建设一批实体性交易市场及现代化的网上交易市场。创建国家级生态产品网上交易平台，积极谋划生态产品交易中心等有关产业平台的建设，全力筹集资金和引入资本，建立健全项目法人治理结构，吸引特色资源向电商交易平台聚集，共同推动生态产品交易体系建设，为社会提供更多更好的生态产品。

（五）探索与现代市场体系融合的多元化交易机制及方式

生态产品的交易体系可以分为直接市场交易、产业化经营和生态购买等方面。本研究按照不同交易机制设计，提出建立三大类机制结构体系。

1. 发展多种形式的纯市场交易机制

一是直接市场交易。大部分的生态产品，其本身直接是市场需要的产品（如生态农产品等）或服务（如生态旅游等），具有直接的交易属性，可以通过市场直接进行交易。二是竞买与拍卖交易。部分生态产品，可以采取竞买与拍卖（或配额交易）的形式进行交易。如实施取水许可证制度，发展用水配额交易。健全用水总量控制制度，建立取用水总量控制指标，对用水配额进行交易。又如排污许可证交易，在全国范围建立统一公平、覆盖所有固定污染源的企业排放许可制，依法核发排污许可证，排污者必须持证排污，禁止无证排污或不按许可证规定排污。三是探索开展生态养殖证拍卖。建立有效管控水域养殖污染的市场机制手段，科学合理调整水产养殖生产力布局，划定可养区、布局限养区、明确禁养区。其中，禁养区全部关闭畜禽和水产养殖场，实行"人放天养"；限养区科学合理确定养殖容量；可养区发展生态健康养殖。公开合法持证养殖，依托公共资源交易平台，通过市场方式即竞争性拍卖取得养殖权证。四是收益权转让及抵押。如在集体林权制度基础上，稳定承包权，拓展经营权能，健全林权抵押贷款和流转制度。五是探索生态资源资产证券化。如果将西部地区丰富的自然资源通过结构设计，以这些资源在未来产生的现金流为支撑，发行证券进行资产证券化运作，可将西部资源优势转化为资本优势，提高资源的流动性和可交易性。六是生态产品期权交易。

2. 发展适应自然资源资产管理新体制的准市场化交易机制

准市场机制是介于纯市场机制和非市场机制之间的交易形式。准市场机制也是市场机制，只是程度有所不同。当前，相当多的生态产品，具有一定的效益外部性，如流域性的水环境治理、跨行政区的空气治理、上下游乃至全国更大范围主体功能区中禁止开发区域的保护养育，其需求更多的是地方政府或区域性人群，这些生态产品的价值外溢性强，主要适合通过准市场化交易机制来实现，如通过政府间协议实现交换。

3. 完善公益性及财政补偿性的非市场化交易机制

非市场化机制并非不用市场，而是政府的作用居于主导地位，市场机制发挥作用的程度相对低一些，以公益性补偿和财政性的购买服务等为主要方式。探索建立多元化补偿机制，逐步增加对重点生态功能区的转移支付，完善生态保护成效与资金分配挂钩的激励约束机制。制定横向生态补偿机制办法，以地方补偿为主，中央财政给予支持。如建立耕地草原河湖休养生息制度，也是通过公益性补偿推进生态产品的价值实现。建立巩固退耕还林还草、退牧还草成果长效机制。开展退田还湖还湿试点。规范发展购买生态环境服务。我国绝大多数环境保护项目缺乏有效的盈利模式，为了更好地推进政府购买环境服务，必须在这方面开展创新。这也是提升企业参与购买环境服务的内在动力的一个重要举措，使得企业在公共产品公益性与自身逐利性之间找到一个平衡点，最终实现政府与企业双赢的良好局面。加强政府购买生态环境服务的立法工作和制度建设，让政府购买环境服务规范化。

三、在融入高标准市场体系建设中完善生态产品价值实现机制

生态产品是新时代满足人民过上美好生活需要的重要方面，是经济高质量发展的有机组成部分。生态产品价值实现机制建设要立足于我国全面现代化战略目标需要，全面体现新发展理念和习近平生态文明思想，以生态文明高质量发展

为主题，突出生态产品供给侧结构性改革，将生态产品价值实现机制融入高标准市场体系建设之中。针对本研究总体思路提出的买卖、转让、补偿等不同实现路径，提出几点配套举措建议。

（一）完善生态产品依附的自然资源资产产权制度及相应的技术规范

党的十八届三中全会在全面深化改革的336项举措中，提出了健全自然资源资产产权制度和用途管制制度。为进一步推动生态文明建设，牢固树立和践行"绿水青山就是金山银山"的理念，统筹山水林田湖草系统治理。党的十九届三中全会通过的《深化党和国家机构改革方案》设立自然资源部，统一行使全民所有自然资源资产所有者职责，统一行使所有国土空间用途管制和生态保护修复职责，着力解决自然资源所有者不到位、空间规划重叠等问题。按照改革要求，整合土地、水流、森林、草原、荒地、滩涂以及矿产资源等所有自然资源，统一构建产权体系，统一确定权属界线，统一开展产权登记颁证。因此，要重点推进三项配套制度建设：一是整合各类自然资源，构建具有中国特色的囊括所有权、使用权、经营权、收益权等完整产权关系的自然资源资产产权体系，制定相关产权保护、争议调解和权利保障机制；二是统一确定权属界线，不仅包括各类自然资源的空间界限和涉及主体范畴，更涵盖各类转让、出租、抵押、继承、入股等权能的统一界定；三是建立涉及全民所有的矿藏、水流、森林、山岭、草原、海域、滩涂等各类自然资源资产"四项统一"技术规范，即进行统一调查统计、统一确权登记、统一标准规范、统一信息平台。

（二）推进生态资源资产所有权与使用权分离并重点放活使用权

推动自然资源产权制度改革，加快建立健全自然资源有偿使用制度，完善生态产品市场化价格形成机制。适应经济社会发展多元化需求和自然资源资产多用途属性，在坚持全民所有制的前提下，创新全民所有自然资源资产所有权实现形式，推动所有权和使用权分离，完善全民所有自然资源资产使用权体系，丰富自然资源资产使用权权利类型。坚持资源公有、物权法定，明确全部国土空间各类自然资源资产的产权主体。对水流、森林、山岭、草原、荒地、滩涂等所有自然生态空间统一进行确权登记。区分全民所有和集体所有，明确国家对全民所有的自然资源的所有者权益。除具有重要生态功能及农牧民从事农牧业生产必需的资源外，可推动自然资源资产所有权和使用权相分离，明确自然资源所有权、使用权等产权归属关系和权责，适度扩大使用权的出让、转让、出租、担保、入股等权能，夯实全民所有自然资源资产有偿使用的权利基础。建立健全全民所有自然资源的有偿使用制度，更多引入竞争机制进行配置。完善土地、水、矿产资源和海域有偿使用制度，探索推进国有森林、国有草原、无居民海岛有偿使用。在充分考虑资源所有者权益和生态环境损害成本基础上，完善自然资源及其产品价格形成机制。发挥资源产出指标、使用强度指标及安全标准等的标杆作用，促进资源公平出让、高效利用。

（三）建立生态产品价值评价准则及指导性基准价值体系表

自然资源管理改革的前提目标是统一行使所有自然资源的调查评价，包括统一数据标准、统一调查内涵、统一评价体系、统一数据平台。长期以来，国土资源、住房建设、农业、林业和水利等部门有关耕地、林地、草地、湿地等自然资源基础数据标准不一、调查工作重叠重复、评价体系五花八门，诸多数据库成果不仅存在部门壁垒、信息不通，更有矛盾冲突。为推动生态产品价值评价科学有序发展，需要发布生态产品价值评价准则与标准，建立交易机制运行的基准价值体系表。加快自然资源及其产品价格改革。按照成本、收益相统一的原则，充分考虑社会可承受能力，建立自然资源开发使用成本评估机制，将资源所有者权益和生态环境损害等纳入自然资源及其产品价格形成机制之中。加强对自然垄断环节的价格监管，建立定价成本监审制度和价格调整机制，完善价格决策程序和信息公开制度。

（四）探索以政府间交易为突破口推动生态产品供给侧结构性改革

近年来，供给侧结构性改革深入推进，改革成效显著，特别是在农业、实体经济、金融等多个重点领域实施一批举措，有力推动了相关领域的高质量发展。当前，生态文明建设愈加重要，生态产品成为人民美好生活新需要的重要组成部分，生态产品的供给与需求矛盾突出，有必要推动一场生态产品供给侧结构性改革，建立统一、协调、完整的生态产品市场供给制度，降低交易费用，提高生态产品的供给质量和效率。地方政府是生态文明建设的主导者，应该自觉承担起生态经济责任，发展生态经济。应建立健全法律法规，落实政府生态经济责任。建立宏观调控体系，切实推动生态与经济协调发展。建立政府生态经济责任机制，打造生态责任政府。通过确定政府生态产品保值增值责任与目标任务，增强政府间生态产品交易的内生需求。要鼓励地方政府结合本地区实际，制定并完善生态环境保护的地方性法规，弥补国家层面法律法规所存在的不足，增强可操作性。探索将政府间生态资源资产保值增值责任与目标任务纳入生态产品价值实现的交易范畴，比如推广浙江丽水探索试点以县（市、区）域碳汇计量为依据的碳汇交易机制。

（五）重点发展现代网上交易市场并推进交易平台全国联网

要建立市场化的生态产品交易机制，必须以生态产品交易平台为基础，促进生态产品提供主体的多元化，吸引各种力量及企业参与。生态产品交易平台必须秉承公开、公正、公平的理念，从第三方的角度促进各个招投标项目顺利进行。对于政府主导的生态建设项目必须通过这一平台进行交易，并鼓励社会公益组织主导的生态建设项目利用该平台进行交易，构建我国生态产品交易机制，从而实现生态建设资金的高效利用。创建国家级生态产品网上交易平台，积极谋划生态产品交易中心等有关产业平台的建设，全力筹集资金和引入资本，建立健全项目法人治理结构，吸引特色资源向电商交易平台聚集，共同推动生态产品交易体系建设，为社会提供更多更好的生态产品。加快生态产品价值实现的金融创新，逐步探索建立一批生态银行等适应绿色发展要求的新型机构。

（六）因地制宜鼓励发展多元化交易机制

遵循"使市场在资源配置中起决定性作用和更好发挥政府作用"的改革要求，坚持市场化方向，让生态产品释放市场信号，畅通社会资本进入渠道，逐步完善多元化的生态产品市场交易机制。合理构建各相关主体的利益关系，分门别类地建立各个层次的生态产品市场交易体系，实现森林、草原、湿地、荒漠、海洋、水流、耕地等重点领域和重要区域的多层次生态保护补偿机制全覆盖，补偿水平及交易机制与经济社会发展状况相适应。加强生态产品市场化供给的立法工作，通过法律法规明晰生态产品的供给方式和运行机制，包括明确生态环境要素的产权和生态产品供给主体的责任和义务。探索建立跨地区、跨流域等多元化交易试点示范区。畅通社会资本进入渠道，建立起多元化的生态环保投入机制，为生态文明建设输入源源不断的活力。健全推进生态环保市场化的基础平台，为环境资源优化配置搭建起市场化平台，在资源环境容量日益趋紧的形势下，通过市场交易，实现生态环保资源优化配置，并生成生态产品转化的财富红利。

（七）创新发展助推生态产品价值实现的新兴金融服务

以生态产品价值实现为载体，加快生态产品价值实现的金融创新，逐步探索建立一批生态银行等适应绿色发展要求的新型机构。在国家开发性金融布局里，可以探索增加生态金融事业部。或在政策性金融体系里，增设生态金融的专门服务机构或金融产品。当前，要健全相应的激励性机制，推动环境金融加快发展。鼓励银行、基金公司等金融机构提高自身的环境责任意识、增强捕捉低碳经济下的商业机会的积极性，推动适合中国国情的环境金融产品逐步兴起和蓬勃发展。在融通资金方面，支持符合条件的环保企业或项目创新发行短期融资券、中期票据、资产支持票据等债务融资工具来筹集发展资金。完善金融机构开展环保金融业务的统计制度，加强对服务生态产品价值实现的相关金融活动的监测评价。

参考文献

1. 中共中央国务院印发. 生态文明体制改革总体方案[R].

2. 陈辞. 生态产品的供给机制与制度创新研究[J]. 生态经济，2014(8). 76–79.

3. 廖福霖. 生态产品价值实现[J]. 绿色中国，2018(10). 54–57.

4. 孙庆刚，郭菊娥，安尼瓦尔·阿木提. 生态产品供求机理一般性分析——兼论生态涵养区"富绿"同步的路径[J]. 中国人口·资源与环境，2015(3). 19–25.

5. 曾贤刚、虞慧怡、谢芳等. 生态产品的概念、分类及其市场化供给机制[J]. 中国人口·资源与环境，2014(07). 12–17.

6. 千年生态系统评估委员会，赵士洞等译. 千年生态系统评估报告集[M]. 北京：中国环境科学出版社，2007.

7. 魏后凯，张燕. 全面推进中国城镇化绿色转型的思路与举措[J]. 经济纵横，2011(9). 15–19.

8. 黄海燕. 完善自然资源产权制度和管理体制[J]. 宏观经济管理，2014(8). 75–76.

9. 封志明，杨艳昭，李鹏. 从自然资源核算到自然资源资产负债表编制[J]. 中国科学院院刊，2014(4). 449–456.

10. 马永欢，陈丽萍，沈镭等. 自然资源资产管理的国际进展及主要建议[J]. 国土资源情报，2014(12). 2–8、22.

11. 马骏主编. 国际绿色金融发展与案例研究[M]. 北京：中国金融出版社，2017.

12. 高世楫、李佐军等著. 用制度创新促进绿色发展[M]. 北京：中国发展出版社，2017.

（执笔人：孙长学）

分论篇七

生态产品向绿色产品转化的路径研究

　　内容提要：建立生态产品价值实现机制，是践行习近平总书记"绿水青山就是金山银山"理念的重要举措，是完善主体功能区战略和制度的重要途径。生态产品向绿色产品转化的市场化路径是发挥市场在环境资源配置中的决定性作用的体现，将更加高效可行，更有利于反哺生态建设，全面提升生态产品的经济、社会和生态价值。坚持生态环境保护和生态价值提升双轮驱动的原则，建立与之相适应的转化路径，促进生态资源资产化、跨界融合化、产业共生化、权属交易化、服务付费化，不断提高生态价值实现效率和生态保护效率。

　　建立生态产品价值实现机制，是践行习近平总书记"绿水青山就是金山银山"理念的重要举措，是完善主体功能区战略和制度的重要途径。生态产品向绿色产品转化的市场化路径体现了市场在环境资源配置中的决定性作用，将更加高效可行，更有利于反哺生态建设，有利于全面提升生态产品的经济、社会和生态价值。

一、生态产品向绿色产品转化的路径探讨

从全国来看，生态产品丰富的地区往往也是经济欠发达地区，面临生态保护和经济发展的双重压力。目前，我国生态产品价值没有得到充分实现，生态优势尚未充分转化为生态经济优势和发展竞争优势，主要存在几个方面的问题：一是自然资源资产产权制度尚不健全，森林、草原、河流、山岭、荒地、滩涂等自然统一确权登记尚未完全起步，自然资源资产管理存在所有者不到位、所有权边界模糊等问题，归属清晰、权责明确、监管有效的自然资源资产产权制度尚未形成；二是自然资源资产交易市场不健全，准入规则、竞争规则、交易规则和退出机制等还很不完善，交易主体数量较少，排污权、碳排放权、节能量等交易进展比较缓慢；三是自然资源资产价值核算体系等建设滞后，生态服务价值无法有效估算，导致生态补偿、绿色金融发展受到限制。

在生态产品价值实现上，政府与市场的作用不同。政府路径主要作用于生态建设资金安排、转移支付和生态补偿。市场路径主要是充分发挥市场在环境资源配置中的决定性作用，通过活跃生态产品的市场交易和生态资源的产业化经营等方式，推进生态产品价值的实现。而且，有效的市场路径比政府路径更为有效率。尤其是优质生态产品供给的稀缺性为生态产品价值的市场化实现带来了可能。因此，要促使"绿水青山"转化为"金山银山"，就必须让生态走向市场，更好地发挥市场机制的作用。

二、生态产品向绿色产品转化的总体思路

实现"绿水青山"向"金山银山"的转化，必须让生态走向市场，在满足市场需求中实现经济价值，切实把"绿水青山"真正变成"金山银山"。

（一）总体思路

生态资源是一个种类繁多的复杂系统。不同类型的生态资源，其价值实现路径也各不相同。随着我国市场化改革的深入发展，生态产品价值实现逐步由传统的政府供给为主向市场供给方式演进。

根据生态产品供给方式不同，可分为中央政府供给、地方政府供给、市场供给、公私伙伴供给、自治性供给等多种供给方式。随着我国市场化改革的深入发展，生态产品的供给方式逐步由传统的政府供给为主向市场供给、公私伙伴供给等多种方式演进。需要坚持生态环境保护和生态价值提升双轮驱动的原则，建立与之相适应的、以"四新促五化"为路径的生态产品价值实现形式，不断提高生态价值实现效率和生态保护效率，即聚焦新技术、新服务、新消费、新业态，促进生态资源资产化、跨界融合化、产业共生化、权属交易化、服务付费化。加快探索生态产品向绿色产品的转化路径，着力发展现代高效生态农业，着力发展高科技含量、高经济效益、低资源消耗、低环境污染的"两高两低"生态工业，着力发展生态旅游等服务业，形成以生态农业、生态工业和生态服务业为核心的绿色产业结构框架。同时，加快淘汰落后产能，大力推行清洁生产，增加优质绿色产品的供给，以提升区域的品质和竞争力。

（二）基本原则

——坚持保护优先、合理利用。牢固树立"两山"理论，强化生态环境保护的前提地位，统筹推进山水林田湖草一体化治理，注重在严格保护好生态安全的前提下，探索生态产品价值实现的有效模式，确保自然、经济、社会协调统一。

在有效保护的基础上，通过市场化手段高效地开发生态产品本身及其权属等，构建网上交易平台，促进生态产品被合理高效开发利用。

——坚持多元参与、提高效率。充分发挥市场对资源要素有效配置的基础性作用，拓宽实现渠道，引导社会资本与公众积极参与其中。发挥政府对生态产品价值实现的监管作用，加强制度建设，完善法规政策，创新体制机制。培育家庭农场、农民专业合作社等多种新型生态产品经营主体，促进专业化、合作化、规模化经营，提高生态产品经营效率。

——坚持多样高效、保值增值。要充分挖掘生态产品市场价值，增强生态产品供给区的自我造血功能和自身发展能力。促进生态产品价值实现形式多样、内容丰富，促进形成生态产品体系，产业化运营、品牌化经营，提高价值转化效率和效益。

——坚持利益激励、有效约束。既要形成推动生态优势转变为经济新动能的良性利益导向机制，又要坚持源头严防、过程严管、损害严惩、责任追究，形成对各类市场主体的有效约束，实现生态产品价值实现的法治化、制度化。

三、高效实现生态产品向绿色产品转化的路径

为了解决"守着绿水青山却难致富"的问题，需要更好地发挥市场的作用。根据不同的生态产品资源禀赋、区位条件、生态服务能力等特点，市场发挥作用的方式不同。

（一）依托优质生态资源，增值开发生态农产品

切实转变传统生态产品的发展方式，通过不断挖掘生态产品的各种"绿色要素"，发展精品生态农业、林业及渔业等。加强新技术、新工艺、新方法的运用，加快新产品研发，生产出满足人们绿色消费的新型生态产品，将生态资源的使用价值直接开发转化为交换价值，使其实现市场价值的提升。例如，深挖精深加工潜力，积极研发植物化妆品、保健品、药品和日用品等生态资源衍生产品，优化产品结构，提高附加值。

　　我国多数重点生态功能区水土条件适宜,原生态优势得天独厚,拥有发展绿色生态农业的天然基础。立足原生态优势发展绿色农业可以实现规模经营,并带动农业经济繁荣。依托生态功能区优质的食用菌、茶叶、油茶、杨梅、柑橘、雪梨、高山蔬菜、中药材和竹木等生态资源,按照生态、高效、优质、安全、节约的现代农林产业发展要求,采用现代的科学技术嫁接,形成特色食品、有机绿色食品、保健食品产业和特色的竹木制品等产业。例如,浙江安吉的竹产业发展模式,开展竹产业全产业链建设,将竹子"吃干榨尽",推动实现竹子的生态价值转化。

　　积极探索和发展"林下经济""高山经济"和"虾稻经济"等高效循环农业生产模式。促进生态产业的集约经营,提高产出率、资源利用率和劳动生产率,提高综合经营效益,促进农民持续、普遍、较快地增收致富。2015年起,浙江省启动实施"一亩山万元钱"林业技术推广行动计划,大力推广竹林覆盖、名优经济林生态高效栽培、林下种植和原生态仿生栽培等四大高效生产类型的10种创新科技富民模式,累计推广"一亩山万元钱"面积66.5万亩,实现总产值78.6亿元,增收36.1亿元。(参考专栏7–1和专栏7–2所示)

专栏7–1　丽水市发展绿色优质农产品供给模式

　　丽水市深入推进农业粮食生产功能区、现代农业园区和农产品加工园区(前述即三区)绿色化发展和生态精品农业"912"工程建设。依托茶叶、油茶、食用菌、高山蔬菜等优势农产品,大力发展绿色经济作物,建成海拔600米以上"丽水山耕"绿色有机农林产品基地100万亩。

　　丽水市充分发挥生物资源丰富的优势,大力发展特色健康产业。切实推进中药材GAP种植基地建设,加强中药指纹图谱研究,开发新型的中成药主导产品,重点发展现代中药、天然提取物及保健食品产业。

资料来源:课题组的浙江调研资料。

专栏7-2 浙江安吉县实现竹子和白茶生态价值转化（节选）

安吉县的森林覆盖率达到71.1%，拥有林地面积207.5万亩，其中竹林面积108万亩。安吉充分利用竹林资源丰富的优势，形成了七大系列5000多个品种。2016年，该县竹产业总产值200亿元，以全国1.8%的立竹量，创造了全国22%的竹产值。安吉县走出一条富民兴县的竹产业发展之路，先后荣获了"中国竹子之乡""中国竹地板之都""中国竹凉席之都""中国竹纤维名城""中国竹产业集群""全国首批农民林业专业合作社示范县""国家级林业科技示范县""国家林下经济示范县"和全球第一个"竹林碳汇试验示范区"等称号。

2003年4月，时任浙江省委书记的习近平同志到安吉溪龙乡黄杜无公害白茶基地走访，充分肯定了白茶产业的发展，并指出"一片叶子成就了一个产业，富裕了一方百姓"。安吉县溪龙乡制定规划，一方面，对生态进行修复，在茶园当中夹种树木，并用树木对景观进行点缀，让不同的树种给不同季节的茶园带来不同的颜色。另一方面，实行统防统治，降低农药使用，保证安吉白茶的品质。2015年8月，安吉白茶正式登陆华东林权交易所大宗农林产品现货电子交易平台，标志着华东林交所安吉白茶上市的正式开启。目前，安吉县安吉白茶种植面积达到17万亩，今年安吉白茶总产量达到1810吨，总产值22.58亿元，并以31.74亿元的品牌价值连续7年获得品牌价值十强，跻身全国第六位，成为最具品牌溢价力、最具品牌传播力的中国茶类区域公用品牌。同时，也给当地农民释放了"生态红利"，去年单白茶一项就贡献了该县农民人均年收入6000多元。

资料来源：《全市农村工作会议上的讲话》；《这里，被称为"两山"理念发源地！》；《安吉竹海安且吉今》；《一片叶子富了一方百姓 安吉白茶30年成浙产茶新贵》。

（二）发展环境敏感型产业，促进产业和生态共生

通过利用清新的空气、清洁的水源、适宜的气候等高质量的生态环境，大力发展环境适应型产业，吸引环境敏感型产业，充分释放生态产品价值。特别是，积极培育具有高技术含量、高知识密集、高效益产出、低（无）环境污染等特点的高科技行业，利用大学科技园、特色小镇、众创空间等平台带动产业转型，打造经济聚集平台，形成新的经济增长点。例如，吸引物联网、医药、电子、光学元器件等对生态环境要求严苛的产业，促进环境敏感型产业与生态环境"共生"发展，以产业收益反哺生态建设，形成更优的生态环境，进而全面提升生态的经济社会价值。大力建设物联网、大数据等对生态环境要求严苛的数字信息产业基地，重点加快信息产业园等创新平台建设。引进培育一批先进制造企业，打造电子、光学元器件等对生态环境质量要求高的产业基地，培育机器人产业链，打造智能装备与机器人高新技术特色产业基地，从而实现保护"绿水青山"与发展高端产业相得益彰。

生态环境与环境敏感型制造业共生发展、生态环境与房地产整合发展等是我国各地利用生态资产促进产业与生态"共生"增值的典型做法。西安泸灞在保护和修复水生态系统、改善区域生态环境的基础上，发展旅游休闲、会议会展、文化创意等产业，逐渐形成了集群化、高端化、国际化的现代服务业发展格局，使泸灞从一个生态重灾区发展成为西安重要的生态区，打造了产业与生态"共生"的"泸灞模式"。浙江丽水在环境保护优先的基础上，充分发挥空气清新、水源洁净、气候宜人等优势，成功吸引了四川科伦药业、德国肖特集团等一些国内外著名生态友好型企业的入驻与发展，顺利将生态要素转化为生产要素，在产业与生态"共生"增值方面取得初步成效。太湖流域通过对生态资产进行资本化运作，形成了一定规模的房地产产业，把土地资产变成太湖治污工程的重要资金来源，最终形成了"用生态资本筹措资金→用于治污工程→通过环境改善使生态资本增值→筹措更多资金用于生态建设"的良性循环。

（三）依托生态资源优势，推动生态旅游发展

生态旅游是一项以良好生态资源为基础，融合文化、健康、养生及体育等为一体的综合活动，已成为一种增进环保、崇尚绿色、倡导人与自然和谐共生的旅游方式。生态旅游是生态产品价值转化的重要方向，多样性、深层次、体验式、有特色的生态旅游产品越来越受到青睐。我国已经初步形成了以自然保护区、风景名胜区、森林公园、地质公园及湿地公园、沙漠公园、水利风景区等为主要载体的生态旅游目的地体系。有生态资源优势的区域，要充分挖掘生态资源，推动生态旅游发展。例如，近些年来，贵州在生态环境保护与建设方面取得了显著成效，并充分利用本省独具特色的山地文化旅游资源，发展形成了独特的农旅结合、茶旅融合的生态旅游产业。2015年，贵州省的森林覆盖率已达到50%，全省9个市（州）中，有5个市（州）的森林覆盖率已经超过了50%。2020年，贵州通过发展旅游，为农村贫困家庭劳动力提供50万个就业岗位，带动100万贫困人口脱贫。

依托生态资源优势，推动生态旅游发展，需要把握以下重点措施。

一是从"门票经济"向大生态旅游发展的思路上转变。将传统的"吃、住、行、游、购、娱"理念，向生态产品的体验、观光和科学考察等方向转变，在规划和建设旅游服务基础设施时尽量避让生态保护红线范围，并充分结合乡村振兴重大工程项目，将旅游服务功能规划在城镇或人口聚居地区，最大程度地保持原始或原生景观，让游客感受到人与自然和谐相处的原生态方式。

二是做活特许经营等管理方式。加强对当地居民的生态科学教育，鼓励引导当地居民积极参与生态监测及生态探险等特许经营活动，为游客提供优质服务，从而获得更多的生态资源收益，并进一步扩大生态环境保护以获得更广泛的支持。

三是加强生态旅游的区域合作。生态旅游资源往往是跨行政区划的大山、大江、大河等，因此要突破行政区划限制，建立合作框架和机制，加强区域合作和资源共享，实现错位发展、集群发展。生态旅游合作要加强旅游标准、管理和服务对接，加强重点景区与高速公路、高等级公路的连接线建设，形成以铁路、公

路和航空相结合的旅游立体交通系统，实现跨区域联动发展。要整合区域资源，打造精品生态旅游线路，依托品牌生态旅游景区和主要交通干线，串联旅游节点、连点成线、串景成廊，发挥沿线生态旅游资源的整体优势，增强对沿线地区的辐射带动作用。（参考专栏7-3所示）

专栏7-3　促进森林资源向森林旅游转化

森林公园尤其是国家级森林公园，蕴藏着极为丰厚的高品位资源，其中包括众多的自然景观和人文景观，这些资源的开发、挖掘和提升，将会进一步促进人与自然的和谐统一，发展森林旅游逐渐成为一种新的经济模式。

我国幅员辽阔，森林种类丰富，为人们进行观光、避暑、疗养、野营、度假、科考、探险等活动提供了适合场所。我国森林旅游产业化程度不断提高，规模不断扩大，森林旅游项目不断增多，各地森林旅游文化节、森林旅游节等活动名目繁多。比如，重庆市第三届森林旅游节以畅游土家山寨、体味土家民俗、品尝土家山珍为特色，向游客推出森林重庆的风情；四川成都首届森林旅游节按照康疗、运动、民俗、茶乡、花果、编织、园艺等10个主题将成都展现给游客，每一个主题都能形成聚集效应和上下游产业链，并按照"一村一品"的特点，在乡村旅游带、旅游廊道沿线，打造100个旅游特色村。

（四）按照"生态+"模式，跨界融合化发展生态产业

推动一二三产业深度融合发展，按照"生态+"模式，将生态产品、物质性产品和文化产品"捆绑式"经营，推进生态产品价值的市场化实现。加快发展健康休闲、养生养老、生态旅游、生态文化等产业，构建多业态多功能的生态产品体系。立足不同地区的生态资源特点，以提高生态资源的保护和利用水平、优化生态产业结构为出发点，以基地建设为载体，整合优势资源，紧紧围绕主导产业和优势特色产业，加快发展生态产业。同时，顺应"互联网+"新趋势，以

生态产品开发、产业化运营等为重点，采用"互联网+"旅游、"互联网+"森林康养等多种模式，加快发展生态产品电子商务和物联网，"线上"与"线下"相结合。

我国多数生态功能区都拥有良好的生态环境和丰富的历史文化资源优势，具有"打响生态旅游品牌"的核心要素。充分发挥生态健康养生、生态旅游休闲等产业对于探询自然、保护环境等方面的积极作用，推进生态与健康、旅游、文化、休闲的融合发展。深化旅游业改革创新，依托大景区，大力挖掘历史传承、人文题材，把美丽乡村旅游、红色旅游、节庆旅游、运动休闲、养生保健、"农家乐"、"民宿"等串点成线、连线成面，配套发展导游、餐饮、购物等服务业，通过生态旅游业实现带动多产业发展。此外，选择生态资源良好的地区，围绕湿地公园、森林公园、自然保护区等生态旅游资源，因地制宜建设一批生态休闲养生福地，积极培育和丰富生态休闲养生产品，打造一批有品牌、有品质、有品位的湖边渔家、温泉小镇、森林小镇、茶叶小镇等生态休闲养生基地，实现生态产品的增值。

一些典型地区也积累了丰富的实践经验。浙江省以森林旅游为突破，发展森林休闲、森林养生、森林体验等产业，深度挖掘林业景观功能和生态功能，变生态禀赋成为后发赶超优势。温州市、丽水市和淳安、安吉、磐安等市县获全国森林旅游示范市县称号，2017年浙江省森林旅游休闲养生产业产值达到1661亿元，占全省林业总产值的29.5%。浙江丽水按照习近平总书记"变种种砍砍为走走看看"的嘱托，近十几年大力扶持建设了一批以"生态旅游+民宿经济"为主题的旅游村镇，促进了生态旅游业的快速发展，旅游业增加值占GDP比重达8%，已成为丽水市的支柱产业。（参考专栏7-4所示）

专栏7-4　丽水市依托绿水青山发展生态健康休闲业

丽水市在确立了"秀山丽水、养生福地、长寿之乡"的区域定位后,在全国开创性地编制了首个地级市生态休闲养生(养老)经济发展规划,荣膺全国首个"国际休闲养生城市"称号,有力地促进了丽水生态旅游业发展。丽水市旅游接待总人数和旅游总收入增幅连续8年位居浙江省第一名,游客满意度综合评价指数多次位居浙江省首位。

根据丽水市相关发展规划,下一步围绕"秀山丽水、养生福地"这一主题,以生态休闲养生产品和休闲养生基地两大平台建设为切入点,争取用20年的时间,吸引国内外投资千亿元,使生态休闲养生产业体系成为区域经济的主导产业,建成国内规模较大、国际知名的中国"养生福地、休闲乐园"。

丽水市将大力发展乡村养生旅游、城市休闲旅游、森林养生旅游、运动休闲旅游等生态旅游产业。并且将依托优越的生态环境,打造兼具休闲度假和术后康复、慢性病治疗等功能于一体的健康休闲疗养基地。培育发展科普旅游,依托浙江自然博物园、安吉生态博物馆(群)等机构及自然生态资源,开展重点面向大中小学生和城市居民的科普教育,深度开发参与性、体验性的科普旅游项目。将打造生态精品旅游度假线路,重点培育和打造浙江之巅森林氧吧游、浙闽水系源头滨湖游、江南山地民宿之旅、中国摄影之乡采风游等多条精品旅游线路,并打造一批徒步穿越线、自行车环游线、生态登山线。

四、促进生态产品向绿色产品转化的对策建议

(一)完善生态资源资产化的产权基础

"权属明晰、四至明确"是推动生态产品市场化价值实现的基础。借助国家完善自然资源产权和用途管制制度,推进自然资源资产的确权、登记和颁证工

作，明晰生态资源的所有权及其主体，规范生态资源资产的使用权，保障生态资源资产的收益权，激活生态资源资产的转让权，理顺生态资源资产的监管权，建立归属清晰、权责明确、监管有效的生态资源资产产权制度。按照产权规律和不同生态资源的类型，进一步分类实行所有权、承包权、经营权三权分离。积极引导农民进行经营权流转，促进适度规模经营，同时为抵押贷款等金融创新奠定基础。特别是，探索建立更为公平的环境产权制度，为重点生态功能区提供可供交易的生态环境"资源"。重点生态功能区受其主体功能的约束，在产业发展选择上往往要受到诸多限制，但不能据此忽视重点生态功能区的发展权。考虑到发展的公平性问题，在排污权、用水权等环境产权配额分配上，不宜延续目前向重点开发区、优化开发区过度倾斜的初始分配格局，应对重点生态功能区给予适当的环境产权配额"照顾"。近期应以研究制定更为公平的排污总量控制指标分配方案为突破口，适度增加重点生态功能区排污总量控制指标，并实施严格的用途管制，引导重点生态功能区通过"排污权"交易或者置换来体现其发展权。在此基础上，探索建立健全相对公平的用能权、用水权、碳排放权等环境产权初始分配制度，建立各类市场化交易平台与交易机制，赋予重点生态功能区更多可经由市场交换变现的环境产权资源。

（二）科学核算生态产品价值及建立生态产品价格形成机制

科学研究制定生态产品价值核算方法，研究制定生态产品价值核算指标体系。加强生态产品统计能力建设，加快推进能源、矿产资源、水、大气、森林、草地、湿地等统计监测核算。研究制定森林、草地等生态系统服务功能价值核算办法，探索建立生态资源价值核算指标体系。以生态产品体系为基础，研究制定生态产品价值评估指标体系，科学拟定生态产品价值评估办法。

核算生态产品价值量。因地制宜采用市场价值法、替代市场法等价值计量方法，开展各类型生态产品价值量核算，摸清生态产品价值量本底情况。

坚持自然资源有偿使用原则，充分发挥市场在价格形成中的基础性作用，探索建立反映市场供求关系、资源稀缺程度、生态产品成本的市场化定价机制。

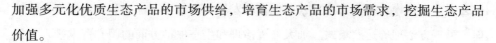

加强多元化优质生态产品的市场供给，培育生态产品的市场需求，挖掘生态产品价值。

（三）建立"负面清单"和"正面清单"并举的产业发展引导

改变目前针对重点生态功能区产业发展单一的"负面清单"管理办法，结合重点生态功能区的具体情况，精心设计"正面清单"的发展引导，为重点生态功能区生态旅游、绿色农业、生态型工业发展及运营模式创新提供特殊支持，为重点生态功能区绿色发展提供适度的成本优势。

对于"正面清单"要出台具体支持政策，例如，对于多数重点生态功能区生态旅游的发展引导，应从三个方面给予支持：其一，建议国家旅游管理部门研究设立针对重点生态功能区的生态旅游发展基金，并鼓励各地区强化差别化探索；其二，国家税务部门应研究探索对重点生态功能区的生态旅游业实施特殊税收政策的可行性，降低运营成本；其三，加大要素支持力度，对重点生态功能区的生态旅游发展用地需求给予适度倾斜。

（四）创新绿色金融对生态产品价值转化的支撑

完善支持绿色信贷的政策，创新绿色金融服务体系。健全绿色信贷统计制度，大力发展绿色信贷，支持以用能权、碳排放权、排污权和节能项目收益权等为抵（质）押的绿色信贷。建立财政补助、金融机构融资相互协作的担保机制，对于绿色信贷支持的项目，符合条件的按规定给予财政贴息支持。完善各类绿色债券发行的相关业务指引、自律性规则，积极推动金融机构发行绿色金融债券，支持符合条件的绿色企业上市融资和再融资，引导各类机构投资者投资绿色金融产品。研究设立绿色发展基金，鼓励社会资本按市场化原则设立节能环保产业投资基金。在环境高风险领域建立环境污染强制责任保险制度，鼓励和支持保险机构创新绿色保险产品和服务。

设立生态产品价值实现引导基金，推动建立生态保护市场化机制。统筹相关财政资金，积极吸纳社会资本，重点支持生态产品价值实现的公益类项目。建立社会资本投入生态保护和修复的引导机制，制定出台相关指导意见，推广政府和社会资本合作模式，大力推动公益保护地发展，推行生态保护和生态修复合同管理、第三方治理等运营模式。加大环境治理和生态保护方面的国有资本投入，促进国有资本对生态环保领域运营公司的投资。

（五）建立生态大数据管理和应用机制

围绕生态产品价值核算，要建立健全统一规范、布局合理、覆盖全面的数字生态环境监测网络。建设"生态云"大数据平台，基于地理空间信息来整合生态与环境数据资源，开展生态环境大数据分析应用，推动建立生态环境质量的趋势分析和预警机制，健全以流域为单位的环境监测统计和评估体系。建立政府部门数据资源统筹管理和共享复用制度，明确各级各部门的数据责任、义务与使用权限，加强对数据资源采集、传输、存储、利用、开放的规范管理，保障数据的一致性、准确性和权威性。建立市场化的生态环境数据应用机制，鼓励政府与企业、社会机构开展合作，通过政府采购、服务外包、社会众包等多种方式，依托专业企业开展政府生态环境大数据应用，强化生态环境大数据在科学决策、精准监管和公共服务等领域的创新应用。建立生态环境大数据运行管理制度，规范运行维护流程，构建较为完善的运行维护管理体系。

（六）加强生态产品品牌建设、整合和监管力度

加强生态产品品牌建设，加强品牌整合力度。推进生态产品品牌标准化建设，把小品牌、散品牌、弱品牌整合成区域性生态产品大品牌，形成规模优势，统一标准、统一要求、统一宣传，加大品牌推广力度，扩大品牌的知名度和影响力。通过政府背书等方式，大力推进公共品牌培育，有效打通生态农产品销售渠道，实现生态农产品价值最大化。

国家层面应在两个方面加大支持力度：其一，国家工商管理部门（现国家市场监管部门）应加大对重点生态功能区绿色农业品牌打造的支持力度，支持有条件的重点生态功能区注册区域性农产品公用品牌；其二，国家宣传机构应设立相应平台，对重点生态功能区的特色农产品及区域性品牌进行广泛宣传，扩大产品及品牌的影响力。

　　加强品牌安全监管，坚持源头治理、标本兼治、综合施策，着力构建质量追溯制度、企业诚信机制、质量监管体系"三位一体"的安全监管模式。倒逼生产经营方式转变，推动产业可持续发展。

　　建设生态产品标准认证标识体系。构建统一的生态产品标准、认证、标识体系，实施统一的生态产品评价标准清单和认证目录，健全生态产品认证有效性评估与监督机制，加强技术机构能力和信息平台建设。

参考文献

1. 蔡云辉. 生态资源的资本转换[J]. 经济问题，2005(11). 12-14.

2. 曾贤刚，虞慧怡，谢芳. 生态产品的概念、分类及其市场化供给机制[J]. 中国人口·资源与环境，2014(7). 12-17.

3. 高吉喜，范小杉，李慧敏等. 生态资产资本化：要素构·运营模式·政策需求[J]. 环境科学研究，2016(3). 315-322.

4. 李苑. 生态资源怎样转化为生态资产[J]. 决策与信息（中旬刊），2015(3). 24-26.

5. 束晨阳. 论中国的国家公园与保护地体系建设问题[J]. 中国园林，2016(7). 19-24.

6. 田野. 基于生态系统价值的区域生态产品市场化交易研究[D]. 武汉：华中师范大学博士论文集，2015.

7. 王峰，王澍. 生态文明建设有关制度改革[J]. 国土资源情报，2017(1). 10-13.

8. 王晓娟，陈金木，郑国楠. 关于培育水权交易市场的思考和建议[J]. 中国水利，2016(1). 8-11.

9. 王晓娟，李晶，陈金木等. 健全水资源资产产权制度的思考[J]. 水利经济，2016(1). 19-22.

10. 王燕宏. 浅析生态文明体制改革的实践创新[J]. 消费导刊，2018(1).

11. 应思远. 碳汇林投资风险研究——以浙江省为例[D]. 杭州：浙江农林大学博士论文集，2015.

12. 余子萍，王丽，沙润. 养生生态旅游示范区标准构建及环境营造——以句容市茅山风景区为例[J]. 西南农业大学学报（社会科学版），2010(5). 1-4.

13. 周子贵，张勇，李兰英等. 浙江省林业碳汇发展现状、存在问题及对策建议[J]. 浙江农业科学，2014(7). 980-984.

14. 中共中央办公厅，国务院办公厅印发. 国家生态文明试验区（江西）实施方案. 国家生态文明试验区（贵州）实施方案[R]. http://www.gov.cn/zhengce/2017-10/02/content_5229318.htm.

15. 国务院办公厅. 关于建立统一的绿色产品标准、认证、标识体系的意见[J]. 中国标准化，2017（1）. 40.

16. "十三五"节能减排综合工作方案[J]. 有色冶金节能，2017(2). 1-9.

17. 浙江省林业厅. 浙江省林业发展"十三五"规划[R]. http://www.zjly.gov.cn/art/2016/10/12/art_1275963_4795147.html.

（执笔人：滕飞、刘洋、涂圣伟）

实证篇

实证篇一

"两山"理论的丽水实践与对策建议

内容提要: 依托自身生态环境优势,浙江省丽水市努力推动体制机制改革,搭建"绿水青山"向"金山银山"的转化渠道,实践出政府"购买"生态产品、生态产品通过市场流转和交易、生态优势转为产业发展优势、生态资源换资本等四种生态价值实现路径,产生了经济、社会和生态综合转化效益,为全国生态产品价值实现提供了丽水经验和借鉴,未来可通过加强顶层设计、开展试点示范和强化能力建设,进一步完善生态产品实现机制。

习近平总书记在浙江工作期间,曾8次深入丽水调研,指出"绿水青山就是金山银山,对丽水来说尤为如此"。为落实"两山"理论,丽水开拓创新,积极探索生态产品价值实现的路径,使绿水青山产生了巨大生态效益、经济效益和社会效益。丽水实践具有突出的引领和示范作用,值得在全国推广和借鉴。

一、积极探索"买、卖、转、换"实现路径

丽水通过生态补偿、生态产品交易、产业绿色转型、生态资产换资本等实践,形成买、卖、转、换等4条生态产品价值实现的路径。

(一)"买":政府"购买"生态产品

通过提供优质生态产品获得上级财政转移支付,是丽水生态产品价值实现的重要渠道。近年来,浙江省政府持续加大对环境治理和生态保护的财政支持力度,先后形成了重点生态功能区补偿、生态环保财力转移支付、"两山"建设财政专项资金、绿色发展财政奖补、公益林补偿及林权赎买等财政支持渠道,具有政府"购买"生态产品的生态补偿属性。2017年,又将重点生态功能区、生态环保财力转移支付、重点欠发达县(区)特扶、省级公益林补偿等整合为绿色发展财政奖补资金,和各地生态指标挂起钩来,提高了资金使用效率。丽水市受益于良好的生态环境,2011—2017年累计获得生态环保财力转移支付53.8亿元,2013—2017年累计获得公益林生态补偿资金29.4亿元。仅2017年就获得"两山"建设财政专项资金12.5亿元,绿色发展财政奖补资金18.9亿元。

(二)"卖":生态产品通过市场流转和交易

丽水在全国率先开创了运用市场机制实现生态产品价值的先河,探索出三个"卖"的渠道。

一是率先推进林地承包权和经营权分离,开展林地经营权流转。目前丽水林地流转规模约150万亩,流转率近30%,林农通过经营权让渡每年可获得100~200元/亩的收益,林业经营主体借助规模经营获得了更大的经济效益,实现了林农、林业经营主体双增益。

二是首创"河权到户",探索治水新模式。政府将河道管理权和经营权分段或分区域承包给农户,每公里河道年均收取出让费用200~500元;承包者在整治

河道环境的基础上，通过生态鱼类观光、农家乐经营等实现溢价收益，预计每公里河道年均增收8000元以上。

三是探索生态产品市场"拍卖"。2013年丽水高坪乡在全国首办"空气"拍卖会，面向市场"出售"3个村一年的休闲养生服务权，最终以174万元"天价"拍出。通过这次拍卖，高坪乡3个村的旅游总收入比上年提升了一倍多，好生态卖出了实实在在的高收益。

（三）"转"：生态优势转为产业发展优势

丽水利用优质生态资源吸引投资，降低企业成本，通过绿色产品的市场溢价来实现生态产品价值，创造了若干践行"两山"理论的经典范式。

一是生态旅游+民宿经济。丽水利用良好的生态环境和丰富的历史文化遗产优势，扶持建设了一批以"生态旅游+民宿经济"为主题的旅游村镇，形成了融乡村景观、乡村生产、乡村生活、乡村建筑为一体的"丽水山居"旅游品牌，旗下农家乐民宿经营户3200多家，带动就业近4万人。通过"丽水山居"的影响力，丽水市常年游客云集，民宿客房供不应求。

二是品牌培育+绿色农业。丽水立足区域原生态优质农产品优势，以政府名义注册了全国首个地级市农产品公用品牌"丽水山耕"，品牌价值达26.59亿元，不仅扩大了地区绿色农副产品的销路，更带动了价值提升，产品溢价率达33%。

三是生态要素+生态工业。丽水充分发挥清新的空气、洁净的水源、宜人的气候等生态产品优势，将生态要素转化为生产要素，成功吸引了四川科伦药业、德国肖特集团等国内外著名生态友好型企业入驻。四川科伦药业落户丽水龙泉后，优异的空气质量减少了60%的系统维护成本，优良水质降低了50%的水净化成本，生物质燃料的应用使单瓶蒸汽耗用成本下降90%，而企业生产过程中的零排放则实现了对地区生态环境的零冲击。

（四）"换"：生态资源换资本

依托林地资源优势，丽水通过一系列的体制机制突破创新，积极探索"活权变活钱""叶子变票子"，打通了生态资源资产化、证券化、资本化的转换通道，实现了资源"换"资本。

一是林权抵押贷款。丽水在我国率先出台了《林地经营权流转证管理办法》，实现了林地承包权和经营权分离，并赋予流转证林权抵押、林木采伐、享受财政补助等权益证功能。为20万农户建立了"林权IC卡"，农户可凭此卡到银行办理贷款。截至2017年底已累计发放林权抵押贷款202.2亿元，贷款余额占浙江省一半以上，居全国各地级市第一位。

二是公益林补偿收益权质押贷款。丽水在全国率先试行公益林补偿收益权质押贷款，以未来10年公益林的补偿收益作为质押，每亩公益林可贷款300元，贷款期限可达5年，并实行不超过贷款基准利率1.3倍的优惠利率。如此，盘活了丽水数百万亩公益林生态资产，充分发挥了公益林补偿金的乘数效应。

三是林地信托抵押贷款。丽水龙泉市在全国率先试行林地信托抵押贷款，使生态资源变身为金融资产，并实现凭证化、证券化，林农既可通过信托收益权凭证交易提前变现，也可以质押融资，实现了林农资产效应的最大化。

二、产生了经济、社会、生态综合转化效益

丽水落实"两山"理论的生动实践不仅开启了地区经济高质量发展的华章，也助推了社会文明水平的提升，激发了社会各界保护生态、呵护环境的决心和意志，形成了生态、经济、社会良性循环。

（一）生态环境状况稳步改善

经过10多年坚持不懈的努力，丽水生态环境状况指数连续14年位居浙江省第一名，生态环境质量公众满意度连续9年位居浙江省第一名，生态文明总指数为浙江省第一。丽水森林覆盖率达到80.79%，居全国第二位。通过全力推进"五水共治"和河长制，丽水在浙江省率先实现消灭全境劣Ⅴ类水体，全域创成"清三河"达标县（区），2017年丽水城市地表水环境质量位居浙江省第一名，县（区）以上集中式饮用水源地水质达标率100%。丽水环境空气质量指数优良率位

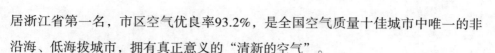

居浙江省第一名，市区空气优良率93.2%，是全国空气质量十佳城市中唯一的非沿海、低海拔城市，拥有真正意义的"清新的空气"。

（二）绿色发展成效逐步显现

丽水坚持"绿水青山就是金山银山"，大力发展生态产业，以绿色发展带动高质量发展，实现了生态环境保护与经济发展的相互促进、相互协调。2015年丽水在浙江省率先提出"园区外基本无工业、园区内基本无非生态工业"目标，3年共整治"低小散"企业3200多家，每年减少重污染、高能耗工业产值100多亿元。2017年，丽水的万元GDP能耗降低到0.35吨标准煤，远低于全国0.54吨标准煤的平均水平。2017年，丽水在GDP增速比全国低0.1个百分点的情况下，一般公共预算收入同比增长11.5%，明显高于全国平均水平，体现了发展的质量。2018年第一季度，丽水规模以上工业呈现出强劲发展势头，在整改275家企业、淘汰78家落后产能企业的背景下，工业增加值增幅仍保持浙江省第一名的优异成绩，"绿水青山"的经济效应在丽水得到充分体现。

（三）社会发展水平显著增强

丽水落实"两山"理论的实践，促进了居民收入增长。2017年，丽水城乡居民收入分别达到38996元和18072元，分别是2007年的2.45倍和4.13倍，其中农民人均可支配收入增幅连续9年位居浙江省第一位，成为"两山"理论的直接受益者。同时，也促进了优秀历史文化遗产的保护和挖掘。丽水的剑瓷文化、石雕文化、华侨文化、黄帝文化、廊桥文化、巴比松油画文化、汤显祖文化等历史文化得到传承与保护。社会文明水平也同步提升，打造出了"最整洁、最礼让、最有序、最有爱心、最平安"的"五最"城市品牌。在第五届全国文明城市评选中，丽水以"地级市全省第一、全国第四"的优异成绩获评全国文明城市。

三、对策建议

丽水经验表明，保护和修复绿水青山能够实现经济发展、社会进步和生态改善三位一体的综合效益。丽水实践可复制、能推广，建议从国家层面不断推动改革创新，加快建立生态产品价值实现机制，促进生态兴邦、绿色富民，真正让绿水青山变成金山银山。

（一）加强顶层设计，出台生态产品价值实现机制的指导性文件

从国家层面做好顶层设计和政策制度安排，尽快出台建立健全生态产品价值实现机制的指导意见，明确生态产品价值实现机制的总体要求、重点任务、实现路径，推动开展体制机制创新，提供政策和资金保障，指导地方实践，更好地推进绿水青山向金山银山转变。

（二）开展试点示范，积极探索生态产品价值实现的路径

从东部、中部、西部地区选择不同生态要素类型、不同经济社会发展阶段、不同主体功能定位的地区，开展生态产品价值实现机制试点，探索差别化实现路径，进行制度创新和政策创新试验。支持丽水进一步探索生态产品价值转化的路径和机制，放大"绿水青山"变"金山银山"的转化效应。

（三）强化能力建设，完善生态产品价值实现的保障

依托国内著名研究机构的科研力量，设立"两山"学院，全面深化"绿水青山就是金山银山"的基础理论研究，推动理论创新与突破。研究出台《生态保护补偿条例》等新的法规，推动生态产品价值实现的制度化、法制化。开展生态产品价值评估核算研究，科学测算生态产品的内在价值和潜在价值。培育生态服务价值评估、生态产品认证等服务机构，建立生态系统功能的信用评估和定价机制，提高生态产品价值实现的支撑能力。

参考文献

1. 季凯文，齐江波，王旭伟. 生态产品价值实现的浙江丽水经验[J]. 中国国情国力，2019(2).

2. 兰秉强，叶芳. 生态产品价值实现机制的"丽水样板"[J]. 浙江经济，2018(18). 44-45.

3. 周立军. "青山"兑"金山"的生态产品价值转化实践[J]. 浙江经济，2018(24). 54-55.

4. 浙江省人民政府办公厅关于印发浙江（丽水）生态产品价值实现机制试点方案的通知
[R]. 浙江省人民政府公报，2019(12). 13-18.

5. 朱土兴. 高质量构建生态产品价值实现机制[N]. 丽水日报. 2018-08-05（002）.

（执笔人：李忠、刘洋）

实证篇二

推进生态产品转化 助推乡村振兴战略
——浙江省生态产品价值实现有关情况的调研

内容提要：乡村是生态产品供给相对丰富的地区，浙江省在"两山"理论的指引下，形成了以生态农业为基础，生态旅游为突破口，农村电商、休闲农业、文化创意等产业新业态为重要补充的生态产品价值转化模式，通过促进全产业链发展和一二三产业融合，加强品牌建设，进一步扩大价值转化的赢利点、提高价值转化的附加值，推动乡村经济蓬勃发展，为全国乡村地区推进生态产品价值转化提供了浙江经验，也为乡村振兴战略的实施提供了重要抓手。

党的十九大报告指出，必须树立和践行绿水青山就是金山银山的理念。"两山"理论是习近平新时代生态文明思想的标志性观点和代表性论断，是当代中国马克思主义发展理论的重要创新成果，是全面建成小康社会的重要指引。"两山"理论的核心是推动生态产品价值转化为经济价值，实现生态经济化和经济生态化。浙江省既是"两山"理论的发源地，又是国家生态产品价值实现机制的试点省份。为研究浙江省生态产品价值实现的路径和模式，课题组一行赴浙江进行了为期一周的调研。在调研过程中，课题组发现浙江省通过转化生态产品价值，推动了乡村产业绿色发展，保护和修复了乡村生态环境，实现了农民增收，推动了乡村振兴战略的顺利实施。实现生态产品价值转化,成为实现乡村振兴战略"产业兴旺、生态宜居、乡风文明、治理有效、生活富裕"总要求的重要抓手,浙江省的相关实践与做法,可以为各地实现生态产品价值转化,振兴乡村提供经验和借鉴。

一、浙江省生态产品价值转化的路径和模式

浙江省在"两山"理论的指引下,形成了以生态农业为基础,生态旅游为突破口,农村电商、休闲农业、文化创意等产业新业态为重要补充的生态产品价值转化模式,同时注重促进全产业链发展和一二三产业融合,以品牌建设实现生态产品溢价,初步探索出了一条渠道多样、机制顺畅、因地制宜的生态产品价值转化之路。

(一)以高效生态农业为主攻方向

浙江省围绕投入品减量化、生产清洁化、废弃物资源化、产业模式生态化,加快建立循环低碳的生产制度,总结提炼和集成推广生态循环农业技术创新模式和主推技术。化肥、农药比全国提前7年实现减量,废弃农膜回收率达到89%,畜禽粪便综合利用率达到96%,秸秆综合利用水平达到92%。安吉县溪龙乡有1.8万亩茶园,通过对生态进行修复,在茶园当中夹种树木,实行统防统治,降低农药使用,保证白茶的品质。目前,安吉县白茶种植面积达到17万亩,总产量达到1810吨,总产值达22.58亿元,2017年仅白茶一项就贡献了该县农民人均年收入6000多元,给当地农民释放了"生态红利"。青田县的"稻鱼共生"农业生产模式已有1300多年历史。青田通过积极推广"百斤鱼、千斤粮、万元钱"种养模式和再生稻技术,在提高稻谷产量的同时,降低了农药和化肥使用量,"稻鱼共生"需要的农药量比水稻单作要少68%、化肥量减少24%。青田稻鱼米成功跻身中高端大米市场,创造可观的经济效益。

（二）以乡村生态旅游为主要突破口

2017年，浙江省乡村旅游共接待游客3.2亿人次，同比增长18.5%，实现旅游经营总收入300.7亿元，同比增长17.9%。围绕省委省政府提出"力争到2022年全省有10000个行政村、1000个小城镇、100个县域和城区成为A级景区"的要求，浙江省启动实施城镇村"万千百"工程，在乡村旅游建设中注重生态优势、区位条件、地理风貌、自然禀赋、产业基础和人文内涵，突出乡村元素，留住传统，展示乡愁。2017年评定了首批2236个A级景区村庄和285个3A级景区村庄，全省培训乡村旅游等各类旅游人才超10万人次。各地在实践中摸索出不同的生态旅游模式。

湖州市作为上海、杭州等发达地区的后花园，充分利用自身经济发展活力和周边巨大的消费市场，发展乡村高端民宿，各种倡导自然、生态、环保的农家乐发展起来，逐步形成了莫干山国际乡村旅游聚集示范区和德清东部水乡乡村旅游集聚示范区。

安吉余村在"两山"理论的指引下，坚定走生态发展之路，推动"三改一拆"行动，先后关停矿山、水泥厂及大批竹筷企业，凭借得天独厚的自然环境和悠远厚重的历史文化，先后引进了房车露营、美丽乡村设计院、精品民宿等项目。

安吉鲁家村通过"能人经济"带动，积极发展村集体经济。通过乡贤集资、申请政府补贴等多种途径，成功创建美丽乡村精品村，发展家庭农场。18家农场将整个村庄串联成一个大景区，被纳入国家首批15个田园综合体项目之一，实现了村庄发展的"三级跳"。

丽水市松阳县推进全域旅游发展，加强村落的传统格局和历史风貌的整体保护，注重建筑布局、高度、风格、色调上与村庄传统风格相协调，创新开展"拯救老屋行动"，大力传承和发扬民俗文化，建成一批"画家村""摄影村""养生村""户外运动村"，并与周边村庄有机串联，带动整个区域的旅游发展。

（三）以培育产业新业态为重要补充

浙江省充分挖掘利用农业的多种功能，加快发展农业观光体验、电子商务、文化创意等新产业、新业态,不断发掘、提高产业附加值。到2017年累计建成各类休闲观光农业园区4598个,实现全年休闲农业接待游客2亿多人次,休闲观光农业园区总产值352.7亿元。全面实施农产品"电商换市"战略,拓展线上交易。全省建成10多个地方特色馆和一大批农产品专业平台。

遂昌"赶街"实践了县级电商服务中心、公共服务体系、农产品上行体系和消费品下行体系的县域电子商务发展模式,即农民专注于生产,公司负责营销,政府做好服务并帮助企业把控产品质量,让生态产品搭上"电商"的翅膀。

安吉县挖掘竹乐、竹叶龙、竹鼓等地方文化元素,打造"昌硕"文化品牌,开发书画、扇等文化衍生产品,环灵峰山休闲文化区等文化创意平台建设,大力发展生态影视文化,打造集剧本创作与交易、剧本评估、影视拍摄、后期制作、影视主题娱乐、影视教育培训等于一体的生态影视文化产业集聚区。

(四)促进产加销一体化以及一二三产业融合发展

浙江省积极推进农业全产业链建设,从2014年起开展全省示范性农业全产业链创建,按照纵向延伸、横向联结的思路,引入和培育农业龙头企业等产业链的核心组织,通过股权、品牌、战略合作等途径链接产业链各节点,推进农业产加销一体化以及一二三产业融合。全省以主导产业和特色农产品为重点,以示范园区和龙头企业为带动,已建成省级示范性农业全产业链55条。

湖州市安吉县利用竹林资源优势,推动一二三产业融合发展。竹子变成了能吃(竹笋)、能喝(竹饮料、竹酒)、能居(竹房屋、竹家具)、能穿(竹纤维制作的衣被、毛巾、袜子)、能玩(竹工艺品)、能游(竹子景区)的时尚用品,形成了七大系列5000多个品种。

遂昌金矿坚持"在保护中开发、在开发中保护"的绿色发展原则,成功将矿山打造为国家矿山公园和国家4A级景区,成为全国矿山旅游的典范和长三角地区的旅游热点。

松阳县结合特色农副产品和加工技艺,打造红糖工坊等融农业、工业与休闲于一体的农业特色工坊,推动乡村经济发展模式调整、乡村生产生活方式变革,将红糖工坊打造成旅游体验地，提高了产业附加值。

（五）实施品牌战略和标准化管理

近年来，浙江省把实施农业品牌战略作为深化农业供给侧结构性改革的重要抓手，把农业品牌建设放在更加突出的位置，持续推进农产品特色化、精品化、品牌化。比如，开展浙江名牌农产品和"浙江农业之最"评选，推行农产品质量认证，着力培育农产品区域公用品牌，不断提高无公害、绿色、有机食品、地理标志等"三品一标"农产品、品牌农产品比重；丽水市注册了农产品公用品牌"丽水山耕"，2017年新增参与"丽水山耕"母子品牌运作商标305个、新设计"丽水山耕"合作包装319个、新建"丽水山耕"合作基地1122个、新培育"丽水山耕"背书农产品613个，取得可喜的经济效益。

二、浙江省生态产品价值转化的要素保障经验

浙江省在开展生态产品价值转化中，通过先行先试、大胆探索，不断强化顶层设计，率先形成了保障"钱""地""人"等要素投入的新机制，同时也从生态产品价值转化角度，为解决乡村振兴战略所面临的要素缺口问题积累了经验。

（一）解决生态产品价值转化的资金缺口问题

一是稳步推进农村金融改革。浙江省创新并推广颇具特色的"信用+林权"贷款、公益林补偿收益质押贷款、村级惠农担保合作社等多种内容多种模式的林业金融产品。松阳县为推动茶产业的转型升级，创新开展茶园抵押贷款工作，金融机构以茶园品种、亩产值、经营期限为主要依据对茶园开展资产评估并办理"茶贷通"业务，截至2018年4月底，茶园抵押贷款余额1.5亿元，"叶子变票子"成为现实。

二是依靠政府补贴。推动种养殖方式生态化，农民负担的种养殖成本变化不大，但农药、化肥的减量使用会造成农作物减产，因此影响了农民发展生态农业的积极性。松阳县为打消农民顾虑，对按照绿色生态方式进行种植的农户，每亩

地补贴2000元钱,以弥补农产品减产的损失,而农民在享受到绿色生态农产品的高溢价之后,就会普遍接受生态化的种养殖方式。

三是积极引入外来工商资本。外来工商资本通过土地流转和宅基地使用权租赁等形式,深度参与乡村生态农业、生态旅游、文化创意等产业发展,为生态产品价值转化注入源源不断的"活水"。

(二)满足生态产品价值转化的土地需求

一是推动"坡地村镇"建设用地试点工作。通过实行"多规合一、精细用地、点状分布、垂直开发、征转分离、分类管理、点面结合、差别供地、以宗确权、一证多宗"等用地政策,将具备建设条件的低丘缓坡地开发为城镇建设用地、农村建设用地、旅游业建设用地,以及绿色产业建设用地,减少各类建设对平原优质耕地的占用,建成一批"房在林中、园在山中"集山、水、林、田、城于一体的生态型村镇和产业园区,促进乡村振兴、新型城镇化和城乡统筹发展。

二是开展矿地综合开发利用试点。矿地综合开发利用,是指露天开采矿山的采矿权人对矿区范围内的矿产资源和矿山开采后形成的土地资源进行统一规划、综合开发、高效利用的资源统筹开发利用模式。试点地区按照"宜耕则耕、宜建则建、宜景则景"的原则,将矿地综合开发利用与后续产业发展需求相结合,选择开采完毕后能产生建设用地并有明确矿地利用方向的,来发展包括乡村振兴战略、新型城镇化战略、旅游发展、绿色产业、农业综合开发、重大基础设施建设、公共服务设施建设等项目。通过试点,促进了浙江省建设用地的空间拓展,实现了资源开发、矿地利用、生态保护三者协调发展。

三是探索开展农村宅基地使用权分离和宅基地跨村流转工作。探索农村宅基地所有权、资格权、使用权"三权分置"。在改造农村居民住房、发展民宿时,对于有能力独立经营的农民鼓励其独立经营民宿以提高自身收入;对于欠缺经营能力的村民,可将宅基地使用权出租给外来工商资本。积极推进宅基地跨村、跨镇异地置换机制。松阳县出台了《松阳县农村居民异地建房管理暂行办法》和《松阳县旧村改造建房审批相关政策》,通过整村搬迁、下山脱贫、购买闲置住房等途径，打破行政界限，鼓励符合规定条件的农村居民到户口所在行政村以外的规划保留村购买用地性质为集体所有的闲置住房或新建住房、农民公寓，以实现宅基地资源的有效配置。

（三）培育、吸引人才参与生态产品的价值转化

浙江省大力培育农业新型经营主体，省级农业龙头企业达到494家，省级示范性农民专业合作社达到751家，省级示范性家庭农场达到993家，新型职业农民达到10.9万名，其中大学毕业生"农创客"达到1600余名。遂昌县以国家第二批支持农民工等人员返乡创业试点为契机，大力支持浙商回归和返乡创业，依托优质的山水禀赋和良好的政策环境，越来越多的乡贤被家乡的"绿水青山"所吸引，毅然"回巢"经营山水，为遂昌乡村振兴筑起了一座座"金山银山"。依托世界丽水人大会，遂昌共吸引100多位乡贤回乡，共商发展大计，最终签约8个项目，投资额达74.7亿元。近年来，遂昌坚持精准定位、精准对接、精准施策、精准服务，不断加大人才扶持力度。深化本土人才品牌建设，深入实施"百万农村实用人才培育计划"，积极地将创业致富带头人培训纳入农村实用人才培训，重点做好农家乐民宿"乡土管家""乡土导游""乡土厨师"等"乡土"系列培训班，共培训农村实用人才6521人。

三、面临的问题与挑战

尽管浙江省在生态产品价值转化方面取得显著效果，为全国生态产品价值实现创建了许多值得借鉴的经验模式，但在价值转化方面仍然面临许多问题与挑战。

（一）生态产品价值转化的组织化程度较低

当前广大农村地区参与生态产品价值转化的主体仍以"散兵游勇"式的家庭经营为主，组织化程度较低，多元化的经营主体仍在培育过程中，村集体经济实力有待提高。近些年来，我国城乡社会生产力快速发展，需要大力创新农业经营体系。工业化、城镇化的快速推进，带来了农村劳动力的大规模转移就业，对培育新型农业经营主体、发展适度规模经营提出了迫切要求。随着农业科技的进步和推广应用，农业生产机械化、农业服务社会化、农业经营信息化快速发展，又为创新农业生产经营方式和服务方式提供了基础和条件。

（二）生态产品价值转化中的农民权益保障不足

在与外来工商资本开展合作的过程中，多数农民选择将自家农田、林地或宅基地的经营权和使用权流转出去，以获得少量的流转费用，每亩农田和林地的流转费用一般为几百上千元，每年宅基地出租仅能增收一两万元。而外来工商资本在实现生态产品价值转化后，产生的高附加值可使每亩地增收几千元甚至上万元，经营民宿的收益可以达到每年十几万至几十万元，农民仅能享受约10%的生态产品转化收益，造成农民利益流失。

（三）农村产权流转交易体系仍不健全

一是农村产权交易仍存在法律政策障碍。从现行法律条文规定来看，农村集体经营性土地入市还在试点中，不动产权证要求农村宅基地使用权和农村房屋所有权两证合一。在实践中，农村宅基地使用权和农村房屋所有权流转、以家庭承包方式所取得的土地承包经营权抵押、林权抵押等都存在较大的法律风险。

二是农村产权资源整合还不到位。如丽水市可上市交易的十余类农村产权管理职能分布在6个部门，与此相对应的各类农村产权大多都有各自的交易流转平台，如不动产交易中心、土地承包经营权流转中心等。上述部门、银行、中介、农民等各方之间都还缺乏信息数据交换互通机制。

三是农村产权配套体系尚不完善。与农村产权相关的评估、担保、收储、经纪中介等配套的社会服务尚不够完善，农村产权评估难、担保难、融资难、处置难的现象仍然比较突出。

（四）生态产品价值转化与乡村传统文化之间缺乏良性互动

生态产品价值转化，不仅要注重其经济价值转化，更要注重融入乡村文化价值。当前农村在开展村容村貌整治、建设美丽乡村的过程中，过分追求"外在美"而忽略了"内在美"，放弃了具有文化传承、历史美感的古屋、古树、古老工艺等文化标识，修建了整齐的洋房、笔直的柏油路，然而原有的村容村貌却没有得到保存和继承，形成"千村一面"的现象，这恰恰丧失了生态产品的核心竞争力。实现生态产品的价值，一定要在提升文化内涵上下功夫，让一座青山、一塘清水、一棵古树、一栋老屋、一种手艺、一个故事，都承载着文化，寄托着乡愁；让生态之美不仅美在形上，更美在"魂"上。

四、启示

生态产品价值转化应坚持多元化、多形式、多主体的模式，通过构建新型经营体系，建立合理的利益分配机制，完善农村产权流转交易体系，理顺生态产品价值转化机制。同时在生态产品中融入乡村文化，在保护文化传承的同时提高生态产品的核心竞争力。

（一）构建生态产品价值转化的新型经营体系

一是发展多元化的生态产品价值转化的规模经营模式。从各地的探索实践来看，目前主要有承包农户之间"互换并地"、农户流转承包土地、开展土地股份合作、社会化服务组织与农户联合、工商企业租赁农户承包地或宅基地等多种形式。各地应结合自身实际情况和基础条件，选择合适的规模经营模式，探索适宜的适度规模经营发展路径。

二是进一步培育生态产品价值转化的经营主体。专业大户、家庭农场、农民合作社、企业等新型经营主体，是农村实现生态产品价值转化的骨干力量。应适当鼓励在公开市场上将土地承包经营权向专业大户、家庭农场、农民合作社、企业等新型经营主体流转，促进农业新增补贴向新型经营主体倾斜。引导发展农民专业合作社联合社，鼓励和引导工商资本到农村发展适合企业化经营的生态农业和生态旅游业，鼓励发展混合所有制产业化龙头企业。

三是重视农村集体经济在生态产品价值转化中的作用。农村集体经济组织可以利用未承包到户的集体"四荒"地、果园、养殖水面等资源，集中开发或者通过公开招投标等方式发展生态产品价值转化项目。在符合规划前提下，探索利用闲置的各类房产设施、集体建设用地等，以自主开发、合资合作等方式发展相应产业。鼓励整合利用集体积累资金、政府帮扶资金等，通过入股或者参股农业产业化龙头企业、村与村合作、村企联手共建、扶贫开发等多种形式发展集体经济。

（二）建立恰当的利益分配机制

在生态产品价值转化中，要注重统筹城乡发展，推动城乡要素的双向合理流动，改变过去农村向城市的单向流动模式，引导城市的资金、技术、人才等要素流向农村。在积极鼓励和吸引工商资本参与乡村发展的同时，要有所选择，要选择有理想情怀、有文化知觉、能与农民分享发展利益的工商资本，并积极建立工商资本与当地百姓合作共赢、互为支撑、和谐共处、有机融合的利益分配机制，共同推进生态产品价值转化和乡村发展。政府要成为农民的坚强后盾，维护好农民的应得利益；充分发挥村集体力量，在与工商资本合作过程中，村集体应作为农民利益的代表，以增强农民的话语权；鼓励农民以土地、宅基地相关权益作为股权入股各新型经营主体，充分享受生态产品转化价值，而不是单纯地将权益流转出去、只能获得较低的固定流转费用。

（三）完善农村产权流转交易体系

一是培育农村产权交易市场。积极鼓励、大力扶持交易市场主体的建设，通过政府购买服务的方式，根据农村产权流转交易宗数，为服务平台提供相应的补贴。鼓励市场充分竞争，发挥好农民的主体作用和中介组织的服务功能，有效实现农村产权的溢价增值。

二是拓展农村产权交易品种。现阶段可交易的农村产权主要有土地承包（流转）经营权、林权、集体经营性资产所有权等八类。作为农民最大的财产权，农村宅基地和农房能否上市交易并没有明确。未来应进一步推动法律没有明确限制的农村产权品种入市流转交易，积极、稳妥地开展农村宅基地利用改革。

三是建设产权交易配套服务体系。制定相应的扶持政策来鼓励现有的各类评估机构充分进入农村产权评估市场，定期发布不同区域的各类农村产权评估指导价。有序发展村级互助担保，利用乡里乡亲信息对称、集体内部产权处置便利等优势，通过乡规民约的约束，有效降低农村产权抵押融资的坏账率。及时处置农村产权融资过程中产生的不良资产，化解金融机构、担保组织的风险，实现农村产权的再分配。

四是推动农村产权直抵融资。加快抵押融资、流转交易、诚信征信等数据交换，实现农村产权、农户信用等级的线上快速评估和评定。建立金融风险预警和分担机制，完善与农村产权抵押融资相关的规章制度。建立农村产权抵押融资贴息机制，整合粮田直补、公益林补偿资金等各类支农资金，对农户实行直接补贴，减轻农民融资成本。

（四）生态产品转化要能记住乡愁

从乡村业态策划做起，长远考虑乡村业态培育问题，促进业态与乡村资源禀赋、文化底蕴的有机衔接。以古村落、自然生态村落等为依托，强化古屋、古道、古树、古老种植加工工艺等乡村文化资源的修复、保护和利用，培育融乡村文化与民俗风情于一体的生态产品价值转化业态，这既是发展乡村旅游的重要资源，也是生态产品的独特卖点。

一要有乡俗风情。千百年来的农耕文化积淀形成的生产方式、生活习俗、民俗风情和传统节庆构成了乡村独有的文化特性，这是乡村旅游的生命源所在。乡俗风情无处不在，除了民俗节庆，还包括各种民间社会礼仪、传统工艺、风味小吃等，这些不仅是一种宝贵的旅游资源，还是一个地区、一个民族独特的精神财富，必须注重保护与传承。

二要有历史文化。浙江历史文化村落风格迥异，乡村人文故事丰富多彩，乡村宗祠文化富有特色，必须要梳理好当地文脉，保留好当地文韵，存留好当地古味。

三要有乡村纯真。乡村的纯真体现在元真的、古拙的、独特的民居、古道等载体上，积极开展"拯救老屋行动"，保留农村宝贵的古桥、古树、古宅资源，保护乡村旅游的核心元素。

（五）实现生态产品价值转化，要选对路径

各地都在探索和实践"绿水青山"通往"金山银山"的路径，每一个地区都有各自不同的自然地理、生态环境、人文社会等特征，经济发展阶段也不尽相同，在选择生态产品价值转化路径上必须充分发挥自身优势，尽量避免发展劣势，努力将生态优势转化为发展优势，统筹协调发展与保护的关系。

经济发展活力强、区位优势好的地区，可以加快转化进程，走高投入、高附加值的高端模式（德清模式）；生态环境方面有历史欠账的地区，可以进行一定程度的投入，开展生态环境整治，积极开展生态产品价值转化的设计和规划工作，走中投入、绿色化的修复模式（安吉模式）；经济发展相对落后，乡村文化特色强的地区，可以避免大拆大建，充分利用原有的村庄风貌，保护和继承乡村文化，走低投入、有文化特色的原生态模式（松阳模式）。

参考文献

1. 孔祥智，刘同山. 论我国农村基本经营制度：历史、挑战与选择[J]. 政治经济学评论，2013(4). 78—133.

2. 国务院发展研究中心，中国农村劳动力资源开发研究会联合课题组. 我国走出城乡二元经济结构战略研究[J]. 经济研究参考，2005(9). 2—48.

3. 孔祥智，周振. 我国农村要素市场化配置改革历程、基本经验与深化路径[J]. 改革，2020(7). 27—38.

4. 郭晓鸣，廖祖君. 从还权到赋能：实现农村产权的合法有序流动——一个"两股一改"的温江样本[J]. 中国农村观察，2013(3). 2—9+18+90.

5. 叶银龙. 农村信用体系建设、信用成果运用与信贷模式创新——以浙江丽水农村金融改革试点为例[J]. 西南金融，2016(3). 66—70.

（执笔人：刘峥延）

浙江林业改革对生态产品价值实现的启示
——浙江林改有关情况的调研

内容提要：为了解决"守着绿水青山却难致富"的问题，改变"砍树生财"的传统林业生产经营模式，浙江省以林业改革，推动林业资源向资产、资本转变，着重解决"谁来经营""钱从哪里来""老树发新芽"，以及三产融合、生态品牌体系、考核和补偿力度等问题，实现了从"砍树"到"看树"的蜕变。浙江林改经验对打通"绿水青山"向"金山银山"的转换通道提供了有益借鉴，特别是在手段综合化、产权法律化、主体多元化、运作金融化、生态产业化、品牌高端化等方面，为探索全国生态产品价值实现路径提供了浙江智慧和浙江经验。

为了解决"守着绿水青山却难致富"的问题，改变"砍树生财"的传统林业生产经营模式，浙江省以林业改革创新，推动林业资源向资产、资本转变，实现了从"砍树"到"看树"的蜕变。浙江林改经验对打通"绿水青山"向"金山银山"的转换通道提供了有益借鉴，为探索全国生态产品价值实现路径提供了浙江智慧和浙江经验。

一、浙江林业改革的做法和成效

在"七山一水两分田"的浙江，绿水青山是得天独厚的自然财富。近年来，浙江林业坚持以"八八战略"为指导，努力把浙江"七山"优势转化为生态优势、经济优势和富民优势，深入践行"绿水青山就是金山银山"的科学论断，加快推进林业改革，初步探索出一条促进林业生态产品价值实现的现代林业发展路子。

（一）推进经营权流转，解决"谁来经营"的问题

浙江推广林地、林木和家庭林场等三种股份制合作模式，发展适度规模经营，引进工商资本与林农结成利益共同体，组建林业股份制合作组织168家、培育家庭林场1645个、林业合作社5512个、"林保姆"式专业户3.58万户。

加快林业流转机制改革，在全国率先实施《林地经营权流转证》制度，颁布实施了《浙江省林地经营权流转证发证管理办法》，全省累计已发放流转证1352本，涉及林地84.5万亩，林地所有者的权益得到有效保护，吸引社会资本投资林业累计近500亿元。

（二）创新林权抵押贷款，解决"钱从哪里来"的问题

创新推广颇具特色的"信用+林权"贷款、公益林补偿收益权质押贷款、村级惠农担保合作社等多种内容、多种模式的林业金融产品，破解了林权不能作为抵押物贷款的难题，并保障林权抵押贷款制度化、规范化。先后推出了林农小额循环贷款、林权直接抵押贷款、森林资源资产收储中心担保贷款、"林贷通"等模式。

首创"统一评估，一户一卡，随用随贷"的林权信息系统（"林权IC卡"）、经营权流转证抵押贷款和公益林补偿收益权质押贷款。贷款规模和覆盖面不断扩大，2013年以来累计发放林权抵押贷款超过350亿元，借款农户超过50万户，比前5年分别增长3.37倍、3.84倍，"叶子变票子"成为现实。

（三）推进林业传统产业转型发展，促进"老树发新芽"

一是林业以树为本，把有限林地资源用于发展珍贵树种和优质用材林。实施"新植1亿株珍贵树"行动，加快"珍贵彩色森林"建设。以增加珍贵木材战略储备为目标，以山地造林、补植培育、四旁植树为重点，因地制宜、合理布局，实行规模发展与分散培育相结合、人工造林与补植改造相结合的方式，大力发展木材质量好、市场价值高、培育前途大的珍贵乡土树种，建设大径级木材培育基地，更好地推进"藏富于地、蓄宝于山"。2016—2018年4月底，已累计新植珍贵树木6756.2万株，建设"珍贵彩色森林"545.3万亩。

二是以林产业全产业链建设来提升产业综合产值。加快竹产业全产业链建设，突出多功能开发和多业态融合，以安吉、龙游为重点县，开展竹产业转型升级试点工作。2017年，浙江全省竹业综合总产值470亿元，约占全国的1/4。围绕"服务山区、精准致富增收"，科学有序引导发展油茶、山核桃、香榧等特色木本油料产业，加大精深加工和林旅融合力度，2017年产值超80亿元。萧山、长兴、海宁、嵊州、金东等地的花卉苗木经济带发展迅速，2017年全产业链产值超过570亿元。

（四）以三产融合发展，大力引导培育林业新兴产业

一是以森林旅游为突破，发展森林休闲、森林养生、森林体验等产业。深度挖掘林业景观功能和生态功能，变生态禀赋成为后发赶超优势。加快生态经济化，强化景观森林、古村落、古道、古树等森林休闲养生资源的修复保护和利用，培育融森林文化与民俗风情为一体的森林旅游。温州市、丽水市和淳安、安吉、磐安等市县荣获全国森林旅游示范市县称号。2017年全省森林旅游休闲养生产业产值达到1661亿元，占全省林业总产值的29.5%。

二是推广"一亩山万元钱"模式，大力发展林下经济。2015年起，浙江省启动实施"一亩山万元钱"林业技术推广三年行动计划。三年来，累计推广"一亩山万元钱"面积66.5万亩，实现总产值78.6亿元，增收36.1亿元。

三是创新开展森林系列建设，有效搭建产业发展平台。浙江省制定出台了《关于推进森林特色小镇和森林人家建设的指导意见》等一系列产业政策，以试点示范引路，围绕镇与村开展森林特色小镇和森林人家建设，通过整合区域森林资源、特色产业和乡土文化，加快促进林业与休闲旅游、生态教育、医疗康养、文化创意等元素的深度融合，积极打造"产业兴旺、生态宜居、乡风文明、治理有效、生活富裕"的乡村振兴林业样板，目前已列入创建的特色小镇73个、森林人家158个。

（五）以生态文化为特色，构建森林生态品牌体系

一是推进品牌标准化建设。以标准为先导，实行产品质量追溯、企业诚信和质量监管体系"三位一体"的品牌质量保证体系。5年来，浙江省已经有2家林业企业获得省政府质量奖、5个林产品被评为中国名牌产品、197个林产品被评为浙江名牌产品。并且开展森林食品认定试点工作，浙江全省共认定森林食品基地114万亩，给"森林食品"品牌提供了基地保障。

二是打响"最美系列"品牌。先后开展了"最美森林""最美湿地""最美古树""最美森林古道""最美护林员"等评选活动，并且在浙江省政府"浙江发布"官方微博、微信网络平台等媒体上进行宣传，引起高度关注。

三是做优节庆品牌。结合各地特色，积极举办"森林旅游节"和油茶、香榧、山核桃文化节等节庆品牌。

（六）多措并举，积极开展碳排放权和林业碳汇交易试点

一是广募林业碳汇建设公益资金。自2010年以来，浙江省先后成立中国绿色碳汇基金会、浙江碳汇基金、温州碳汇基金、临安碳汇基金，以及鄞州、北仑、瑞安专项，基本形成了"基金会→基金→专项"的三级管理体系。同时相继制定出台《浙江碳汇基金管理办法》《浙江碳汇基金碳汇项目实施方案编制提纲》等规定。截至目前，全省共募集社会资金近1.6亿元。

二是大力实施碳汇营造林项目。2010年，浙江被列入全国首批9个碳汇造林试点省份，温州市、鄞州区等10个市（县、区）承担了全国20%的试点任务。全

省已完成碳汇造林5.47万亩，碳汇森林经营9.21万亩，共建成碳汇林14.68万亩。

三是试点开展林业碳汇自愿交易。2011年在义乌交易试点启动会上，成功交易了全国首批14.8万吨林业碳汇。

四是中国经济金融数据库（CCER）林业碳汇项目获得备案。"仙居县生物多样性碳汇项目""苍南碳汇造林项目安吉竹林经营碳汇项目"已向国家发展改革委申报备案。

（七）加强考核和补偿力度，建立健全生态奖惩制度

浙江省把森林覆盖率和蓄积量列入了省对市党政领导班子实绩评价指标体系，并列入淳安等26个县（区）发展实绩评价指标体系，与干部使用、转移支付、责任追究等挂钩。

浙江省不断加大对生态公益林的补偿力度，补偿标准从2013年的19元/亩提高到现在的31元/亩，其中大江大河源头县和省级以上自然保护区为40元/亩，位居全国前列，惠及1300万人。2017年浙江省政府出台了《关于建立健全绿色发展财政奖补机制的若干意见》，明确对丽水、衢州等重点生态功能区进一步加大对森林覆盖率、森林蓄积量指标的财政奖补力度。

浙江全省的森林资源年度监测指标持续向好，森林资源总量持续增长、森林质量稳步提升。森林覆盖率比5年前增加了0.28个百分点，达到61.71%的历史高位，提前实现"十三五奋斗目标"。全省森林蓄积达3.3亿立方米，比5年前增加了0.71亿立方米，年均增幅为5.38%。促进了国土绿化，5年来，全省新增平原绿化258万亩，平原区域的林木覆盖率达到20.01%，提高了5.21个百分点。

二、对全国生态产品价值实现的启示

浙江林业改革将"绿水青山"资源转化为人民群众手中的"金山银山"，切实变"活树"为"活钱"。但是，要摒弃浙江林改探索中的碎片化、地方化经验，提取可推广可借鉴的思路，为全国生态产品价值实现的路径提供有益启示。

（一）手段综合化，充分运用政府与市场"两只手"

从全国来看，生态产品丰富的地区多是重点生态功能区，也往往是经济欠发达地区，面临生态保护和经济发展的双重压力，需要综合政府与市场的作用，"有形之手"与"无形之手"各就各位、各显其能。

政府路径主要作用于生态建设资金安排、转移支付和生态补偿。增强财政资金对生态功能区的扶持力度，同时要加强资金统筹使用力度，提高资金效率。探索通过政府赎买、置换等方式，使"靠山吃山"的农民利益损失得到补偿，实现社会得绿、农民得利。

市场路径主要是充分发挥市场在环境资源配置中的决定性作用，通过培育生态产品市场，创新绿色金融工具，不断提升生态产品的价值和质量，活跃生态产品的市场交易和生态资源的产业化经营，大力发展绿色生态经济，推进生态产品价值的市场实现。

（二）产权法律化，夯实产权基础

"权属明晰、四至明确"是推进生态资源和生态产品改革的基础。借助国家完善自然资源产权和用途管制制度，推进自然资源资产的确权、登记和颁证工作，明晰生态资源的所有权及其主体，规范生态资源资产使用权，保障生态资源资产收益权，激活生态资源资产转让权，理顺生态资源资产监管权，建立归属清晰、权责明确、监管有效的生态资源资产产权制度。按照产权规律和不同生态资源的类型，进一步分类实行所有权、承包权、经营权三权分离。积极引导农民进行经营权流转，促进适度规模经营，同时为抵押贷款等金融创新奠定基础。

（三）主体多元化，提高经营效率

在保障农民长远利益的基础上，培育多种新型的生态产品经营主体，促进专业化、合作化、规模化经营，提高生态产品经营效率。

积极发展家庭农场、林场。大力发展粮食经济作物型、果蔬园艺型、机农一体型等家庭农场，支持以农村土地承包经营权、林权作价入股建立家庭合作农场。

规范发展农民专业合作社。鼓励发展土地股份合作社、资金互助合作社等新型合作社，打造一批有较强发展实力和竞争力的联合社，开展社会化服务，将生产、销售、金融有机融合，确保农民成为合作社发展及政策支持的直接受益者。

积极培育生态产业龙头企业。引进和培育一批产业链条长、产品附加值高、市场竞争力强、品牌影响力大的龙头企业，支持企业开展技术改造，提升产品研发和精深加工技术水平。

有序引导工商资本投资生态产业建设。建立健全工商资本服务体系，引导投资主体与农户建立紧密型利益联结机制，构建新型经营合作体系。

（四）运作金融化，盘活生态资源资产

积极发展绿色金融，创新绿色金融服务体系，盘活生态资源资产。借鉴浙江省林权抵押贷款制度，探索和完善其他类别的生态产品产权抵押贷款。重点解决抵押评估、担保和变现问题，鼓励发展规范化的评估机构和从业人员，承担信用评估服务。引导设立担保基金，通过建立小额生态产品贷款担保合作社、资金互助社和国有控股担保公司等办法，解决产权抵押的贷款难题。

加强与金融部门合作，创新金融产品服务模式，丰富绿色金融产品，加快培育合格的承贷主体，大力倡导"信用社+农民专业合作社+社员+基金"等多种贷款模式创新。

规范形成省市县一体化的各类生态产品交易平台，搭建生态产品产权抵押贷款平台、仓储融资平台、在线融资平台。扩大森林、农田、渔业等保险品种，大力推进政策性综合保险。积极探索建立生态产品绿色银行。积极争取世界银行等国际金融组织的优惠贷款。

（五）生态产业化，培育绿色发展新动能

推动一二三产业深度融合发展，构建多业态多功能的生态产业体系。立足不同地区的生态资源特点，以提高生态资源的保护和利用水平、优化生态产业结构为出发点，以基地建设为载体，整合优势资源，紧紧围绕主导产业和优势特色产

业，加快发展生态产业。同时，顺应"互联网+"新趋势，大力发展新技术、新产业、新业态、新模式，通过创新驱动和产业转型升级，不断培育绿色发展新动能。

切实转变生态产品发展方式。深入实施创新驱动，大力培育行业龙头企业，加强新技术、新工艺、新方法的运用，加快新兴产品研发，深挖精深加工潜力，积极研发植物化妆品、保健品、药品和日用品等生态资源衍生产品，优化产品结构，提高附加值。

积极探索和发展林下经济、循环农业等高效生产模式。促进生态产业的集约经营，提高产出率、资源利用率和劳动生产率，提高综合经营效益，促进农民持续、普遍、较快地增收致富。

全面加快发展生态休闲养生产业。围绕森林公园、湿地公园、自然保护区等生态旅游资源，因地制宜地建设一批生态休闲养生福地，积极培育和丰富生态休闲养生产品，打造一批有品牌、有品质、有品位的森林小镇、湖边渔家、温泉小镇、茶叶小镇等生态休闲养生基地。

大力发展"互联网+生态产业"。依托电子商务加强生态产品市场流通体系建设，建立三产融合的服务大平台，巩固提升生态产品促销平台，加快发展生态产品电子商务和物联网，"线上"与"线下"相结合，引导花卉、林果、渔业等各类生态产业的经营主体与电商企业对接，加强产销衔接，打造现代生态朝阳产业。

（六）品牌高端化，提高生态产品附加值

加强生态产品品牌建设，加强品牌整合力度。推进生态产品品牌标准化建设，把小品牌、散品牌、弱品牌整合成区域性生态产品大品牌，形成规模优势，统一标准、统一要求、统一宣传，加大品牌推广力度，扩大品牌的知名度和影响力。

抓好生态产品基地认定工作，实施标准化生产推广项目，探索生态食品认证。推动生态产品生产上规模、质量上档次、管理上水平，提升区域品牌的市场竞争力和社会美誉度。

　　加强生态产品行业协会建设，发挥协会行业协调、行业自律、行业服务的重要作用。

　　加强品牌安全监管。坚持源头治理、标本兼治、综合施策，着力构建质量追溯制度、企业诚信机制、质量监管体系"三位一体"的安全监管模式。倒逼生产经营方式转变，推动产业可持续发展。

参考文献

1. 林云举. 坚定践行"两山"理论全力推进林业现代化建设[N]. 中国绿色时报，2018-04-10.

2. 黄旭明. 深化改革创新攻坚加快发展现代林业[J]. 浙江林业，2016(1). 8-9.

3. 黎元生. 着力打造生态产品价值实现的先行区[N]. 福建日报，2016-11-29.

4. 廖福霖. 生态产品价值实现[J]. 林业经济，2017(7). 50-53.

5. 林云举. 深化集体林权制度改革盘活浙江万重山[J]. 浙江林业，2015(9). 5-7.

6. 陶一舟，刘颂，张宏亮等. 浙江安吉"两山"示范森林特色小镇规划研究[J]. 中国城市林业，2017(1). 43-46.

7. 应思远. 碳汇林投资风险研究——以浙江省为例[D]. 杭州：浙江农林大学博士论文集，2015.

8. 浙江省发展改革委，浙江省林业厅. 浙江省林业发展"十三五"规划[R]. 2016-06-29.

9. 郑开玲. 浙江省林权抵押贷款风险研究[D]. 杭州：浙江农林大学博士论文集，2014.

10. 周子贵，张勇，李兰英等. 浙江省林业碳汇发展现状、存在问题及对策建议[J]. 浙江农业科学，2014(1). 980-984.

（执笔人：滕飞）

实证篇四

三江源国家公园生态产品价值实现的实践与启示

内容提要： 三江源地区是我国重要生态安全屏障，也是贫困地区，保护与发展的矛盾突出，生态产品价值实现是实现当地群众脱贫的重要抓手。通过探索实践，三江源形成了"保护为先"的生态产品价值实现模式。在保障生态产品供给能力的基础上，以中央生态补偿和转移支付为主，发展特许经营高端畜牧业和生态体验为辅，实现生态产品价值，并通过合作社形式提高其价值实现能力。未来应进一步提高生态补偿标准、建立"三江源生态特区"、推动特色产业发展和完善特许经营权，更好地实现三江源地区的生态产品价值。

三江源地处青藏高原腹地，是长江、黄河、澜沧江的发源地，是我国淡水资源的重要补给地，是高原生物多样性最集中的地区，是亚洲、北半球乃至全球气候变化的敏感区和重要启动区。特殊的地理位置、丰富的自然资源、重要的生态功能使其成为我国重要生态安全屏障，在全国生态文明建设中具有特殊重要地位，关系到全国的生态安全和中华民族的长远发展。中共中央、国务院高度重视三江源地区的生态保护工作，2015年12月，中央全面深化改革领导小组第十九次会议审议通过《三江源国家公园体制试点方案》。三江源国家公园作为中央批准的第一个国家公园体制试点，肩负着为我国国家公园体制的建立探索路子、树立样板的重任。三江源国家公园的根本任务，就是在重要生态功能区，探索禁止和限制开发地区的发展之路。对三江源而言，"让人民群众通过参与生态保护过上好日子"，是激发当地群众投入生态环境保护的内生动力、实现可持续保护的关键，也是生态产品价值实现的应有之义，在这一过程中，青海三江源地区不断地实践探索，形成了"保护为先"的生态产品价值实现模式。

一、青海省生态产品价值实现的做法与模式

（一）努力实现生态产品的保值增值

一是实施重大生态保护和修复工程。国家在青海三江源地区开展生态保护和建设一期、二期工程，保护和修复了三江源地区的生态环境，维持了三江源作为"中华水塔"的生态产品供给能力。截至2015年底，青海三江源区生态保护和建设一期工程已按要求全面完成建设任务，累计完成投资76.50亿元，共完成退牧还草8471.00万亩、黑土滩治理522.58万亩、地面鼠害防治8122.00万亩、地下鼠害防治674.45万亩、退耕还林（草）9.81万亩、封山育林510.84万亩、沙漠化土地防治66.16万亩、湿地保护160.12万亩、水土保持492.64平方公里、灌溉饲草料基地建设5万亩、建设养畜30421户、生态移民10733户55773人。2016年三江源生态保护和建设二期工程启动实施，共投资160亿元，主要实施沙漠化土地防治、黑土滩治理、封山育林、人工造林、湿地保护、森林草原有害生物防控、生态畜牧业基础设施、农村能源、生态监测、宣传教育及培训等项目，已完成封山育林182.5万亩，为21002户牧民配套建设封闭式暖棚和贮草棚，湿地封禁治理178.4万亩，黑土滩治理面积136.83万亩。

二是推进三江源国家公园体制改革。从青海省内现有编制中先后调整划转400多个，组建了三江源国家公园管理局（正局级），下设长江源（可可西里）、黄河源、澜沧江源三个园区管委会。其中，长江源管委会挂青海可可西里世界自然遗产地管理局牌子，并派出治多管理处、曲麻莱管理处、可可西里管理

处等3个正处级机构，将原来分散在林业、国土资源、环境保护、水利、农牧等部门的生态保护管理职责全部划归到三江源国家公园管理局和三个园区管委会。同时，整合治多、曲麻莱、玛多和杂多县政府所属国土资源、环境保护、林业、水利等部门相关职责的基础上，组建生态环境和自然资源管理局；整合县级政府所属的森林公安、国土执法、环境执法、草原监理、渔政执法等执法机构，组建园区管委会资源环境执法局；整合林业站、草原工作站、水土保持站、湿地保护站等涉及自然资源和生态保护的单位，统一设立生态保护站。全面实现集中统一高效的保护管理和综合执法，从根本上解决政出多门、职能交叉、职责分割的管理体制弊端，为实现国家公园范围内自然资源资产、国土空间用途管制"两个统一行使"和重要资源资产国家所有、全民共享、世代传承奠定了体制基础。

三是优化重组各类保护地。坚持保护优先、自然恢复为主，遵循生态保护的内在规律，尊重三江源的生态系统特点，按照山水林草湖一体化管理保护的原则，对三江源国家公园范围内的自然保护区、国际和国家重要湿地、重要饮用水源地保护区、水产种质资源保护区、风景名胜区、自然遗产地等各类保护地进行功能重组、优化组合，实行集中统一管理。增强园区各功能分区之间的整体性、联通性、协调性，对各类保护地进行整体保护、系统修复、一体化管理。同时，开展三江源草地、林地、湿地、地表水和陆地野生动物资源的本底调查，建立三江源自然资源本底数据平台。编制自然资源资产负债表以及资源资产管理权力清单、责任清单，积极探索自然资源资产形成的收益纳入财政预算管理的办法，为构建归属清晰、权责明确、监管有效的国家自然资源资产管理体制提供青海经验，贡献青海智慧。

（二）中央生态补偿和转移支付是实现生态产品价值的主要途径

从青海省省情来看，其经济社会发展程度不高，省级财政实力不强，财政支出主要依赖中央财政转移支付。截至目前，青海省财政共安排三江源国家公园各类投资9.87亿元，每年青海省省级财政安排1亿元专项资金投入三江源建设。青海省经济发展水平决定了其生态产品价值实现主要依赖中央生态补偿和转移支付的模式，这也符合三江源地区向中国乃至全世界供给重要生态产品的地位。青海省省级财政支出的82%来自中央转移支付，位于三江源国家公园范围内的玛多、治多、杂多、曲麻莱等4县财政支出的90%以上来自转移支付。截至2015年底，青海三江源区生态保护和建设一期工程已按要求全面完成建设任务，累计完成投资76.50亿元。2016年三江源生态保护和建设二期工程启动实施，共投资160亿元。

针对当地居民的生态补偿政策，主要包括生态管护公益岗位制度、草原奖补政策、生态公益林补偿制度等。三江源国家公园生态管护公益岗位制度是为协调牧民群众脱贫致富与国家公园生态保护的关系，创新建立的一项生态管护公益岗位机制。按照精准脱贫的原则，先从园区建档立卡贫困户入手，整合原有林地、湿地等单一生态管护岗位，2017年全面落实"一户一岗"政策，目前共有17211名生态管护员持证上岗，3年来青海省财政统筹安排4.8亿元资金，户均年收入增加21600元，既保护了三江源区生态环境，又增加了当地群众收入，取得了显著成效。

青海省自2011年开始实施草原生态保护补助奖励政策，新一轮草原补奖政策涉及全省草原牧区6州2市42个县的21.54万牧户79.97万人，以及4.74亿亩可利用天然草原，其中，对2.45亿亩天然草原实施禁牧补助，对2.29亿亩草原实施草畜平衡奖励。各州禁牧补助的测算标准为：果洛、玉树州每亩每年6.4元，海南、海北州每亩每年12.3元，黄南州每亩每年17.5元，海西州每亩每年3.6元，草畜平衡奖励政策统一按每年每亩2.5元的测算标准给予奖励。对国家公园核心保育区和生态保育修复区中的5318万亩中度以上退化草原实行严格禁牧，对传统利用区中的2377万亩草原全面推行草畜平衡管理，将放牧牲畜数量严格控制在理论载畜量之内。2015年，牧区6个州的天然草原平均产草量比政策实施前（2010年）提高2.5个百分点，植被盖度提高3.4个百分点，植被高度提高5.9个百分点。

三江源地区的2372.34万亩国家级公益林已纳入中央财政森林生态效益基金补偿范围。中央财政森林生态效益补偿资金依据国家级公益林的权属，实行不同的补偿标准，国有补偿标准为每年每亩10元，集体和个人补偿标准为每年每亩15

元，年度补偿资金达到31467万元，实施范围涉及海南、黄南、果洛、玉树等4个州21个县级单位、1个省直属林业局、1个国家级自然保护区管理局、2个州属林场，共25个实施单位。共设置管护员32010名，其中建档立卡贫困户管护员1098名，年平均管护费2.16万元。

此外，根据"一件事情由一个部门主管"的原则，分类分批安排落实资金项目。对各类基建项目和财政资金进行整合，形成项目支撑和资金保障合力。涉及3个园区4个县的生态保护建设项目由省级主管部门直接下达给园区管委会（管理处）负责实施，涉及3个园区4个县的生态保护和建设项目资金，直接下达给园区管委会（管理处），由省相关部门负责项目资金的监管。

（三）以发展合作社经济来提高生态产品转化的效率

在国家公园体制试点中，稳定草原承包经营基本经济制度，园区内牧民的草原承包经营权不变。2016年8月，三江源国家公园管理局在认真实施《青海省草原承包经营权流转办法》（青海省人民政府令第86号）的基础上，按照青海省人民政府办公厅印发《青海省人民政府办公厅关于规范全省草原承包经营权流转工作的指导意见》（青政办〔2016〕206号）要求，完善三江源国家公园草原承包经营权流转办法，坚持稳定草原承包经营基本经济制度，维持园区牧民草原承包经营权不变，在充分尊重牧民意愿的基础上，发展生态畜牧业合作社。截至2017年底，青海省草原承包经营权流转总面积达到2.31亿亩，其中园区内流转面积占全省的48.74%。目前三江源国家公园各园区已组建48个生态畜牧业专业合作社，其中，入社户数6245户，占园区总户数的37.19%；整合草场5182.37万亩，占可利用草场总面积的47.7%；整合牲畜125.21万头（只），占牲畜总数的40.7%。通过发展生态畜牧业专业合作社，生产要素得到优化配置，畜牧业生产经营方式从粗放低效向集约高效转变，分配方式由单纯的按劳分配向劳动、草场、资本、技术、管理等生产要素参与分配转变，牧民收入渠道不断拓宽，并在合作社的有力引导下，富余劳动力积极开展交通运输、建筑、餐饮、工艺品加工等二三产业，同时通过发展电商模式，提高产品的销售半径，打开全国消费市场。2017年，三江源国家公园辖区内牧民人均纯收入达到6258元,较2015年增加662元,较实施生态畜牧业建设起初的2008年增加1913元。

(四)通过特许经营将传统草地畜牧业和生态旅游业推向高端化

在坚持草原承包经营基本经济制度的前提下,三江源国家公园进一步将草原承包经营逐步转向特许经营,2016年10月出台了《三江源国家公园经营性项目特许经营管理办法(试行)》,划定了三江源国家公园内藏药开发利用、有机畜产品及其加工产业、文化产业、支撑生态体验和环境教育服务业等领域营利性项目特许经营活动的范围,鼓励特许经营者开展与三江源国家公园保护目标相协调的民宿、牧家乐、民族文化演艺、交通保障、生态体验设计等支撑生态体验和环境教育的服务类项目;鼓励当地牧民将草场、牲畜等生产资料,以入股、租赁、抵押、合作等方式,流转到牧业合作社,探索将草场承包经营权转变为特许经营权;引导和支持政策性、开发性金融机构为特许经营项目提供绿色金融服务。

三江源国家公园有着严格的生态环境保护要求,意味着这类禁止和限制开发地区不可能通过推动规模化的产业化经营来实现生态产品价值。三江源区内畜牧业规模受到严格限制,为维护草原生态系统,正在实施减畜政策。只能发展高端化、集约化的生态畜牧业和生态体验,提高产品附加值,作为生态产品价值实现的补充途径。

草地畜牧业在未来10年依然是三江源的主体产业,草地畜牧业的发展同时也是传统文化传承发展的重要载体。三江源必须严格按照国家公园和自然保护区的功能区划,全面落实到位限牧禁牧政策和草畜平衡政策,进而推动畜牧业走向高端化:一是大力促进畜牧业合作社的发展,通过大轮牧、合同管理和统一生产,实现草场资源的有效、高效、合规利用,实现规模化产出能力;二是积极发挥龙头企业作用,面向高端市场做好市场营销、冷链打通和维护、畜产品开发等营销生产管理,形成可盈利商业模式;三是政府要做好乡村道路等基础设施建设、生态监测体系建设、牧民培训等工作,出台金融、财税、特许经营等相关扶持政策,为产业发展提供有力保障。

三江源有全球特有的丰富多彩的自然景观资源、生物多样性资源，以及特色鲜明的传统文化资源，但是高寒缺氧的自然条件恶劣，道路通信应急保障等基础设施单薄，同时还要落实最严格的生态保护政策，这就决定了三江源全域生态旅游的发展方向，只能是围绕重点城镇的高端生态体验。可依托部分可达的生态监测点（线）开展特许经营管控下的自然体验，应摒弃低端的门票经济，采用旅游企业与合作社合作经营、共同盈利的方式发展高端旅游业。

二、面临的困难与挑战

（一）政府对三江源生态产品的购买力度仍然不足

一是重点生态功能区转移支付的计算方法与三江源生态环境保护的实际情况不匹配。国家从2011年开始实施重点生态功能区转移支付，以县为单位拨付转移支付资金，青海省县（区）数量少，造成转移支付平均水平不高（6000万～7000万元/县），但县域面积大，生态脆弱性高，保护任务重；转移支付考核奖励与生态环境改善绩效挂钩，而三江源地区生态系统由于其特殊性，维持其生态系统稳定就是最好的保护，生态系统各项指标改善空间不大，因此青海省一直拿不到转移支付考核奖励；在计算转移支付金额时，大江大河与小江小河源头的重要性系数都是1.5，并没有体现出长江、黄河、澜沧江源头向中国乃至世界提供生态产品的重要性。

二是青海省级财政对生态产品购买的保障能力有待提高。青海省财政收入相对拮据，生态补偿标准与其他省份相比也比较低，生态公益岗位资金和国家公园试点财政专项资金均是从重点生态功能区转移支付资金中支出的。三江源国家公园园区内按"一户一岗"安排生态管护公益岗位，年需资金3.72亿元，目前由青海省财政统筹安排，压力很大。

三是三江源生态补偿和生态保护工程投资标准对三江源高海拔地区的实际困难考虑不足。比如，三江源牧区草原产值一般达到每亩30元左右，而禁牧补助和草畜平衡奖励远远低于这一水平，由于奖补标准太低，实施补偿政策后，群众需要承受较大损失，使得很多禁牧措施和草畜平衡制度的落实出现困难；三江源二期植树造林每亩500元，实际成本需要2000元，黑土滩治理标准是150元/亩，实际需要293元/亩，有害生物防治项目、其他风沙治理、病虫害防治的投资标准也比较低；高原地区建设成本高，三江源地区山大沟深，每块0.2元的砖从西宁运到果洛就要涨至1.5元，且大部分工人无法适应高原反应，造成招工困难。

（二）三江源生态产品保护与扶贫攻坚之间存在矛盾

三江源地区经济社会欠发达，居民以藏族同胞为主。四县（即玛多、治多、杂多、曲麻莱，下同）共有牧业人口12.8万人，其中贫困人口3.9万人。四县辖区内的三江源国家公园范围内共有牧户17221户，人口6.4万，其中贫困人口2.4万。地方财政以中央财政转移支付为主。四县城镇居民人均可支配收入25099元，农牧民人均纯收入5876元。四县均为国家扶贫开发工作重点县，社会发展程度低，经济结构单一，传统畜牧业仍为主体产业，扶贫攻坚任务十分繁重，基础设施历史欠账多，公共服务能力落后。

三江源国家级自然保护区在划建之初，将有些乡镇、村社划入国家级自然保护区内，甚至划入了保护区的缓冲区、核心区，致使水电、道路等民生工程项目无法避让核心区和缓冲区。因此如今三江源国家公园范围内的扶贫工作与保护区法规之间存在冲突，使得自然保护区核心区、缓冲区的所有建设项目得不到批准，影响了农牧民生产生活和抗灾救灾条件改善及增收脱贫奔小康。以玛多县黄河园区为例，上海曾花费400多万元为玛多县援建木栈道和观景台等旅游扶贫项目，但由于违反自然保护区相关规定都进行了拆除。总之，脱贫攻坚和生态保护的矛盾越来越突出，急需出台政策措施加以妥善解决。

（三）合作社同质化情况严重

三江源园区范围内的四县均是纯牧业县，产业结构单一，除部分地区可以依靠虫草经济提高牧民收入外，草原畜牧业是园区内唯一的主打产业。在单一产业基础上发展起来的村合作社模式，虽然是基于家庭生产模式的一种进步，但是低水平的复制无法产生良好的经济效益和可持续的发展动力。目前青海省几乎所有的合作社均是围绕畜牧业产业链开展生产，产品主要包括牛羊肉、酥油、酸奶等，由于合作社在产品标准化方面还有欠缺，牛羊基本集中在每年9—11月份出栏，其他月份基本没有牲畜出栏，无法达到大型加工企业均衡出栏的要求，因此合作社与大型畜产品加工企业合作比较少，造成消费需求不足，在同业竞争的压力下，很多合作社的经营陷入困难。

（四）当地政府和牧民参与生态环境保护的积极性有待进一步提高

三江源国家公园总面积达到12.31万平方公里，是北京市面积的7.5倍，未来有可能进一步扩大至约20万平方公里，仅凭三江源国家公园管理局400余人的管理队伍，不可能完成如此庞大面积的生态环境保护工作，必须依赖当地政府和牧民的力量。牧民服务与管理、民生改善等需要当地政府负责，而园区内的生态环境保护也需要当地牧民的参与，因此需要调动县、乡镇、村委会和老百姓的积极性。一是应防止生态环境保护和自然资源管理的事权从当地政府划入三江源国家公园管理局后，造成行政管理上的割裂，使得当地政府认为生态环境保护只是园区管理局的职责，而与当地政府无关；二是应防止牧民习惯于享受包括草原奖补、生态公益管护岗位等生态补偿带来的收益，而不认真履行生态环境保护责任。目前草原奖补的资金，人均已经达到1万元，生态公益岗位的工资达到每户2万元，生态补偿收入占牧民收入比重已经超过50%，有可能会影响牧民参与生产劳动的积极性，间接造成传统文化的流失。

三、启示与建议

（一）推动生态补偿提标扩面

一是加大生态补偿的投入力度。在继续积极争取加强中央转移支付，增加生态奖补、补偿的名目，强化对口支援，探索建立流域生态补偿机制，不断增强地方财政支出能力的同时，还要搭建规范有效、公开透明的政府服务平台，以积极吸纳社会和企业资本进入生态补偿领域，形成多元化生态补偿机制。在重点生态功能区转移支付等生态补偿实施过程中，可以考虑增加三江源大江大河源头系数、草原面积系数的分量，不仅关注增量，还要关注存量，对出水径流量、森林草原面积等指标进行奖补，为青海省在基础分配时增加一些补偿金额。

二是强化提升医疗、教育、文化、养老、社会保障等政府公共服务能力。其基本公共服务水平应高于全国平均水平，让群众投入生态保护和生态产业之后无后顾之忧，吸引老人、孩子和部分劳动力在县城和重点乡镇定居和生产生活，减轻草地利用的压力。

三是健全完善生态管护公益岗位等转产就业制度，让部分牧民群众从畜牧业转产为专业的草原巡护、生态监测、设施维护、社区服务等岗位，且健全岗位考核管理制度和技术支撑，提高岗位管理的公平性和有效性，以提高生态补偿资金的绩效。

（二）尝试建立三江源"生态特区"

三江源国家公园可探索全新的自然资源和生态环境保护体制。为了突出以人为本、全民共享的原则，保护园区草原特有的传统文化，没有进行大规模的生态移民。经过长时间的磨合，虽然三江源国家公园范围内仍有牧民居住，但也实现了生态环境和人类生活的和谐共生。由于三江源国家公园核心区有人类居住，就不适用于《自然保护区管理条例》的规定，但为此专门修改法律，程序较为繁琐，时间周期较长，全国人大常委会目前尚无此计划。因此建议可以参考自贸区、经济特区的先例，在三江源等国家公园范围内建立"生态特区"，建议在三江源国家公园范围内一些法律法规，如《自然保护区管理条例》可以暂时停用，以为核心区牧民脱贫开展必要的基础设施建设留下余地，为国家重大战略性基础设施保存空间。

（三）加快推动特色产业发展

园区生态与经济的协同发展，要求既不威胁生态安全，又不影响经济建设。为丰富三江源区产业形态，应大力推动特色产业建设，尤其需要重点扶持高原生态旅游、藏族特色手工艺制造、藏药等产业。通过生态旅游的方式，可以欣赏、了解和融入生态环境之中，通过感受大自然与体会其背后的文化元素。去各园区旅游不仅极大地满足了人们热爱自然、追求自由的心态，而且符合当代人洗礼心灵、一探神秘的需求，利于建立"三江源国家公园"公共品牌，利于在三江源国家公园严格的生态保护要求下，将生态旅游升级为高端的生态体验游。

对园区内特有文化资源进行深加工，以合作社的方式，将闲置的劳动力组织起来，发展有藏族文化特色的手工艺制作，如唐卡、石刻等；大力丰富和完善以藏药加工为主，融绿色、特色为一体的农畜产品和藏药产业链，积极引入新技术、新工艺，利用科技的进步改变传统产业，增强地区企业的市场竞争力和提高地区工业总产值。

此外，以建立健全草原畜牧业产业链为主线，以草畜平衡、控制数量、提质增效为核心，以品牌建设、基地建设、体系建设、标准建设、机制建设为重点，全面总结生态畜牧业建设经验做法，充分应用现代科技、管理、营销手段，推动畜牧业养殖增效、品牌增值、牧民增收。

（四）完善特许经营权的利益分配机制

在三江源生态产品价值实现的过程中，应积极构建国家公园管理局各级机构的责任清单和义务清单，理清事权和财权，建立与各级人民政府的联系和纽带，增强双方互动和联系，共同提升三江源的生态产品生产能力。

在开展特许经营的过程中，可以将特许经营的收益权交给地方政府，如"三江源国家公园"品牌使用的利益分成，以增强地方政府的财政支出能力和管理水平，更好地开展公共管理和民生改善工作，也方便对资金使用进行监管。

牧民参与三江源国家公园共建共享，在享受生态补偿的同时，应建立完善的绩效考核评价体系，监管牧民的生态环境保护行为，对做得好的实施奖励，做得差的进行惩罚，使得生态补偿真正变成牧民的劳动所得。

参考文献

1. 曾贤刚，虞慧怡，谢芳. 生态产品的概念、分类及其市场化供给机制[J]. 中国人口·资源与环境，2014(24). 12-17.

2. 夏光. 增强生态产品生产能力意义何在[N]. 中国环境报，2012-11-30（2）.

3. 江源. 让三江清流滋润华夏大地——三江源体制试点的重大命题[N]. 青报观察，2016-6-17（5）.

4. 吴静. 国家公园体制改革的国际镜鉴与现实操作[J]. 改革，2017(11). 72-80.

5. 青海省国家税务局课题组，贺满国，陈波. 促进三江源生态保护和建设的财税政策研究[J]. 经济研究参考，2018(5). 61-68.

6. 赵鹏飞. 三江源国家公园生态补偿调研现状及对策研究[J]. 法制与经济，2018(12). 44-45.

7. 赵翔，朱子云，吕植. 社区为主体的保护：对三江源国家公园生态管护公益岗位的思考[J]. 生物多样性，2018(2). 210-216.

8. 黎元生. 生态产业化经营与生态产品价值实现[J]. 中国特色社会主义研究，2018(4). 84-90.

（执笔人：刘峥延）

实证篇五

北京市生态补偿政策统筹实施路径研究

内容提要: 我国在重点生态功能区转移支付、森林生态效益补偿、草原生态补助奖励、流域生态补偿等方面形成了比较完整的生态补偿政策体系和补偿资金保障机制,但是也面临着政策和资金"撒胡椒面"、难以形成合力的问题。2018年,习近平总书记在全国生态环境保护大会上指出,"生态补偿机制作为生态文明建设的重要激励机制,在补偿上偏重于单项补偿、分类补偿,相关生态补偿政策未能发挥政策聚焦合力,缺乏整体性和综合性"。本文从生态补偿、综合性生态补偿的内涵以及国家对统筹生态补偿政策的要求出发,在研究借鉴涉农资金统筹整合的经验,参考福建、浙江、青海、江西等地统筹生态补偿政策的做法的基础上,对北京市生态保护补偿政策进行了全面系统的梳理,分析了存在的问题,研究提出了统筹生态补偿政策的思路,提出了政策资金统筹的路径,并且参考国家重点生态功能区转移支付考核指标体系、国家生态文明建设和绿色发展指标体系等相关评价考核指标体系,进一步研究提出了北京市的绩效考核指标体系和奖惩机制,建立起了一整套由统筹、考核、奖惩构成的系统完整的综合性生态补偿政策体系。

北京市生态保护补偿开始于2004年的山区集体生态林补偿,经过不断探索实践，初步建立了以重要生态资源为保护对象、以专项财政投入为主要形式的补偿体系。但是北京市的生态补偿政策存在"碎片化"问题，政策和资金"撒胡椒面"，难以形成合力，也难以实现生态保护和民生改善、脱贫致富的多重目标。因此，迫切需要整合统筹生态补偿政策，更好地发挥政策聚焦合力，集中力量办大事，建立起政策合力、资金高效、目标多元的综合性生态保护补偿政策。

一、综合性生态补偿的要求与内涵

（一）生态补偿的定义与政策范畴

生态补偿起源于生态学理论，最初专指自然生态补偿的范畴，后来生态补偿被理解为是一种加强生态环境保护的经济调节手段。国外一般将生态补偿称作生态（环境）服务付费（Payment for Ecological/Environmental Services，PES）。生态补偿是指以保护生态环境和促进人与自然和谐发展为目的，通过将生态保护中的经济外部性内部化，采用公共政策手段或市场化手段，调节生态保护区与生态受益区等相关区域之间的利益关系，对个人、企业、区域政府在内的社会主体在生态保护与修复活动中对生态环境系统造成的有利影响，由国家或其他受益的组织和个人进行价值补偿的制度安排。生态补偿本质上是一种利益调节和激励约束机制，借助一定的经济补偿手段在生态服务消费者和提供者之间进行利益调节和再分配，对生态保护者和环境破坏者产生激励和约束。

目前，中美洲、南美洲、欧洲国家已初步建立了生态服务付费的政策与制度框架，形成了多种类型的生态补偿框架体系。我国的生态补偿实践起步较晚，20世纪80年代中后期开始研究生态补偿，随着生态环境问题越来越突出，建立生态补偿机制的要求也越来越迫切，我国的生态补偿机制也逐渐得以完善。

生态补偿政策是区别并独立于生态环境治理和生态保护修复两大类生态文明建设政策的第三类政策。生态补偿政策与生态环境治理和生态保护修复两类政策的区别在于：生态环境治理和生态保护修复两类政策直接作用于森林、水流等生

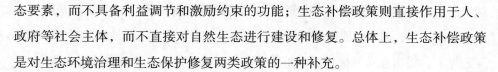

态要素，而不具备利益调节和激励约束的功能；生态补偿政策则直接作用于人、政府等社会主体，而不直接对自然生态进行建设和修复。总体上，生态补偿政策是对生态环境治理和生态保护修复两类政策的一种补充。

（二）我国生态补偿的政策实施总体情况

生态补偿实践在我国还不到20年。最初关注和实践生态补偿的是从森林生态效益补偿问题开始的。在中央政府文件中，首先提出生态补偿概念的是在1992年，原林业部提出必须尽快建立中国森林生态补偿机制。1998年，国家先后实施了天然林资源保护、退耕还林等重点工程。此外，出台了新的《中华人民共和国森林法》，明确规定国家将建立森林生态效益补偿基金。1997年11月，原国家环保总局发布了《关于加强生态保护工作的意见》，该意见要求开发企业必须对湿地的破坏采取经济补偿，并且要求环保部门按照"谁开发谁保护、谁破坏谁恢复、谁受益谁补偿"的方针积极探索生态环境补偿机制，重点加强对矿产资源开发中生态破坏的监督管理，确定重点恢复治理区，实行生态破坏限期治理。2001年起，中央财政拿出10亿元在11个省份开展生态补偿试点。一些省份也积极开展了生态补偿试点示范工作，广西、辽宁、山西、福建、贵州、浙江等省份已经制定生态环境补偿费征收管理办法，对湿地、水资源、森林、矿产等资源开发和电力建设方面进行了一系列征收生态环境补偿费的有益尝试。

2004年印发的《国务院关于进一步推进西部大开发的若干意见》中明确提出"构建生态建设和环境保护补偿机制"。2005年10月，中共十六届五中全会在其通过的《关于制定国民经济和社会发展第十一个五年规划的建议》中首次提出"按照谁开发谁保护、谁受益谁补偿的原则，加快建立生态补偿机制"，自此生态补偿领域内的自然资源和自然环境要素已成为政府对自然保护投入的新一轮重点领域。中央政府开始整合通过税收返还、财政转移支付等措施给予的各种自然保护补助、生态工程建设以及恢复治理环境破坏的各种资金投入，将它们全部纳入生态补偿的范畴之中。2005年，《国务院关于落实科学发展观加强环境保护的决定》中提出"尽快建立生态补偿机制"后，浙江、江苏等地和国家层面开始陆续出台生态补偿政策措施。2007年，《节能减排综合性工作方案》提出开展生态补偿试点工作；同年，原国家环保总局印发了《关于开展生态补偿试点工作的指导意见》，提出在自然保护区、重要生态功能区、矿产开发和流域水环境等4个领域建立生态补偿机制。2008年开始实施的《中华人民共和国水污染防治法》首次以法律形式提出了水环境生态补偿的内容。2009—2011年，《国家重点生态功能区转移支付办法》出台实施并逐步完善。

2011年3月，第十一届全国人大第四次会议审议通过的《中华人民共和国国民经济和社会发展第十二个五年规划纲要》中提到，按照谁开发谁保护、谁受益谁补偿的原则，加快建立生态补偿机制；加大对重点生态功能区的均衡性转移支付力度，研究设立国家生态补偿专项资金；推行资源型企业可持续发展准备金制度；鼓励、引导和探索实施下游地区对上游地区、开发地区对保护地区、生态受益地区对生态保护地区的生态补偿。同年，全国第一个跨省跨流域生态补偿试点方案《新安江流域水环境补偿试点方案》制定实施，全国首个跨省跨流域生态补偿试点工作启动。

自2011年以来，我国先后印发了《国家重点生态功能区县域生态环境质量考核办法》《国家重点生态功能区县域生态环境质量监测评价与考核指标体系》《关于加强"十三五"国家重点生态功能区县域生态环境质量监测评价与考核工作的通知》等。此外，《国家生态保护红线规划》《国家生态保护红线管理办法》《国家生态保护红线监管绩效考核办法》，则从国家层面对地方政府开展生态县（生态市、生态省）和生态村镇创建、国家生态文明建设试点示范区创建等专项考核，强化对地方政府环境保护目标责任的监督落实。2012年，党的十八大报告中再次提出"建立反映市场供求和资源稀缺程度、体现生态价值和代际补偿的资源有偿使用制度和生态补偿制度"。2014年3月，第十二届全国人大第二次会议上的政府工作报告中提出，落实主体功能区制度，探索建立跨区域、跨流域生态补偿机制。2015年，中共中央、国务院先后印发了《关于加快推进生态文明建设的意见》和《生态文明体制改革总体方案》，明确提出要健全政绩考核制度，建立体现生态文明建设要求的目标体系、考核办法、奖惩机制，把资源消耗、环境损害、生态效益等指标纳入经济社会发展评价体系。2016年，"国家建立、健全生态保护补偿制度"正式写入《中华人民共和国环境保护法》，国务院办公厅同步印发《关于健全生态保护补偿机制的意见》（国办发〔2016〕31号），生态保护补偿实现法制化和制度化。中共中央办公厅、国务院办公厅印发了《生态文明建设目标评价考核办法》，国家发展改革委、国家统计局、环境保护部、中共中央组织部印发了《生态文明建设考核目标体系》和《绿色发展指标体系》，从而形成了"一个办法、两个体系"，建立了生态文明建设目标评价考核的制度规范，明确提出要考查各地区生态文明建设重点目标任务完成情况，强化各级党委政府生态文明建设的主体责任，自觉推进生态文明建设。2017年，"建立市场化、多元化生态补偿机制"写入党的十九大报告。（上述内容参见表5-1所示）

表5-1　我国官方文件中关于生态补偿概念提出的简况

年份	文件	内容
1997	国家环保总局《关于加强生态保护工作的意见》	按照"谁开发谁保护、谁破坏谁恢复、谁受益谁补偿"方针积极探索生态环境补偿机制
2005	中共十六届五中全会通过的《关于制定国民经济和社会发展第十一个五年规划的建议》	首次明确提出"按照谁开发谁保护、谁受益谁补偿的原则，加快建立生态补偿机制"
2005	《国务院关于落实科学发展观加强环境保护的决定》（国发〔2005〕39号）	明确提出"要完善生态补偿政策，尽快建立生态补偿机制。中央和地方财政转移支付应考虑生态补偿因素，国家和地方可分别开展生态补偿试点"
2007	国家环保总局《关于开展生态补偿试点工作的指导意见》（环发〔2007〕130号）	生态补偿机制是以保护生态环境、促进人与自然和谐为目的，根据生态系统服务价值、生态保护成本、发展机会成本，综合运用行政和市场手段，调整生态环境保护和建设相关各方之间利益关系的环境经济政策

（续表）

年份	文件	内容
2011	《中华人民共和国国民经济和社会发展第十二个五年规划纲要》	按照谁开发谁保护、谁受益谁补偿的原则，加快建立生态补偿机制。加大对重点生态功能区的均衡性转移支付力度，研究设立国家生态补偿专项资金；推行资源型企业可持续发展准备金制度；鼓励、引导和探索实施下游地区对上游地区、开发地区对保护地区、生态受益地区对生态保护地区的生态补偿；积极探索市场化生态补偿机制；加快制定实施生态补偿条例
2012	中国共产党第十八次全国代表大会上胡锦涛同志作的《坚定不移沿着中国特色社会主义道路前进，为全面建成小康社会而奋斗》主题报告	深化资源性产品价格和税费改革，建立反映市场供求和资源稀缺程度，体现生态价值和代际补偿的资源有偿使用制度和生态补偿制度
2013	徐绍史在第十二届全国人民代表大会常务委员会第二次会议上所作的《国务院关于生态补偿机制建设工作情况的报告》	将生态补偿的领域从原来的湿地、矿产资源开发扩大到流域和水资源、饮用水水源保护、农业、草原、森林、自然保护区、重点生态功能区、海洋等领域
2013	中共十八届三中全会通过的《中共中央关于全面深化改革若干重大问题的决定》	坚持谁受益、谁补偿原则，完善对重点生态功能区的生态补偿机制，推动地区间建立横向生态补偿制度
2014	李克强政府工作报告	推动建立跨区域、跨流域生态补偿机制
2015	中共中央、国务院印发《生态文明体制改革总体方案》	到2020年，构建起资源有偿使用和生态补偿制度
2016	《国务院办公厅关于健全生态保护补偿机制的意见》（国办发〔2016〕31号）	明确了生态补偿的总体要求、分领域重点任务、推进体制机制创新、加强组织保障

资料来源：根据汪劲《论生态补偿的概念——以〈生态补偿条例〉草案的立法解释为背景》[《中国地质大学学报（社会科学版）》，2014年第14卷]整理得出。

总体上看，我国已经初步建立了较为全面的生态补偿机制，形成了三种生态补偿类型，即重点领域补偿、重点区域补偿和地区间补偿。其中，在森林、草原、湿地、荒漠、海洋、水流、耕地等七大领域都制订并实施了相应的生态补偿政策。重点区域补偿主要探索了重点生态功能区和禁止开发区的生态补偿，出台了《国家重点生态功能区转移支付办法》等系列举措和试点示范；地区间补偿主要开展了南水北调中线工程水源区对口支援、新安江水环境生态补偿试点，以及京津冀水源涵养区、广西广东九洲江、福建广东汀江-韩江、江西广东东江、云南贵州广西广东西江等跨地区生态保护补偿试点。以地方补偿为主、中央财政给予支持的生态保护补偿机制办法也在不断探索之中。整体上看，目前我国已经初步形成了以政府为主导的生态补偿政策体系。（参见本书分论五中的表5-2所示）

截至目前，在森林、草原、湿地、水流等领域以及重点生态功能区等区域取得了阶段性进展。重点生态功能区转移支付制度基本形成，中央财政2008—2015年累计安排转移支付资金2513亿元。森林生态效益补偿制度不断完善，2001—2015年累计安排森林生态效益补偿资金986亿元。草原生态保护补助奖励政策全面实施，2011—2015年中央安排草原奖补资金773亿元。湿地生态保护补偿机制正在积极探索，2014—2015年中央财政累计安排湿地生态效益补偿试点资金10亿元。新安江等跨流域跨区域生态保护补偿试点稳步推进，2012—2015年中央和地方财政出资15亿元补偿新安江流域上游地区。退耕还林还草、天然林保护、退牧还草等重点生态保护工程顺利实施。

从试点实践的成果来看，其一，新安江流域生态补偿机制试点以来，上下游坚持实行最严格生态环境保护制度，倒逼发展质量不断提升，2012—2017年新安江上游流域总体水质为优，千岛湖湖体水质总体稳定保持为I类，营养状态指数由中营养变为贫营养，与新安江上游水质变化趋势保持一致。试点工作实施以来，上下游建立联席会议、联合监测等跨省污染防治区域联动机制，统筹推进全流域联防联控；建立了新安江绿色发展基金，促进产业转型和生态经济发展，实现了环境效益、经济效益、社会效益多赢。其二，从津冀开展滦河流域生态补偿试点情况来看，2016年、2017年和2018年以来，月监测结果水质平均达标率分别为65%、80%、90%，水质逐渐转好。截至2018年4月，除黎河、沙河交汇口下游500米监测断面于2016年8月3日监测时化学需氧量超标0.2倍外，其余均不超标，水质均达到或好于Ⅲ类水质目标要求，水质改善效果突出。由此可见，生态补偿制度对于提升生态环境质量具有重大意义和成效。

（三）国家对综合性生态补偿的政策要求

"十三五"时期是我国全面建成小康社会的决胜阶段，是实现第一个百年奋斗目标的最后一个五年，意义重大、任务艰巨。然而，在全面建成小康社会的过程中存在着"生态产品、生态服务严重短缺"和"扶贫攻坚"两大短板。目前，全国共有14个集中连片特殊困难地区，592个国家扶贫开发工作重点县，12.8万个贫困村，2948.5万个贫困户和5575万贫困人口。据统计，95%的贫困人口和大多数贫困地区分布在生态环境脆弱、敏感和重点保护的地区。这些地区发挥着"生态保障""资源储备"和"风景建设"的功能，生态问题和贫困问题相互交织。如果只强调消除贫困和发展经济，不重视生态环境保护，国家生态安全、资源安全和景观建设将很难保障；如果只强调保护生态环境，不考虑贫困人口的小康进程，也不符合"决不能让困难地区和困难群众掉队"的脱贫攻坚要义。

2015年1月，习近平总书记在云南考察工作时强调，"要把生态环境保护放在更加突出位置，像保护眼睛一样保护生态环境，像对待生命一样对待生态环境，在生态环境保护上一定要算大账、算长远账、算整体账、算综合账"，提出了坚决打好扶贫开发攻坚战，实施生态综合补偿，加快民族地区经济社会发展的要求。根据总书记的指示，云南省委省政府在《关于深入贯彻落实党中央国务院脱贫攻坚重大战略部署的决定》中提出，结合生态保护脱贫，分别从重大生态工程向贫困地区倾斜，加大对生态保护区的财政转移支付力度，支持贫困群众发展特色产业，利用生态补偿和生态保护工程资金使当地有劳动能力的部分贫困人口转为护林员等生态保护人员，积极争取国家贫困地区生态综合补偿试点，以及探索市场化生态补偿方式等方面提出了生态综合补偿的实施路径。

2015年11月27日李克强总理在贵阳视察时指出，要将生态保护和精准扶贫相结合，"把生态保护补偿资金、国家重大生态工程项目和资金按照精准扶贫、精准脱贫的要求向贫困地区倾斜，向建档立卡贫困人口倾斜"。地方的实践也表明，生态保护和扶贫脱贫绝非对立，是可兼得。生态保护补偿机制为生态脱贫提供重要物质支撑。生态综合补偿不仅是为了保护生态，还要与脱贫致富、农民增收结合起来，通过建立健全生态保护补偿机制，实施综合性生态保护补偿，促进贫困地区的人们由资源开发者、生态破坏者转变为生态建设者、生态保护者，拓宽贫困人口的增收渠道，促进生产生活方式转变，提高保护生态的积极性，恢复和扩大绿色生态空间，同时解决生态、贫困这两大"短板"，探索出一条生态脱贫的新路子。

为此，2016年4月28日，国务院办公厅印发了《关于健全生态保护补偿机制的意见》，提出"统筹各类补偿资金，探索综合性补偿办法"，同时还提出"结合生态补偿推进精准扶贫，对于生存条件差、生态系统重要、需要保护修复的地区，结合生态环境保护与治理，探索生态脱贫新路子"。这是推进生态保护补偿体制机制创新的重要举措。其中，在完善重点生态区域补偿机制方面，明确要求统筹各类补偿资金，探索综合性补偿办法，并指出由国家发展改革委、财政部会同环境保护部、国土资源部、住房城乡建设部、水利部、农业部、国家林业局与国务院扶贫办负责该项任务。这是首次在顶层设计层面，国家以专门性文件论述该问题，特别提到了将生态补偿和精准扶贫相关联，实现不同地区、不同利益群体的均等化发展，为生态保护补偿推进精准脱贫指明了方向。

从国家政策要求来看，综合性生态补偿的统筹体现在应用层面上，即引导贫困人口实现绿色转产转业是综合性生态保护补偿的根本要义。这种"造血型"生态保护补偿从根本上找准了综合性生态补偿的切入点，能够解决贫困地区生态工程建设资金不足、贫困人口因保护生态环境导致收入不高的问题，确保这些贫困地区的生态屏障功能稳定住。例如，财政部印发的《中央对地方重点生态功能区转移支付办法》中，安排了生态护林员补助制度，初衷就是为了通过保护生态来提供就业，帮助农民脱贫致富。青海省2014年安排了15万名护林员，提高了贫困农牧户的收入，有效呵护了碧水蓝天；贵州毕节、遵义地区通过烟草产业扶贫让农民获得了巨大收益。

从地方探索实践来看，综合性生态补偿的统筹体现在资金来源层面上。生态实践已探索多年，虽然取得了一些成果和实践经验，但在地方政府政策落实过程中，存在补偿政策与资金的碎片化问题，在补偿上偏重于单项补偿、分类补偿，相关生态补偿政策未能发挥出政策聚焦合力，缺乏整体性和综合性，资金使用效率低下。因此，地方政府根据生态补偿实践，提出综合性生态补偿应从源头上将资金和政策进行整合，在划分事权和支出责任的基础上，重点整合生态补偿的各类资金，统一资金拨付渠道，将不同层面、不同渠道的资金整合后统筹分类使用，提高生态补偿的综合效益，增强补偿资金的使用效率。

鉴于此，不论是应用层面的综合，还是资源来源层面的整合，国家政策和地方实践对综合性生态补偿的政策要求均是通过资金与政策的整合，促进欠发达地区贫困人口共享改革发展成果，推进绿色转型发展，加快生态文明建设。因此，从国家政策文件和地方实践经验来看，构建资金与政策统筹整合、生态保护与精准脱贫相结合的综合性生态补偿制度应基于"顶层设计+地方实践"的路径，实行多措并举，开展贫困地区生态综合补偿试点，创新资金整合及分配使用方式，探索综合性补偿办法。（如图5-1所示）

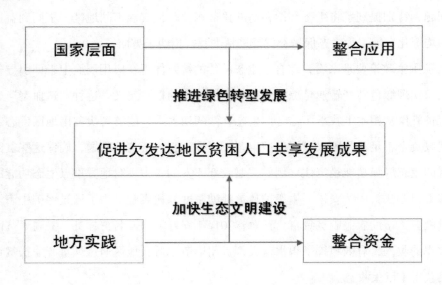

图5-1　国家和地方层面对综合性生态补偿的政策要求

（四）综合性生态补偿的内涵

传统意义上的生态补偿机制，是围绕重点生态功能区、流域和生态要素展开的专项补偿。如国家发布的《中央森林生态效益补偿基金制度》《草原生态补偿制度》《水土保持补偿费征收使用管理办法》等，这些生态补偿机制的受偿方往往是生产者或生产单位，而由于生态补偿主体、对象的产权不够明晰，使上述生态补偿机制难以落到实处，甚至在实施过程中出现管理漏洞和资金浪费。同时，在制度设计上单纯强调"补偿"，而没有从发展机会、考核指标、收入分配等方面予以综合考虑。党的十八大提出，在综合考虑生态保护成本、发展机会成本和生态服务价值的基础上，作出明确界定生态保护者与受益者权利义务的公共制度安排，采取财政转移支付或市场交易等方式，对生态保护者给予合理补偿。这一"两成本一价值"的科学判断，充分体现了决策层对生态价值的重新定位，也给建立和完善综合性生态补偿机制指明了方向。与专项补偿不同，综合性生态补偿具有以下特征。

1. 资金和政策的统筹

综合性生态补偿方法是通过各项资金与其他生态政策相配合，通过政策和资金的整合，能够统筹相近的资金投向和补贴对象的资金，解决目前生态补偿规模偏低、难以满足地方生态保护事权支出要求的问题，同时也避免了不同部门规定生态补偿用途的专项转移支付资金分散和专款专用所造成的资金使用难度大、效率低下的矛盾。整合处于源头位置的资金和政策，形成资金合力，能够为地方政府因地制宜谋划生态建设蓝图和扶贫提供财力支持，而且缓解了贫困地区政府承担资金配套的巨大压力，最大限度地发挥出政策和资金合力，最大限度地调动地方政府的积极性，提高生态补偿资金的使用效率。

2. 保护与发展的统筹

从地理分布上看，水源、森林、草原、矿产等生态资源的分布集中地区往往也是贫困人口多、贫困面大的地区。多年来的实践证明，生态补偿已经成为贫困地区缓解贫困的有效手段。扶贫开发、发展生态农业产业等也在缓解落后地区经济社会发展对生态环境压力方面发挥了重要作用。因此，综合性生态补偿就是将"输血"与"造血"进行有效结合。如此，不仅能够促进贫困地区人口增加生态产品的供给，生态产品的价值通过各种途径得以实现也能够帮助贫困地区人口脱贫。

3. 补偿方式的综合性

从补偿和受偿关系来划分，生态补偿大致可以分为纵向生态补偿和横向生态补偿两种类型，前者是上级政府对下级政府的补偿，主要通过财政纵向转移支付的方式展开；后者则发生在经济与生态关系密切的区域之间，是由现有行政隶属关系的生态受益区向生态保护区支付一定的资金或以其他方式进行的补偿。新安江流域的生态环境补偿案例就是纵向补偿和横向补偿相结合的最佳案例，建立在纵向补偿为主、横向补偿为辅的补偿机制基础之上的综合性补偿，能够弥补纵向生态补偿中上级政府财政压力过大的缺陷，能够共同促进流域治理，丰富和完善了生态补偿制度。

4. 补偿途径的综合性

从国内外生态补偿的实践来看，目前的补偿方式主要有政府补偿和市场补偿两种方式。补偿途径的选择，要考虑补偿方的意愿、承受能力和受偿方的实际需求，还要考虑哪种补偿方式更有效、更能有利于生态产品价值实现。综合性生态补偿要求政府要发挥在生态补偿中的引导作用，合理制定相应的公共政策，通过调整公共政策实现生态保护中的经济外部性内部化，实现生态保护区和生态受益区的良性互动发展。此外，还要充分利用市场力量，筹集生态补偿资金：一是通过生态成本内置为企业内部成本，实现资源环境有偿使用，通过约束机制来促进企业形成生态保护、生态建设和生态补偿的资金源；二是通过政府政策引导，如减免税、贴息、优惠的政策性贷款等，利用激励机制，引导社会资金成为生态补偿资金的来源，以弥补政府补偿方式的缺失。

二、北京市生态保护补偿政策实施的总体情况

北京市生态保护补偿开始于2004年的山区集体生态林补偿，经过不断探索实践，初步建立了以重要生态资源为保护对象、以专项财政投入为主要形式的补偿体系。北京市生态保护补偿政策主要包括2010年建立的以山区生态公益林生态效益促进发展机制等为代表的森林领域补偿政策、2014年建立的以水环境区域补偿办法为代表的水流领域补偿政策、以基本菜田补贴和耕地地力保护补贴为代表的耕地领域补偿制度，以及国家重点生态功能区转移支付和2018年初建立的对生态涵养区的生态保护补偿转移支付引导政策及对重点区域的生态补偿政策等。在横向生态保护补偿机制上，制定了《北京市南水北调对口协作工作方案》，协助受援地区有效推动生态环境持续改善和调水水质稳定达标，经济社会可持续发展；与河北省张家口、承德地区生态环境领域合作，支持张家口、承德两市开展生态清洁小流域建设以及生态水源林建设等，研究建立京冀密云水库上游流域水源涵养区生态保护补偿机制。

对照《关于健全生态保护补偿机制的实施意见》（京政发〔2018〕16号）内容，本书梳理了北京市以政府为补偿主体、涉及财政资金投入的生态保护补偿政策。政策划分为重点区域（重点生态功能区、生态涵养区等）政策、重点领域（森林、湿地、耕地、水流等）政策、跨地区政策等三类共15项，每年涉及资金约110亿元（资金规模不固定，主要是由于水环境区域补偿、市级地下水源地水资源保护支持机制等政策实行据实结算）。具体如下。

一是重点领域政策。主要包括森林、湿地、耕地、水流等重点领域的补偿政策12项，每年涉及资金约75.2亿元（中央3.8亿元、市级32.3亿元、区级39.1亿元）。其中：森林4项，涉及资金56.8亿元（中央0.7亿元、市级28.7亿元、区级27.4亿元）；湿地1项，涉及中央资金0.1亿元；耕地2项，涉及资金4.1亿元（中央

1.7亿元、市级2.4亿元）；水流5项，涉及资金约14.2亿元（中央1.3亿元、市级1.2亿元、区级11.7亿元）。

二是重点区域政策。主要包括重点生态功能区和生态涵养区这两项补偿政策，每年涉及资金约33.1亿元（中央2亿元、市级31.1亿元）。

三是跨地区政策。主要包括南水北调中线工程水源区对口协作政策，每年涉及市级资金5亿元。

2018年5月，北京市政府办公厅印发《关于健全生态保护补偿机制的实施意见》（京政发〔2018〕16号），对今后一个时期健全完善北京市生态保护补偿机制进行部署。提出到2020年，实现空气、森林、湿地、水流、耕地等重点领域和生态保护红线区、生态涵养区等重点区域生态保护补偿全覆盖，补偿标准与经济社会发展状况相适应，补偿额度与生态保护绩效相挂钩，跨地区横向生态保护补偿试点取得突破。到2022年，市场化、多元化的生态保护补偿机制更加健全，绿色生产方式和生活方式基本形成。其中特别提到"围绕实现生态保护补偿绩效目标，建立生态保护补偿政策、资金统筹实施机制"。下一步，北京市将按照文件要求，研究建立生态保护补偿政策、资金统筹实施机制。

目前，北京市生态保护补偿政策主要有以下几类。

（一）市对区县重点生态功能区转移支付

根据北京市财政局《关于印发〈北京市对区县国家重点生态功能区转移支付暂行办法（修订）〉的通知》（京财预〔2015〕1564号），2018年重点生态功能区转移支付支出3.13亿元（中央转移支付资金2.06亿元、市级资金1.07亿元），主要用于引导各区县政府加强生态环境保护，提高国家重点生态功能区所在区县政府的基本公共服务保障能力等方面。

重点生态功能区转移支付政策包括禁止开发补助和限制开发补助两部分。享受限制开发补助的范围为纳入财政部测算的《国务院关于印发〈全国主体功能区规划〉的通知》（国发〔2010〕46号）中规定的限制开发的国家重点生态功能区所在区县。享受禁止开发补助的区域范围为《国务院关于印发〈全国主体功能区规划〉的通知》（国发〔2010〕46号）中规定的位于北京市的"国家级自然保护区""国家级风景名胜区""国家森林公园""国家地质公园""世界文化自然遗产"等五类国家禁止开发区域所在区县。

限制开发补助选取土地面积、跨区县界水体断面水质达标率、细颗粒物（PM2.5）年均浓度值、林木绿化率等指标作为对区县分配转移支付资金的指标，每个指标所占权重各为25%。其中，土地面积、跨区县界水体断面水质达标率、林木绿化率为正向指标；细颗粒物（PM2.5）年均浓度值为逆向指标。

禁止开发补助选取区县拥有的国家禁止开发区域面积、个数作为对区县分配转移支付资金的指标，两个指标各占50%的权重。禁止开发区域具体包括"国家级自然保护区""国家级风景名胜区""国家森林公园""国家地质公园""世界文化自然遗产"等五类。

此项生态补偿政策采用纵向补偿方式，资金由中央和市级财政以一般性转移支付的形式下达至区县级财政，资金使用限定为"生态环境保护"与"改善民生"，资金分配与生态绩效挂钩。2018年，北京市重点生态功能区转移支付资金安排3.13亿元，其中中央资金2.06亿元，市级资金1.07亿元。

（二）生态保护补偿转移支付引导政策

按照党的十九大"建设生态文明是中华民族永续发展的千年大计"的要求，结合《北京城市总体规划（2016—2035）》及北京市委市政府关于推进首都生态文明建设的决策部署，为引导生态涵养区坚持"绿水青山就是金山银山"的绿色发展理念，落实最严格的生态环境保护制度，充分发挥财政资金在促进节约资源和保护环境方面的积极作用，北京市制定了"生态保护补偿转移支付引导政策"，并由财政局印发了《北京市财政局关于建立生态保护补偿转移支付引导政策的通知》（京财农〔2018〕465号）。具体内容如下。

（1）资金规模。为进一步加大对生态涵养区生态文明建设的支持力度，从2017年起，在集成现有禁养区规模以下经营性畜禽养殖退出转移支付的政策基础上，进一步加大北京市级投入力度，设立"生态保护补偿转移支付引导政策"，对门头沟、平谷、怀柔、密云、延庆、昌平、房山等7个承担生态涵养功能的区县给予支持，资金规模为每年30亿元。

（2）支持内容。引导资金在促进生态资源保有量提升与生态保护质量提升两方面共同发力。一方面，支持北京市各区县结合自身实际，进一步拓展绿色空间，涵养水资源，珍惜保护耕地、湿地等土地资源，强化"河长制"、畜禽养殖污染治理、低收入农户增收等重点领域的属地责任；另一方面，突出北京市各区县在污水治理、耕地污染治理等方面的工作成效，切实引导区域生态环境质量的提升。

（3）资金使用方向。引导资金由各区县统筹用于生态资源保护与生态环境建设等重点领域。各区县可通过设立引导资金、设置绿色就业岗位、政府购买服务等方式，引导社会各类资本积极参与区域内的生态建设和环境污染整治。

此项生态补偿政策采用纵向补偿方式，资金由市级财政以一般性转移支付的形式下达至区县级财政，资金使用没有固定用途，资金分配与生态绩效挂钩。2018年，北京市生态保护补偿转移支付引导资金安排30亿元，全部为市级财政资金。

（三）森林领域的生态保护补偿政策

1. 山区生态林补偿机制

2004年，北京市政府印发《关于建立山区生态林补偿机制的通知》（京政发〔2004〕25号），在全国率先建立了山区生态林管护政策。山区农民通过上岗务林成为生态林管护员，实现就业，获得管护收入。补偿范围为经区划界定的山区集体所有的生态林。按照北京市山区生态林类型和面积核定，全市生态林管护员数量39986人，市区财政按8:2比例安排资金给予管护员每月人均400元的管护报酬。

2009年，对该政策进行了调整完善，报酬标准和管护员人数有所提高，建立了全员保险制度，明确了管护报酬每3年提高10%的长效机制。为全面落实市委市政府关于加强山区生态涵养区生态建设的工作要求，同时为进一步促进本市农民增收及低收入农户增收，2017年北京市将山区生态林管护员岗位补贴在已有的每人每月532元的基础上提高20%左右，达到每人每月638元。北京市每年投入山区生态林管护总资金约3.4亿元，补助资金由区级财政负担。2018年上半年，生态林管护员已吸纳4.2万余人，其中涉及低收入户5000余人，全年预计可涉及近万人。岗位补贴方面，因山区生态林管护机制的管理责任主体为各区政府，护林员管护报酬各区补贴标准不一。比如，护林员平均报酬海淀区达到每月1831元、密云1290元、昌平784元、丰台740元，房山、门头沟、平谷、顺义等区县也达到市级政策水平。

此项生态补偿政策采用纵向补偿方式，资金由区县级财政负担，资金使用有固定用途，资金分配未与生态绩效挂钩。2018年安排资金规模约为3.4亿元。

2. 生态公益林生态效益促进发展机制

2010年，按照《北京市人民政府关于建立山区生态公益林生态效益促进发展机制的通知》（京政发〔2010〕20号），结合林权制度改革，北京市建立了山区生态公益林生态效益促进发展机制，对山区生态公益林进行生态补偿。补偿标准为每年每亩40元，其中，生态补偿资金每年每亩24元按林权股份发给集体经济组织成员（市区财政按照1：5的比例负担，市级投入每亩4元），森林健康经营管理资金每年每亩16元（全部由市财政负担），由区县政府统筹开展以林木抚育管理为主、包括森林防火和林木有害生物防治在内的森林经营，促进生态林健康发展。覆盖范围是1072万亩山区集体公益林，总体资金为市区两级按1：1比例分担。2016年以前，市区两级财政每年共投入资金约4.3亿元（其中市级每年投入21440万元）。

2016年11月，市政府加大了对山区生态补偿的力度，市园林绿化局、市农委、市财政局联合印发《关于调整山区生态公益林生态效益促进发展机制有关政策的通知》，将山区生态公益林的补偿标准自2017年起由每年每亩40元提高为每年每亩70元，其中，生态补偿资金每年每亩42元、森林健康经营管理资金每年每亩28元。覆盖范围是1077万亩山区集体公益林。原有的每年每亩40元的资金，继续执行市、区财政1：1分担比例；新增的每年每亩30元资金，市、区县财政按8：2比例分担。并且明确，新的补偿标准自2017年起实施，今后随国民经济和社会发展五年计划，每5年调整1次补偿标准。市级资金按一般转移支付拨付给各区县，但要求专项用于山区生态公益林管护。按此标准，生态补偿资金每年每亩42元，其中市财政投入16元、区财政投入26元；森林经营资金每年每亩28元，全部由市财政投入。全市总投入达到7.54亿元（其中市财政投入4.73亿元、区县财政投入2.79亿元）。政策调整后，全市127万人的山区农民人均直接收益由原来的214元提高到377元，其中山区的217个低收入村（全市共234个）、13.1万低收入人员实现人均年收益1160元，有力促进了农民增收。

此项生态补偿政策采用纵向补偿方式，市级财政以一般性转移支付的形式下达到区县级财政，资金使用有固定用途，资金分配未与生态绩效挂钩。2018年，总投入资金达到7.54亿元，其中市级财政安排资金规模约为4.73亿元，区县财政投入2.79亿元。

3. 中央林业改革发展资金——森林生态效益补偿

根据财政部、国家林业局印发的《林业改革发展资金管理办法》（财农〔2016〕196号），森林生态效益补偿补助是指用于国家林业局会同财政部界定的国家级公益林保护和管理的支出。根据国有国家级公益林每亩10元（其中管护补助每年每亩9.75元、公共管护每年每亩0.25元）、集体国家级公益林每亩15元（其中管护补助每年每亩14.75元、公共管护每年每亩0.25元）的补偿标准，北京市国有国家级公益林78万亩、集体国家级公益林418.4万亩，2018年中央拨付生态效益补偿资金7056万元。

此外，根据财政部、国家林业局印发的《林业改革发展资金管理办法》（财农〔2016〕196号），对国家级湿地每年按300万元进行补助，北京市有3个湿地享受此项补助，每年900万元，为中央专项转移支付。

此项生态补偿政策采用纵向补偿方式，资金由中央财政以专项转移支付的形式下达，资金使用有固定用途，资金分配未与生态绩效挂钩。2018年，北京市森林生态效益补偿补助获得资金7056万元，国家级湿地补助获得资金900万元，均为中央专项转移支付资金。

4. 平原地区造林工程养护

2000年以来，北京市先后实施了第一道、第二道绿化隔离地区建设和"五河十路"绿色通道建设工程、平原地区造林工程、农业结构调整等，城市生态空间格局进一步完善，生态环境得到持续改善。为做好平原地区生态林资源管理和长效保护，更好地发挥平原地区生态林的生态效益和社会效益，北京市人民政府印发了《关于完善本市绿化隔离地区和"五河十路"绿色通道生态林用地及管护政策的通知》（京政发〔2015〕35号），纳入调整范围的生态林，其管护标准和平原地区造林绿化补助标准统一为每平方米4元，由市、区县财政各承担50%。根据各区县养护任务，市级财政资金转移支付到各区县，每年养护资金（市级财政资金）约24亿元。

（四）水流领域的生态保护补偿政策

1. 地下水源地的水资源费返还

为进一步加大市级水源地水资源保护力度，促进北京市市级地下水源地可持续利用，经市政府批准，根据《关于建立北京市市级地下水源地水资源保护支持机制的通知》（京财预〔2011〕94号），自2011年起，至市级地下水源地停止向中心城区供水为止，市财政每年从对区县的转移支付中安排一定比例的资金，进一步支持区县做好市级地下水源地保护工作。资金规模为：2011年18342万元、2012年18663万元、2013年15588万元、2014年17177万元、2015年14263万元，逐年有调整。政策支持范围包括顺义八厂水源地及市级地下水源地所在的顺义、怀柔、平谷、房山、昌平等5个区。资金测算方法根据市水务局提供的各市级地下水源地年度实际取水量扣除自来水产销差16.8%引起的损失水量后，乘以市级地下水源地供水水资源费标准的50%来确定补助资金。资金从每年市对区县转移支付中安排，在年终市与区县体制结算时办理。资金由区县级统筹用于水资源保护相关支出，用于村镇饮水、水源井更新、供水管网改造、农业节水等方面。

此项生态补偿政策采用纵向补偿方式，资金由市级财政以一般性转移支付的形式下达，资金统筹用于水资源保护相关支出，但没有固定使用用途，资金分配未与生态绩效挂钩。采用据实结算的方式，均为市级一般性转移支付资金。

2. 水环境区域补偿制度

按照《北京市政府办公厅关于印发〈北京市水环境区域补偿办法（试行）〉

的通知》（京政办发〔2014〕57号），从2015年1月起，北京试行水环境区域补偿制度。按照"谁污染、谁治理、谁付费"的原则，对北京市行政区域内流域上下游实行跨界断面水质指标和污水治理任务指标考核，未完成指标及任务的区县需缴纳补偿金。补偿金通过市、区县两级财政平台统一结算，严格用于水源地保护和水环境治理项目建设、污水处理设施及配套管网、相关监测设施的建设与运行维护等工作。该政策出台后，本市进一步确定了83个跨界监测断面，制定了水质评价、水质监测、补偿金核算等配套制度。

由北京市环保局、水务局对北京市行政区域内流域上下游跨界断面水质浓度指标和污水治理年度任务指标这两项指标来考核各区县水环境治理情况，相关区县根据考核情况相互之间进行横向资金补偿。一是断面考核。上游区县政府缴纳的跨界断面补偿金全部分配给下游区县政府，用于水源地保护、水环境治理及污水处理设施及配套管网、相关监测设施的建设与运行维护；断面下游为其他省份的，区县级缴纳的补偿金由市级统筹安排，二次分配给相关区县用于水源地保护、污水处理设施及配套管网、相关监测设施的建设与运行维护。二是污水治理考核。实行跨区县污水处理的区县或区域缴纳的污水治理年度任务补偿金，40%由市级统筹用于实行跨区县污水处理的区县或区域的配套管网建设和污水处理设施运行维护补贴，30%用于本区县的水环境治理项目建设、小型或临时污水处理设施及其配套管网建设、相关设施运行维护等，30%用于跨区县污水处理设施所在区县的水环境治理项目建设、小型或临时污水处理设施及其配套管网建设、相关设施运行维护等；其他区县或区域缴纳的污水治理年度任务补偿金70%用于本区县水环境治理项目建设、污水处理设施及配套管网、相关监测设施的建设运行维护，30%用于下游区县水环境治理项目建设、污水处理设施及配套管网、相关监测设施的建设与运行维护。

此项生态补偿政策采用区县级横向补偿方式，资金由区县级自筹，资金严格用于水源地保护和水环境治理项目建设、污水处理设施及配套管网、相关监测设施的建设与运行维护等工作，且资金分配与生态绩效挂钩。北京市水环境区域补偿资金根据上一年度考核结果在各区县之间进行经济补偿，2016年、2017年补偿资金规模分别为13.6507亿元，10.7661亿元，全部由区县级财政负担。

3. 大中型水库"农转非"移民培训补贴

根据《关于印发〈北京市扶持大中型水库"农转非"移民的意见〉的通知》（京水务计〔2018〕9号），对因修建大中型水库占地搬迁的水库移民及其后代中，具有本市非农业户口（截至2012年12月31日）且无固定职业的人员，按照每人每年560元的标准，自2018年起继续进行培训补贴，至2022年止。各区县在充分尊重"农转非"移民本人意见的基础上确定培训方式，可以集中组织进行培训，由培训机构申报培训补贴，也可以由移民本人提出申请，自行参加培训。

此项生态补偿政策采用纵向补偿方式，资金由市级财政通过专项转移支付方式下达，资金使用有固定用途，资金分配不与生态绩效挂钩。2018年，安排资金1548万元，全部由市级财政负担。

4. 大中型水库移民后期扶持政策

根据《北京市大中型水库移民后期扶持中央资金使用管理实施细则》（京财农〔2015〕2139号），大中型水库移民后期扶持中央资金使用范围包括：优先用于纳入扶持范围的移民人口补助，每人每年600元；用于支持库区和移民安置区基础设施建设和经济社会发展；库区和移民安置区的临时性、突发性等事件应急处置补助支出。

此项生态补偿政策采用纵向补偿方式，资金由中央财政通过专项转移支付方式下达，资金使用有固定用途，资金分配不与生态绩效挂钩。2018年，安排资金1.3485亿元，全部由中央财政负担。

5. 大中型水库库区和移民安置区扶持政策

根据《关于印发〈北京市扶持大中型水库库区和移民安置区的意见〉的通知》（京水务计〔2018〕10号），对大中型水库库区和移民安置区进行扶持，扶持内容包括：符合首都功能定位且有市场前景的绿色生态产业开发及其配套设施建设；公益性基础设施建设、社会事业设施建设、环境卫生、危房改造等；田间基础设施及配套项目；劳动力技能培训及职业教育；与库区和移民安置区生产生活密切相关的、保障民生的其他项目。

此项生态补偿政策采用纵向补偿方式，资金由区县级财政自筹，资金使用没有固定用途，资金分配不与生态绩效挂钩。2018年，安排资金1.67亿元，全部由区县级财政负担。

（五）耕地领域的生态保护补偿政策

1. 基本菜田补贴

2016年7月，市农委、市财政局、市农业局联合印发《北京市基本菜田补贴实施办法（试行）》。文件明确"每年按照亩均500元的标准，安排全市基本菜田补贴资金"。补贴对象为从事蔬菜生产的本市农户，以及在本市登记注册的合作社、农业生产企业。补贴资金专项用于基本菜田建设和蔬菜产业发展。依据北京市基本菜田信息系统中统计的菜田面积，安排全市基本菜田补贴资金。补贴资金由区县级自行确定补贴范围和补贴标准，统筹用于蔬菜产业发展。

此项生态补偿政策采用纵向补偿方式，资金由市级财政以专项转移支付形式下达，资金使用有固定用途，资金分配不与生态绩效挂钩。2018年，安排资金2.43亿元，全部由市级财政负担。

2. 耕地地力保护补贴

根据财政部、农业部关于印发《农业生产发展资金管理办法》的通知（财农〔2017〕41号），耕地地力保护补贴资金是由粮食直补、农资综合补贴、农业良种补贴这三项补贴合并而来，资金用于直接发放给农民，用于耕地地力保护。资金每年由中央财政安排，市级按照耕地面积（或粮食作物种植面积）将中央资金全部分配至各区县，由各区县自行执行具体补贴标准和补贴范围，将资金支付到农户手中。

此项生态补偿政策采用纵向补偿方式，资金由中央财政以专项转移支付形式下达，资金使用有固定用途，资金分配不与生态绩效挂钩。2018年，安排资金1.67亿元，全部由中央财政负担。

（六）横向生态保护补偿相关政策

根据《北京市南水北调对口协作工作实施方案》，到2020年，通过对口协作，协助受援地区有效推动生态环境持续改善和调水水质稳定达标；促进生态型特色产业发展和劳动力就业及公共服务水平提升；促进水源区经济社会可持续发展。

本市每年安排市级财政资金5亿元（另外，河南、河北两省各2.5亿元），主要用于生态保护和扶贫领域。所属16个区（县）与对口协作的两省16个县（市、区）建立"一对一"协作关系，结对开展对口协作工作。

北京市对口协作协调小组由市级主管领导和市支援合作办、市南水北调办主要领导组成。

另外，根据《北京市对口帮扶河北省相关贫困地区工作实施方案》，2016—2020年，北京市共安排帮扶资金35.68亿元、河北省配套8亿元，共43.68亿元，助力河北省张家口、承德、保定3市16个受帮扶县（区）实现脱贫攻坚目标。按照相关资金管理办法，43.68亿元中，7.19亿元用于京冀两省市"6+1"协议确定的生态类专项帮扶项目，36.49亿元用于新增帮扶项目。新增帮扶资金每年90%平均分配到16个受帮扶县（区），专项用于区县结对帮扶项目，全部安排在建档立卡贫困村和贫困人口上；10%用于张家口、承德、保定3市统筹的帮扶项目。该事项不列为生态保护补偿领域。

（七）正在研究制定的政策

根据北京市文件内容，下一步市相关部门将启动一批生态保护补偿政策的研究制定工作，包括重点领域政策、重点区域政策、跨地区政策等三类共8项。具体如下。

（1）重点领域政策。主要包括空气、森林、湿地、耕地、水流等重点领域的补偿政策：一是由市环保局牵头研究建立空气质量生态保护补偿机制；二是由市园林绿化局牵头研究建立湿地生态保护补偿机制；三是由市水务局牵头研究建立大中型水库、饮用水水源地、河流源头、蓄滞洪区和北京市南水北调工程区的生态保护补偿机制；四是由市规划国土资源委牵头研究建立耕地保护生态补偿制度。

此外，北京市农业局正在研究制定耕地休耕轮作有关政策，已完成初稿，正在与市有关部门进一步沟通。分歧点主要集中在休耕轮作范围、补偿资金额度这两方面。2017年7月，市农委、市财政局联合印发《北京市建立以绿色生态为导向的农业补贴制度改革实施方案》（京政农发〔2017〕27号），其中关于农业生态补偿，主要提到以下几点：继续推进农业"三项补贴"（良种补贴、种粮直接补贴、农资综合补贴）改革；推进农业支持保护补贴政策目标调整为支持耕地地力保护和粮食适度规模经营；建立耕地保护长效机制，对划定的基本农田以及粮田、菜田实行用途管控和保护补偿，将补偿资金发放与耕地保护责任目标落实、永久基本农田保护、土地卫片执法检查挂钩；研究制定养殖业生态补贴政策；推进污染耕地治理；推进化学农药减量行动；推进化学肥料减量行动。

2017年12月，北京市委、市政府联合印发《关于加强耕地保护和改进占补平衡的实施意见》（京发〔2017〕26号），提到了"健全耕地保护补偿机制"，主要有以下两点：一是加强对耕地保护责任主体的补偿激励。积极推进中央和本市各级涉农资金整合，按照"谁保护、谁受益"的原则，加大耕地保护补偿力度。统筹安排财政资金，对承担耕地保护任务的农村集体经济组织和农户给予奖补。奖补资金发放要与耕地保护责任落实情况挂钩。二是探索跨区补充耕地的利益调节机制。统筹耕地保护和区域协调发展，对于跨区进行指标交易涉及耕地保护补偿费的，相关收入由区县政府用于耕地保护、农业生产和农村经济社会发展，以调动补充耕地地区保护耕地的积极性。

（2）重点区域政策。主要包括3项政策：制定对生态保护红线区、建立国家公园体制试点区的转移支付制度，以及健全生态涵养区生态保护补偿机制。

（3）跨地区政策。主要是开展潮白河等流域上下游的生态保护补偿工作及密云水库上游流域水源涵养区的生态保护补偿试点工作。据了解，市水务局、市环保局正在牵头研究制定密云水库上游潮白河流域水源涵养区生态保护补偿方案，拟对密云水库上游的河北省张家口市、承德市开展生态保护补偿试点。目前已完成补偿方案初稿，正在与河北省沟通协商，双方分歧点主要集中在补偿资金额度和考核指标上。

据了解，上述政策目前基本均处于意向阶段，相关部门尚无成型的政策方案，个别政策部门认为现阶段落实的难度较大（如空气质量生态保护补偿机制）。

综上所述，北京市目前实施的符合生态保护补偿政策定义的政策共计15个，分别为：山区生态林补偿机制、山区生态公益林生态效益促进发展机制、中央林业改革发展资金中的森林生态效益补偿、平原地区造林工程养护、中央林业改革发展资金中针对国家级湿地的补偿资金、耕地地力保护补贴、基本菜田补贴、水环境区域补偿、大中型水库"农转非"移民培训补贴、大中型水库移民后期扶持政策、大中型水库库区和移民安置区扶持政策、市级地下水源地水资源保护支持机制、生态保护补偿转移支付引导政策、国家重点生态功能区转移支付、南水北调对口协作。各项政策的具体情况如表5-2所示。

三、北京市生态补偿存在的问题

北京市生态保护补偿政策覆盖面较广，对于森林、水流等重点领域和生态涵养区等重点区域的补偿力度很大，但与中央文件和北京市实施意见中强调补偿政策和资金"统筹"和"绩效"的要求相比，仍然存在领域、区域和新老政策交叉重叠，补偿对象、方式和资金来源相对单一，考核与激励机制不健全，资金效益有待提升，政策效果未达到首都定位要求和民众期望等问题。

（一）在同类领域、区域和新旧政策上存在交叉重叠现象

北京市现行生态保护补偿政策多是由业务主管部门为实现特定的政策目标在不同时期分散制定的，同一领域内、同类区域内的补偿政策存在叠加和重复，新旧政策之间缺乏有效衔接。主要体现在：一是同一领域内政策重叠，如北京市山区生态公益林生态效益促进发展机制与山区生态林补偿机制政策之间，在补偿范

表5-2　北京市现行生态保护补偿政策情况一览表

领域/区域	主责部门	政策名称	实施期限	补偿方式	资金分配是否与生态绩效挂钩	资金是否有固定用途	财政资金安排方式	资金来源	2018年资金安排规模（亿元）
森林	市园林绿化局	山区生态林补偿机制	2004年至今	纵向补偿	否	是	区县级负担	区县级自筹	3.4
森林	市园林绿化局	山区生态公益林生态效益促进发展机制	2010年至今	纵向补偿	否	是	一般转移支付	市级资金	4.73
森林	市园林绿化局	中央林业改革发展资金中的森林生态效益补偿	2004年至今	纵向补偿	否	是	专项转移支付	中央资金	0.7056
森林	市园林绿化局	平原地区造林工程养护	2000年至今	纵向补偿	否	是	一般转移支付	市级和区县级资金	24
湿地	市园林绿化局	中央林业改革发展资金中的森林生态效益补偿	2004年至今	纵向补偿	否	是	专项转移支付	中央资金	0.09
耕地（农业）	市农委、市农业局	耕地地力保护补贴	2004年至今	纵向补偿	否	是	专项转移支付	中央资金	1.67
耕地（农业）	市农委、市农业局	基本菜田补贴	2015年至今	纵向补偿	否	是	专项转移支付	市级资金	2.43
水流	市环保局、市水务局	水环境区域补偿	2015年至今	区县级横向补偿	是	是	区县级负担	区县级自筹	
水流	市水务局	大中型水库"农转非"移民培训补贴	2018—2022年	纵向补偿	否	是	专项转移支付	市级资金	0.1548

领域/区域	主责部门	政策名称	实施期限	补偿方式	资金分配是否与生态绩效挂钩	资金是否有固定用途	财政资金安排方式	资金来源	2018年资金安排规模（亿元）
水流	市水务局	大中型水库移民后期扶持政策	2015年起继续实施	纵向补偿	否	是	专项转移支付	中央资金	1.3485
水流	市水务局	大中型水库移民区和移民库区扶持政策	2018年起继续实施	纵向补偿	否	否	区县级负担	区县级自筹	1.67
水流	市水务局、市财政局	市级地下水水源地水资源保护支持机制	2011年起至市级地下水源地停止向中心城区供水为止	纵向补偿	否	否	一般转移支付	市级资金	
生态涵养区	市财政局	生态保护补偿转移支付引导政策	2017—2020年	纵向补偿	是	否	一般转移支付	市级资金	30
重点生态功能区	市财政局	国家重点生态功能区转移支付政策	2012年至今	纵向补偿	是	是	一般转移支付	市级资金及中央资金	3.13
南水北调水源地	市对口支援和经济合作办	南水北调对口协作	2014—2020年	区域间横向补偿	否	是	市级部门预算	市级资金	5

围、补偿对象和政策目标上存在一定重叠；二是同类区域内补偿政策重叠，如大中型水库"农转非"移民培训补贴和大中型水库库区和移民安置区扶持等政策之间也存在一定重叠；三是目前正在研究制定的补偿政策与现行政策之间的关系有待捋顺，如北京市环保局正在研究的生态保护红线区生态补偿政策，与现行生态涵养区生态保护补偿转移支付引导政策之间，就面临新老政策衔接的问题。

（二）补偿对象、方式和资金来源相对单一

北京市现行15项生态保护补偿政策中，在补偿对象上以对"人"和对"事"的补偿为主，调节政府间、区域间利益关系的补偿政策仅5项，更多政策还在研究探索阶段。从补偿方式来看，北京现行的生态补偿政策全部为政府财政补偿，生态环境损害赔偿、生态产品市场交易等市场化、多元化的补偿机制有待进一步建立，政策补偿、项目补偿、技术补偿、实物补偿、产业补偿、人才补偿等补偿方式还很少；在补偿资金来源上，以上级政府对下级政府单向的转移支付补偿为主，区域间横向的生态补偿机制目前仅在水环境区域补偿以及南水北调对口协作这两项政策中得到实践。正在研究制定的横向补偿政策，补偿方和受偿方在补偿资金规模、考核指标等方面还存在一定的争议。

（三）多数补偿政策的资金分配未与保护绩效挂钩

考虑到北京市不同功能区的生态补偿中补偿主体、补偿收益、资源禀赋等的不同，各项生态系统服务之间以及区域公平与效率之间的权衡，需要根据补偿的目标建立起基于绩效的多目标、差异化的评价指标体系，确定不同责任主体的考核目标和差异化的生态补偿考核评价体系，最终应用于多种不同类型的生态补偿中。通过梳理发现，目前北京市现行的15项生态保护政策中，仅有水环境区域补偿、生态保护补偿转移支付引导政策、国家重点生态功能区转移支付等3项补偿政策的资金分配与生态环境保护绩效挂钩。生态保护成效与资金分配挂钩的激励约束机制尚不成熟，还没有形成制度化、规范化的政策引导体系和成熟有效的监督评估机制，亟需将补偿保护成效与资金分配挂钩，切实发挥激励约束机制的效用。

（四）资金投入大，但资金使用效率和效益有待提高

目前北京市生态补偿政策总规模已经达到110亿元，资金投入力度较大，但总体来看，存在资金使用效率和效益不高的问题。一是科学的生态补偿标准难以确定。在制定补偿标准的过程中，对补偿主体差异性和区域差异性考虑不足，造成过度补偿和补偿不足并存。二是区县一级政府作为生态补偿政策真正的实施者，缺少安排资金和项目的自主权，无法发挥区县政府的主观能动性，同时各区域生态环境保护领域的重点不同，"撒胡椒面"式的生态补偿资金发放形式造成了资金效益不高。三是生态补偿资金多是"戴着帽子"下发至区县一级政府，资金使用的具体用途有着较为严格的规定，北京市现行的15项生态补偿政策中有12项规定了具体的资金用途，这造成资金使用缺乏灵活性。

（五）政策效果与首都定位的高标准和人民群众的高期望仍有距离

近年来北京市面临着巨大生态环境保护压力，大气环境质量、水环境质量状况不容乐观，虽然北京市已经建立了较为完备的生态补偿政策体系，政策覆盖面较广，但生态保护补偿资金相对分散，没有"集中力量办大事"，生态环境保护和修复领域缺少重大项目和旗帜性工程，政策没有达到预期效果。2017年公布的绿色发展指数评价结果显示，尽管北京市绿色发展指数位列全国第一，但环境质量指数和公众满意度指数分别排名倒数第四和倒数第二。北京作为全国政治中心、文化中心、国际交往中心、科技创新中心，当前的生态环境质量还远未达到符合首都定位的高标准要求，距离人民群众的期望值也有较大差距。

四、北京市生态补偿政策统筹思路

党的十九大报告中指出，既要创造更多物质财富和精神财富以满足人民日益增长的美好生活需要，也要提供更多优质生态产品以满足人民日益增长的优美生态环境需要。这对生态补偿提出了更高的要求。目前已形成的生态补偿理论和

国际经验，都需要结合我国开展生态补偿的实践进行因地制宜地整合、创新和突破。新时代生态文明建设的综合性生态补偿制度，应坚持区际公平和权责对等、政府调控和市场机制相结合、生态保护和民生改善相统一等原则，按照"以整合生态补偿政策资金为核心，提高生态补偿资金使用效率；以平衡保护与发展为主要方向，增强生态补偿和绿色发展双向互动；以政府补偿为主导，推进单项补偿向综合性补偿转变；以提高公众满意度为目标，优化生态补偿绩效评估机制"的基本思路，加快完善生态补偿制度框架，逐步形成专项生态补偿和综合性生态补偿互为补充、监管考核公平有效的生态补偿制度框架，为生态文明制度建设提供有力支撑。

（一）以整合生态补偿政策与资金为核心，提高生态补偿资金使用效率

北京市已在生态补偿领域投入了大量的财政资金，每年生态保护补偿资金规模达到了约110亿元，平均生态补偿金额已经达到发达国家的补贴水平，未来进一步提高生态补偿资金使用效率对于优化生态补偿机制、改善生态补偿效果而言，迫在眉睫。从建立综合性生态补偿的政策设计思路出发，将资金使用和安排项目的自主权下放至区县一级，有助于提高生态补偿的综合效益，增强补偿资金的使用效率。

具体来看，一是从源头整合资金。加大政府部门资金整合力度，在划分事权和支出责任的基础上，从预算编制和控制专项入手，重点整合市财政及相关部门的生态补偿资金和生态保护专项资金，形成合力。改进预算管理，将不同层面、不同渠道的资金整合后统筹分类使用。合并市财政名目繁多的生态补偿类资金，统一资金拨付渠道，提高政府财政资金使用效率。二是提高区县一级政府安排补偿资金的自主性。建立地方政府行使所有权职责并享有收益机制，摒弃区域"平均主义"的分配思路，按照区域生态系统功能的重要性、生态环境保护的工作量及维护成本等因素，分次序地选择补偿对象，突出区域差异性和针对性。三是充分发挥补偿资金的外溢效应。在做好生态环境保护的同时，提高基础设施和公共服务水平，充分发挥生态补偿资金的综合效益。

（二）以平衡保护与扶贫为方向，增强生态补偿和生态脱贫双向互动

北京市的生态涵养区范围包括门头沟区、平谷区、怀柔区、密云区、延庆区，以及昌平区和房山区的山区部分，土地面积11259.3平方公里，占全市面积的68%；2017年常住人口266.4万人，占全市常住人口的12.3%，承载着厚重的历史文化和美丽的绿水青山，是首都重要的生态屏障和水源保护地，是首都城市的大氧吧和后花园，在北京城市空间布局中处于压轴的位置，地位和作用极为重要。

从我国实践生态补偿的多年经验来看，生态保护补偿机制作为生态脱贫的重要物质支撑，已经成为生态涵养地区改善民生的主要手段。然而，生态补偿虽能在一定程度上对各地的既有机会成本损失有所弥补，但各地区经济社会发展水平不同，所获得的发展机会和发展能力不同，将会导致更大的收入差距。国务院印发的《关于健全生态保护补偿机制的意见》中指出，"结合生态补偿推进精准扶贫，对于生存条件差、生态系统重要、需要保护修复的地区，结合生态环境保护与治理，探索生态脱贫新路子"。因此，增强生态补偿和绿色发展双向互动，理应成为这类区域生态补偿必须坚持的基本思路。

具体来看，一是从根本上找准生态补偿的切入点，把生态保护补偿资金向生态涵养区倾斜，充分发挥"造血型"生态保护补偿的优势，解决生态涵养地区生态工程建设资金不足、当地人口因保护生态环境收入不高的问题，作为稳定生态涵养地区生态屏障功能的基本保障。二是加大"造血型"生态保护补偿力度，通过创新资金使用方式，利用生态保护补偿引导当地人口有序转产转业，使当地有劳动能力的部分人口转化为生态保护人员，真正激发起生态涵养区各类主体参与生态保护的积极性。三是将生态优势就地科学地转化为发展优势，变"绿水青山"为"金山银山"，构建具有区域特色的生态产业体系，推动生态涵养区走出一条生态环境保护与脱贫的双赢之路。

（三）以政府补偿为主要手段，推进单项补偿向综合性补偿转变

从国家目前开展生态补偿的政策实践来看，在现行管理体制下，单项补偿存在诸多问题：一方面，补偿规模偏低，难以满足地方生态保护事权支出的要求；另一方面，不同部门规定生态补偿用途的专项转移支付资金分散且专款专用，造成资金统筹使用难度大，难以对地方政府的生态建设形成必要的财力支持。鉴于此，从提升生态环境功能和质量的角度，为践行"绿水青山就是金山银山"的理念，生态补偿政策的调整思路应推动单项生态补偿向综合性生态补偿转变，从市级层面上整合各部门生态补偿的各项政策和项目资金，探索建立重点领域和重点区域的综合性生态保护补偿政策，最大限度地提高生态补偿资金使用效率和调动区县、街道和乡镇政府的积极性。

具体来看，一是大力推进区县级之间横向生态补偿机制的建立，选取补偿主体与被补偿对象相对明确的领域，大力推进建立区县级之间的横向生态补偿机制。二是参照财政部长江经济带生态修复奖励政策，探索市级奖励与区县级横向补偿相结合的奖补机制，完善生态保护补偿模式。三是发挥财政生态补偿资金的引导作用，建立以项目、产业、园区、规划等为形式的资金整合平台，从社会、市场与民众等途径筹措资金，根据项目性质，采取财政补助、财政贴息、投资参股、以奖代补、贷款担保等灵活方式进行补偿，提升政府保护生态的积极性。

（四）以提高公众满意度为目标，优化生态补偿绩效评估机制

政府的财政转移支付作为生态补偿资金的主要来源，以提高公众满意度为目标。资金的分配和使用直接影响着生态环境功能和质量的提升，而这也是政府实施生态补偿的绩效评价的核心内容。目前生态补偿资金使用效率低下，资金分配并未和生态功能区的面积、生态保护的任务量相挂钩，补偿资金使用的监督评估机制尚未形成，导致补偿和受偿方政府以及相关利益方的约束力不足，影响了生态补偿政策的实施效果。因此，生态补偿专项资金支出作为公共财政支出的重要组成部分，能否合理有效利用，以及资金分配是否促进了生态环境质量的提升、形成激励，需要建立在一套行之有效的绩效评估机制之上。生态补偿的绩效考核应建立以生态补偿成果与资金分配完全挂钩的绩效评估机制，形成生态环境质量的正向激励与反向倒扣的双重约束，实现奖优罚劣，体现正向激励，充分发挥综合性生态保护补偿考核的指挥棒作用。

具体来看，一是建立生态补偿量化核算方法，科学合理制定补偿标准，为资金分配和使用提供依据。二是建立生态环境质量提升与资金分配相挂钩的绩效评价考核体系。考虑到不同地区的资源禀赋、不同类型的生态补偿中诸如补偿主体、补偿收益等的差异，建立起科学合理的考核指标体系，形成动态规范的考评管理方式。三是建立生态补偿绩效激励与约束机制。引导公众广泛参与生态补偿，建立共同参与的监测和评价考核机制，对生态环境质量得以提升的地区，加大补偿力度；对于生态环境质量下降的地区，扣减补偿资金等，并施以相应的处罚措施。

上述内容参见图5-2所示。

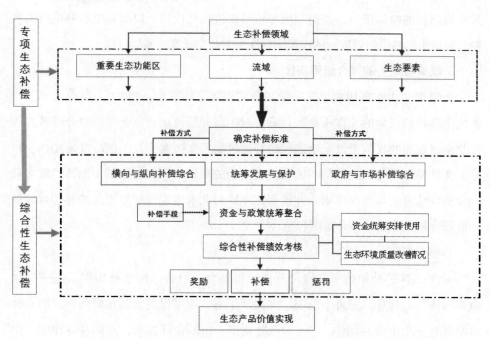

图5-2　综合性生态补偿的思路框架图

五、北京市生态补偿政策统筹实施路径

推动综合性生态补偿政策统筹，需要从三个关键环节入手：一是政策资金的整合；二是绩效考核评价；三是奖惩激励机制的设计。鉴于此，政策资金的整合统筹作为综合性生态补偿政策统筹实施路径的基础，整合哪些政策以及如何整合，直接决定了综合性生态补偿的实施范围和方式；绩效考核评价是实施路径的核心，大规模的补偿资金投入是否达到预期效果，是否对生态环境的改善起到显著作用，为生态补偿政策的调整完善、提升生态补偿的积极性提供依据；奖惩激励机制的设计是实施路径的政策出口，如何利用考核结果进行奖优罚劣以提升生态补偿的积极性，促进生态补偿的效果，体现了综合性生态补偿政策统筹的目的。

（一）政策与资金的整合统筹路径

为遵循"山水林田湖草是一个生命共同体"的理念，"集中力量办大事"，优化生态补偿资金的"作用点"，需要对生态补偿政策和资金进行整合统筹。依据北京市发布的《关于健全生态保护补偿机制的实施意见》（京政发〔2018〕16号）文件精神及与相关部门和区县政府座谈的成果，本文提出了生态补偿政策和资金整合统筹的依据和原则，并依据该原则对北京市现行的生态保护补偿政策展开梳理分析，确定了整合范围和整合方式。

1. 整合依据

对生态保护补偿政策和资金开展统筹整合，符合"山水林田湖草是一个生命共同体"的理念。习近平总书记多次从生态文明建设的宏阔视野强调，山水林田湖草是一个生命共同体。"人的命脉在田，田的命脉在水，水的命脉在山，山的命脉在土，土的命脉在树。用途管制和生态修复必须遵循自然规律"，"对山水林田湖进行统一保护、统一修复是十分必要的"。当前的生态保护补偿政策以森林、草原、湿地、荒漠、海洋、水流、耕地等具体领域分类为主，未来应遵循

"山水林田湖草是一个生命共同体"的理念，注重生态系统的整体性，开展综合补偿。

对生态保护补偿政策和资金开展统筹整合，有利于发挥"集中力量办大事"的优势。生态保护补偿政策和资金较为分散，单从某一项政策来看，其资金量较小，补偿的力度不高。对于直补到人或者户的政策，往往多项政策对同一群体都有支持，但单项政策支持的金额低，发放时间不同，将分散、零碎的补偿资金统筹整合起来发放给人民群众，有利于其集中改善自身生活生产条件；对于有具体生态保护任务的补偿资金，统筹整合后的资金也可以形成合力，实施较大规模的生态保护项目和工程。

对生态保护补偿政策和资金开展统筹整合，可以打破部门壁垒，优化生态补偿资金的"作用点"。当前不同领域的生态保护补偿政策和资金由相应业务主管部门监督管理，资金只能在本领域内使用，但各地区的实际情况千差万别，补偿政策和资金难以"精准施策"，没有发挥出应有的作用。打破部门界线，统筹整合各领域的生态补偿资金，有利于各地区优化选择更适宜的资金使用对象，宜林则林、宜草则草，利于提高各地区政府安排补偿资金的自主性，利于有效地提高资金效率和效益。

因此，不管是从国家层面还是北京市层面，都提出了统筹整合生态保护补偿资金的政策需求。国务院办公厅关于《健全生态保护补偿机制的意见》（国办发〔2016〕31号）中提出了"继续推进生态保护补偿试点示范，统筹各类补偿资金，探索综合性补偿办法"的要求。在北京市人民政府办公厅《关于健全生态保护补偿机制的实施意见》（京政发〔2018〕16号）中，将建立生态补偿政策和资金统筹实施机制进一步细化为：北京市发展改革委、市财政局统筹制定相关政策和年度资金安排计划，将工作任务细化分解到市有关部门和区县政府；北京市有关部门加快健全分领域、分区域生态保护补偿政策，明确补偿标准、资金和工作要求；北京市级财政要加强资金统筹管理，生态保护补偿资金原则上通过一般转移支付下达各区县统筹使用，进一步提高区县级安排使用生态保护补偿资金的自主权；北京各区县政府认真落实各项生态保护补偿政策，统筹使用补偿资金，积极探索开展市场化、多元化生态保护补偿，在保护和优化生态环境基础上提升区域基础设施和公共服务水平，切实提高生态保护补偿的综合效益；对市域外的生态保护补偿，市有关部门加强对资金、工作绩效管理方面的统筹。

2. 整合原则

结合国家和北京市相关文件精神以及与北京市市级相关部门和区县政府座谈成果，本文认为北京市生态保护补偿政策和资金统筹整合的原则如下。

（1）生态保护补偿政策和资金的统筹整合应以不损害人民群众收入和生态环境保护效果为前提。将直补到人或者到户的政策资金和各个领域的政策资金统筹整合后，应确保整合后人民群众得到的补偿资金与整合前相比不降低，各个领域的政策和资金所对应的生态环境保护任务能保质保量完成，达到政策预期效果。

（2）生态保护补偿政策和资金的统筹整合应采取先易后难、分步整合的推进方式。依据文件精神，北京市生态保护补偿政策的统筹整合在现阶段应以市级生态补偿政策和资金为主，推进难度低，接受程度高。未来对未纳入整合范围的生态补偿政策和新出台的生态补偿政策应采取宜统则统的原则，逐步扩大整合范围。

（3）生态保护补偿政策和资金的统筹整合应以提高区县级政府自主权和资金使用效率为目的。生态保护补偿资金统筹整合后下发到区县一级政府，给予其资金使用和安排项目的自主权。区县级政府依据实际情况，发挥"集中力量办大事"的优势，安排合理的生态保护项目和公共服务提升工程，以资金使用带动统筹整合，充分发挥生态保护补偿资金的综合效益。

3. 整合范围

依据上述整合依据和原则，本文不建议纳入整合范围的政策类型如下。

（1）中央财政下发的生态保护补偿资金。这类资金一般均有较为详细和严格的资金使用考核办法，现阶段对其开展统筹整合在国家资金审计和考核方面具有一定难度，不建议纳入整合范围。

（2）大部分区县级财政负担的生态保护补偿资金。本次生态保护补偿政策的统筹整合强调市级层面的整合，由区县级财政负担的生态补偿资金暂不纳入整合范围，但个别政策可以例外考虑（其在纳入整合范围的第二条原则中进行了阐述）。

（3）市域外的区域间横向生态补偿政策和资金。区域间的横向生态补偿政策和资金一般由市级财政和有关部门与市域外的各地区直接开展合作，未来可以考虑对市域外的横向生态补偿政策和资金单独进行统筹。北京市有关部门应加强对市域外补偿资金、工作绩效管理方面的统筹，在此暂时不纳入整合范围。

（4）临时性或即将到期的生态补偿政策和资金。由于生态补偿政策统筹整合长期性的需要，对临时性或即将到期的生态补偿政策没有必要进行统筹整合。

（5）生产性的生态补偿政策。与生产（如农业、林业）有关的生态补偿政策，由于其与生态环境保护的直接关系并不密切，难以使用生态环境考核指标进行考核，因此不建议纳入整合范围。

本书认为应纳入整合范围的生态保护补偿政策与资金如下。

（1）市级以一般性转移支付和专项转移支付下发的生态保护补偿政策和资金。这类政策和资金最符合上述文件中关于生态保护补偿统筹实施的要求，且市级政策和资金受市政府管理，整合难度最小。

（2）与统筹整合后的市级生态补偿政策有重叠的由区县级财政自筹资金的生态补偿政策和资金。对于全部由区县级财政自筹资金的生态补偿政策和资金，如果与统筹整合后的市级生态补偿政策有重叠，也可以考虑纳入整合范围，但需要对具体政策开展具体分析。

（3）市级财政负担的直补到人或者到户的生态保护补偿资金。为保障人民群众的权益不受损失，市级财政负担的直补到人或者到户的生态保护补偿资金考虑纳入整合范围，但要保证整合后人或户获得的生态补偿资金与整合前相比不减少。

据此，对北京市现行的15项生态保护补偿政策逐一开展分析。

（1）山区生态林补偿机制。此项政策资金由区县级财政负担，补偿形式是为北京市生态林管护员发放工资（638元/月）。为保障管护员的权益，根据建议不纳入整合范围的第二条，该政策建议不纳入整合范围。

（2）山区生态公益林生态效益促进发展机制。此项政策资金由市级财政负担，以一般性转移支付的方式下发。根据建议纳入整合范围的第一条，该政策建议纳入整合范围。

（3）中央林业改革发展资金中的森林生态效益补偿。此项政策资金由中央财政负担，以专项转移支付的方式下发。根据建议不纳入整合范围的第一条，该政策建议不纳入整合范围。

（4）平原地区造林工程养护。此项政策资金由市级财政和区县级财政按1∶1的比例负担，市级财政以专项转移支付的方式下发。根据建议纳入整合范围的第一条，该政策建议纳入整合范围。

（5）中央林业改革发展资金中针对国家级湿地的补偿资金。此项政策资金由中央财政负担，以专项转移支付的方式下发。根据建议不纳入整合范围的第一条，该政策建议不纳入整合范围。

（6）耕地地力保护补贴。此项政策资金由中央财政负担，以专项转移支付的方式下发，且是与生产有关的政策，政策资金直接发放给农民。根据建议不纳入整合范围的第一、第五条，该政策建议不纳入整合范围。

（7）基本菜田补贴。此项政策资金由市级财政负担，以专项转移支付的方式下发，该政策是与生产有关的政策，统筹用于蔬菜产业发展。根据建议不纳入整合范围的第五条，该政策建议不纳入整合范围。

（8）水环境区域补偿。此项政策是区县级横向补偿政策，属于在市域范围内的横向补偿政策，其资金由区县级财政负担，补偿形式是通过奖优罚劣，对水环境治理表现差的区县罚款并奖励给水环境治理表现好的区县，该项政策符合北京市生态补偿政策与生态环境保护绩效考核挂钩的要求。如该项政策不纳入整合范围而单独考核，由于其余生态补偿政策整合后也会对水环境治理绩效进行考核，这样会造成对区县双重惩罚或者双重奖励的问题，因此可考虑将该项政策纳入整合范围，而该政策涉及的水环境治理考核指标可以纳入整合后的综合性生态补偿政策考核体系。根据建议纳入整合范围的第二条，经过分析后，建议该政策纳入整合范围。

（9）大中型水库"农转非"移民培训补贴。此项政策资金由市级财政负担，以专项转移支付的方式下发，补偿形式为：对因修建大中型水库占地搬迁的水库移民及其后代中，具有本市非农业户口（截至2012年12月31日）且无固定职业的人员，按照每人每年560元的标准进行培训补贴。根据建议纳入整合范围的第一、第三条，该政策建议纳入整合范围，但要保证整合后原人员获得的补偿资金不减少。

（10）大中型水库移民后期扶持政策。此项政策资金由中央财政负担，以专项转移支付的方式下发，补偿形式为：优先用于纳入扶持范围的移民人口补助（每人每年600元），支持库区和移民安置区基础设施建设和经济社会发展，以及库区和移民安置区的临时性、突发性等事件应急处置补助支出。根据建议不纳入整合范围的第一条，该政策建议不纳入整合范围。

（11）大中型水库库区和移民安置区扶持政策。此项政策资金由区县级财政负担，用于大中型水库库区和移民安置区扶持，与生产有一定关系，没有特定的资金用途，也不与生态环境保护绩效挂钩。根据建议不纳入整合范围的第二条，经分析后，建议该政策不纳入整合范围。

（12）市级地下水源地水资源保护支持机制。此项政策资金由市级财政负担，以一般性转移支付的方式下发。根据建议纳入整合范围的第一条，该政策建议纳入整合范围。

（13）生态保护补偿转移支付引导政策。此项政策资金由市级财政负担，以一般性转移支付的方式下发。根据建议纳入整合范围的第一条，该政策建议纳入整合范围。

（14）国家重点生态功能区转移支付。此项政策资金由中央与市级财政负担，以一般性转移支付的方式下发。根据建议不纳入整合范围的第一条，该政策建议不纳入整合范围。

（15）南水北调对口协作。此项政策资金由市级财政负担，属于市域范围外的横向补偿政策。根据建议不纳入整合范围的第三条，该政策建议暂时不纳入整合范围。

综上所述，建议纳入整合范围的北京市现行生态保护补偿政策主要有：山区生态公益林生态效益促进发展机制、平原地区造林工程养护、水环境区域补偿、大中型水库"农转非"移民培训补贴、市级地下水源地水资源保护支持机制、生态保护补偿转移支付引导政策等6项生态保护补偿政策，涉及资金约70亿元。

4. 整合方式

根据各地开展综合性生态补偿以及农口开展资金整合的经验，生态补偿资金的整合方式一般有以下三种。

（1）市级大整合。市一级将纳入整合范围的一般性和专项转移支付资金全部统筹起来，以一般性转移支付的形式发放到区县一级，由区县一级自行安排项目和资金使用。市一级部门只负责考核生态保护成效，不干涉项目安排和资金使用。采取先预拨付后清算的办法，根据绩效考核结果进行奖优罚劣。该整合方式的优势是能充分发挥地方政府的自主权，能结合地方具体情况、灵活运用资金；但需要对现有生态保护补偿渠道和体制机制进行大范围改革，具有一定的难度。

（2）市级小整合。以纳入整合范围的一般性和专项转移支付资金总额为基数，每年统筹一定比例的资金，专项用于上一年度区县级生态环境质量考核提升奖励；统筹后剩余的资金，市直部门仍按原渠道下发。采取先预拨付后清算的办法，加大对完成综合性生态保护目标的正向激励力度。赋予区县一级对奖励资金统筹安排项目和资金的自主权。该整合方式的优势是整合后的资金专项用于奖励，加大了激励力度，能够促进生态环境保护；但统筹的程度不高，纳入整合范围的资金分成了两部分，增加了资金分配、使用和考核的复杂性。

（3）区县级整合使用。纳入整合范围的一般性和专项转移支付资金仍按市级各部门的原渠道下发，区县一级政府部门在实施生态保护和改善民生项目时，将纳入整合范围的资金统筹进行使用，以资金使用带动资金整合，不再设立专款专用的限制。该整合方式的优势是在资金使用环节进行整合，能够将有结余的专项资金用于资金不足的项目，达到物尽其用的效果；但区县级政府安排项目和资金的自主性较低，也增加了绩效考核的难度。

依据相关文件精神及与市级相关部门和区县级政府座谈成果，为充分发挥区县级政府的自主权，结合地方具体情况，以及灵活运用资金，建议采取第一种整合方式。由于2019年度生态保护补偿资金已经按原渠道下达，2019年度生态保护补偿政策统筹实施可考虑先使用第三种整合方式，区县级政府在资金使用层面先进行整合。

具体整合形式如下。

（1）整合区域性或一般性的生态保护补偿政策。以生态涵养区的生态保护补偿转移支付引导政策等非具体领域的生态补偿政策为统筹整合的重点和基础，可以考虑在市级财政专门设立一类综合性生态保护补偿（一般性转移支付），统筹对这类生态保护补偿政策实施监督管理。

（2）整合具体领域的补偿政策。将具体领域带有具体政策指向的生态保护政策进行整合，如直补到人或者到户的政策、平原造林管护等有具体生态保护任务的政策等，严格保障整合后人或者户获得的补偿资金与整合前相比不减少，生态保护任务要求不降低。在整合过程中，针对同一领域内部以及作用于同类人或者户的补偿政策存在交叉重叠的现象，可以由市发展改革委和财政局会同行业主管部门研究确定更加科学的补偿标准和补偿机制，逐步将对象、范围、功能相近的补偿政策进行合并和优化。

（3）考核与激励机制的统筹整合。整合后，综合性生态保护补偿政策的考核与激励机制应统筹考虑整合前各生态保护补偿政策所规定的考核和激励机制，对整合前各生态保护补偿政策所涉及的考核指标进行综合分析，合并同类项，填补空白项,对于过于具体的指标可以考虑删除。由市发展改革委与财政局会同各业务主管部门,在加快建立生态保护补偿标准体系,加强空气、森林、耕地、水流等重点领域和生态保护红线区等重点区域生态监测能力建设的基础上,健全完善生态保护补偿资金分配与生态保护成效等效益性指标相挂钩的激励约束机制,奖优惩劣,真正形成受益者补偿、损害者赔偿、保护者受偿的良性机制。

(4)统筹新制定的生态补偿政策。对于未来新制定的生态保护补偿政策,除填补现有政策空白以外,原则上均应采取调整优化指标体系、增加资金规模等方式,纳入现有综合性生态保护补偿政策框架内加以统筹考虑解决,避免生态保护补偿政策产生新的"碎片化"趋势。原则上由相关职能部门(如农、林、水、国土资源、环保等)研究制定新的生态补偿政策,市发展改革委与财政局统筹汇总后,研究如何纳入现有的综合性生态补偿政策体系,并由财政局颁布相应政策。

(5)规范资金的分配与使用。涉及农、林、水、国土资源、环保等部门的具体领域的生态补偿政策,仍由相关部门按照现有政策要求测算资金规模,并汇总至市级财政部门,再与生态涵养区生态保护补偿转移支付引导政策等区域性或一般性的生态补偿政策一起按照一般性转移支付的方式向区县一级下发资金。市级政府负责资金下达、制度完善和监督考核,区县级政府部门将转移支付的生态保护补偿资金用于保护生态环境和改善民生,加大生态扶贫投入。可自行安排项目和资金使用,但不得用于楼堂馆所及形象工程建设和竞争性领域,且保障具体生态保护项目的质量及人民群众的收入水平不降低。鼓励区县一级政府部门将整合资金与本级资金捆绑使用,针对当地生态环境的重点环节、重点领域和重点问题,集中投入、综合治理。区县级政府在使用资金时应理清资金的具体投向,明确各资金所涉及的具体工程和建设内容,制定实施细则,明确资金的流向和使用规模,使资金的使用达到有迹可循、有理可依、有的放矢的目的。

上述内容参见图5-3所示。

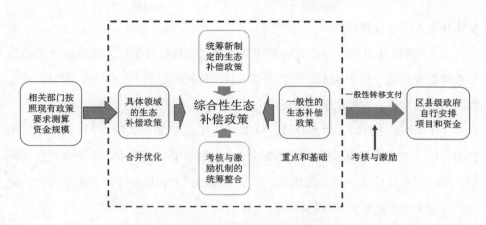

图5-3　生态保护补偿政策整合路径示意图

（二）绩效考核指标体系设计

生态补偿绩效评价是生态补偿实施过程中必不可少的重要环节，既是约束生态环境污染行为的有力手段，又是保护补偿资金使用和提高资金配置效率的可靠保证。基于综合性生态补偿政策统筹的目的，从经济社会发展和生态环境保护方面选择相关指标来构建生态补偿绩效评价指标体系，发挥补偿后评价的监督反馈功能，能为修正和完善生态补偿政策、实现生态补偿效益最大化提供参考。本研究在国家重点生态功能区县域生态环境质量监测评价与考核体系、生态文明建设考核目标与绿色发展指标体系，以及其他生态环境绩效评估指标体系的基础上，提出了指标体系的设计原则，根据北京市生态补偿政策的要求与资金整合统筹的目的，构建了北京市综合性生态补偿绩效评价的指标体系。

1.指标体系设计原则

（1）公平性原则。生态补偿主体的确定可依据以下四个原则：一是破坏者付费原则。行为主体对生态环境产生不良影响导致生态系统服务功能退化的应支付费用。二是使用者付费原则。生态环境资源占用者应向国家或公众利益代表支付费用。三是受益者补偿原则。生态服务功能受益者应该对生态服务功能维护者提供相应的补偿。四是保护者得到补偿原则。对生态建设和环境保护作出贡献的集体和个人应当得到补偿。

（2）科学性原则。补偿方式和标准的确定应具有科学性，应当综合考虑生态系统服务价值、保护成本、机会成本以及因保护而造成的损失等，同时还要考虑当前的社会经济发展水平和承受能力。

（3）动态性原则。生态补偿的标准要具有动态性，即不应仅设置一个简单的固定标准值，而是要根据不同阶段的经济发展水平和人民生活水平进行适当调整。同时尽可能建立一种长效机制，特别是通过产业转型和生产与生活方式的转变，逐步实现生态保护地区的可持续发展。

（4）全面性原则。评估指标体系作为一个有机整体，要能够全面反映和测度被评估系统的主要特征和状况。在时序上，既要有静态指标，又要有动态指标；在关键环节上，既要满足生态环境质量的考核，又要体现资金分配使用等绩效考核。综合性生态补偿政策统筹包括资金统筹整合、资金使用与分配、生态环境质量提升的考核等多个环节，绩效评估的指标体系应能够全面反映各个环节，以全面准确地评估其绩效，为奖惩机制奠定基础。

（5）可比性原则。可比性指的是不同时期以及不同对象间的比较。设置指标体系时要使其一定时期内在诸如含义、范围、方法等方面保持相对稳定，以便积累资料和保证资料的可比性，从而有利于研究系统的长期趋势和变化规律。指标的可比性，要求评价指标的口径必须一致，才能保证评价结果的真实性、客观性和合理性。综合性生态补偿的绩效评估体系中所选取的指标，必须能反映不同区域、不同类型的共同属性。指标的可比性还体现在指标的量化处理上，评估指标体系中的指标要具有统一的量纲，以便于在不同区域、同一类型的生态补偿之间进行比较。

2. 指标选取依据

根据国家对综合性生态补偿的政策要求，一是在源头上实现资金和政策的统筹整合，二是在应用上实现生态补偿和改善民生的统筹整合。因此，北京市综合性生态补偿政策统筹的绩效考核体系的建立应结合实际，考虑以下几个方面：一是生态环境质量改善情况，二是生态环境保护和建设情况，三是民生改善情况。上文已对国家公布的重点生态功能区县域生态环境质量监测评价与考核体系、绿色发展指标体系，以及生态文明建设考核目标体系进行了逐一研究分析，北京市生态补偿政策统筹的指标体系将在这三个指标体系的基础上，参考北京市《生态涵养区政府绩效考评指标体系》以及《生态保护补偿转移支付引导政策》，结合北京市的现实条件和资源禀赋情况，对指标进行有选择性地增减。

（1）按照北京市《生态保护补偿转移支付引导政策》的指标体系，将生态环境质量分为山林生态保护、水生态保护、土地生态保护以及综合性生态保护等四大类。考虑到北京对大气环境质量具有较高的重视程度，增加大气环境保护这一类别，并根据《北京市大气污染防治专项转移支付资金管理暂行办法》，确定SO_2排放强度、COD排放强度、固体废物排放强度、污染源排放达标率、区县级空气质量优良天数比率、年度细颗粒物（$PM_{2.5}$）下降率等指标。

（2）整合范围内各项资金和政策所对应的考核指标也应纳入到本研究所构建的指标体系中，以便进行年度绩效考核。其中，列入整合范围且具有考核指标的政策有跨界断面水质考核。依据《北京市水环境区域补偿办法（试行）》文件，将北京市行政区域内流域上下游的区县政府间断面水质考核的两项指标，即跨界断面水质浓度指标和污水治理年度任务指标纳入本指标体系。

（3）按照国家对综合性生态补偿的政策要求，提升民生保障水平，帮助贫困地区人口脱贫是综合性生态补偿的重要目的。因此，本研究增设"民生改善程度"这一指标类别，通过考核北京市综合性生态补偿政策实施后低收入农户数量、低收入农户人均可支配收入增速、新增山区生态林管护员岗位数量、促进城乡就业人数等变化情况，来评估综合性生态补偿对于民生改善、脱贫致富的政策效果。

（4）鉴于生态文明建设考核指标体系、绿色发展指标体系均注重公众的感受，体现出在生态文明建设背景下，让公众感受到生态环境的改善是生态补偿政策绩效考核的本质。因此，本研究沿用绿色发展指数的考核指标体系中新增的

"公众满意程度"这一指标，确保生态环境改善的方向和程度被公众所理解和接受，也通过绩效考核，来提升公众对生态环境质量改善的幸福感。

（5）参照国家重点生态功能区县域生态环境质量考核办法，转移支付资金的使用效果采用县域生态环境质量的动态变化量进行评估。考虑到资金整合统筹后以一般性转移支付下发区县级政府，且不规定具体用途，因此不再专设资金使用分配情况的考核指标。可通过考核区县级生态环境质量改善情况，来反映资金的使用分配是否达到了补偿效果。

3. 指标体系的构建

综合性生态补偿的评价指标的选取和评估框架的设计，与综合性生态补偿的政策用途密切相关。建立科学合理的综合性生态补偿评价指标体系，关系到生态补偿的政策实施效果。本研究根据北京市提出的综合性生态补偿政策统筹的要求，在已有的考核指标体系基础上，根据上述的原则与指标选取依据，构建了以下指标体系。（如表5-3所示）

表5-3　综合性生态补偿考核指标体系（方案一）

序号	一级指标		二级指标
一	山林生态保护	1	林地面积
		2	森林覆盖率
二	水生态环境保护	3	水域湿地覆盖率
		4	河道长度
		5	水库蓄水量
		6	污水处理率
		7	地表水考核断面水质综合达标率
		8	小流域达到或好于Ⅲ类水质比例
三	土地生态保护	9	耕地面积
		10	湿地面积
		11	自然保护区面积
		12	新增矿山恢复治理面积
		13	新增水土流失治理面积

（续表）

序号	一级指标	二级指标	
四	大气环境保护	14	主要污染物减排强度
		15	区县级空气质量优良天数比率
		16	年度细颗粒物（PM2.5）下降率
五	民生改善	17	低收入农户数量
		18	低收入农户人均可支配收入增速
		19	新增山区生态林管护员岗位数量
		20	促进城乡就业人数
六	公众满意程度	21	公众对生态环境质量满意程度
		22	地区重特大突发环境事件、造成恶劣社会影响的其他环境污染责任事件、严重生态破坏责任事件

考虑到北京市涉及生态补偿的区域主要分布在北京市的生态涵养区，且生态保护补偿政策统筹所考核的内容与生态涵养区的生态保护和绿色发展的指标重叠度较高。因此，本研究提出了生态保护补偿考核指标体系方案二，通过选取北京市出台的《关于推动生态涵养区生态保护和绿色发展的实施意见》中对生态涵养区绩效考评指标体系中的部分指标来构建本研究的考核指标体系：一是便于政府考核，二是基于绿色发展导向的生态保护也体现了生态补偿政策统筹的宗旨。

方案二的指标体系设置如表5-4所示。

表5-4　综合性生态补偿考核指标体系（方案二）

序号	考评指标及内容	
1	环境保护	细颗粒物（PM2.5）年均浓度
2		主要污染物减排
3		地表水考核断面水质综合达标率
4		垃圾处理率（含生活垃圾无害化处理率和建筑垃圾综合处置率）
5		农业面源污染控制（含种植和畜禽、水产养殖等方面的工作成效）
6		土地安全利用率

（续表）

序号	考评指标及内容		
7	森林覆盖率		
8	基本农田和耕地保护		
9	美丽乡村建设年度任务完成率		
10	生态建设	开发强度	城乡建设用地规模
			建设规模
11		能源消费总量和强度	能源消费总量
			单位地区生产总值能耗下降率
12		用水总量和效率	用水总量
			单位地区生产总值水耗下降率
13	就业增收	促进城乡就业人数	
14		低收入农户人均可支配收入增速	
15	城市服务	公共安全指数（含自然灾害等方面的工作成效）	
16		公共服务指数（含社会保障、基础设施、环境保护等方面的资源配置情况）	

注：部分指标说明。

1. 森林覆盖率：指行政区域内森林面积占土地面积的百分比。森林面积包括郁闭度0.2以上的乔木林地面积和竹林地面积、国家特别规定的灌木林地面积。

2. 地表水考核断面水质综合达标率：指达到水质目标考核要求的地表水断面个数占考核断面总个数的比重。参照《北京市水污染防治工作方案实施情况考核办法（试行）》，跨界断面水质浓度考核的经济补偿指标确定为化学需氧量或高锰酸盐指数（其中，水质目标为Ⅱ、Ⅲ类的经济补偿指标为高锰酸盐指数；水质目标为Ⅳ类及以上时，为化学需氧量）、氨氮、总磷等3项。跨界断面考核以水质自动监测站数据月均值作为考核依据；暂不具备水质自动监测条件的断面，以人工监测数据月均值作为考核依据。

3. 主要污染物减排强度：指二氧化硫、氮氧化物、挥发性有机物、化学需氧量和氨氮等5项主要污染物排放总量较上年的下降比例或总体工程的减排量。

4. 细颗粒物年均浓度：指一个日历年内有效监测日细颗粒物平均浓度的算术平均值。

5. 低收入农户：指未纳入最低生活保障范围，共同生活的家庭成员人均收入低于最低工资标准2120元，且符合最低生活保障家庭财产状况规定的本市户籍居民所组成的家庭。

6. 低收入农户人均可支配收入增速：指本年度区域内低收入农户可用于自由支配的人均收入与上年度相比的增长速度。

7. 促进城乡就业人数：指登记失业人员实现就业和农村劳动力转移就业人数之和。

8. 公众满意程度：为主观调查指标，采用国家统计局组织的居民对本地区生态文明建设、生态环境改善的满意程度抽样调查，通过每年调查居民对本地区生态环境质量表示满意和比较满意的人数占调查人数的比例，以100%为满分。

指标设计重在生态环境质量的保持和提升，体现正向激励作用。针对两种考核指标设计方案，考核办法可以有以下两种方式。

一是采用综合评分法，基础分值为100分，再按照不同指标的评价标准对各评价指标进行评分，最后汇总计算综合性生态保护补偿考核总分数。考核结果分数为100分，视为完成生态保护指标；分数少于100分，视为未完成生态保护目标；超过100分视为环境质量得到提升。除指标考核之外，实施区县考核期间发生重特大突发环境事件、造成恶劣社会影响的其他环境污染责任事件、严重生态破坏责任事件的，每发生一起，由主管部门按严重程度扣1~3分，最多可扣10分为止。

二是采用综合排名法。根据基准年各区县的资源禀赋进行基础排名，再按照不同指标的权重和评价标准对各项指标进行计算，最后加权汇总计算得到综合性生态补偿指数。根据这一指数进行排名，再通过对比基础排名，得到各区县的生态环境改善程度的排名变化情况。考核结果为排名的变幅，变幅又可分为正向和反向，排名提前的为正向，排名落后的为反向。再按照不同变化程度进行分类，正向变幅视为环境质量得到改善，反向变幅视为环境质量没有改善或变差。

（三）奖惩激励机制的构建路径

生态补偿制度奖惩分明，有助于强化政府的生态保护责任，更好地调动地方保护生态环境的积极性。奖惩制度设置的合理与否也直接影响生态补偿政策激励效果的发挥。根据"生态优先，奖惩分明"原则，将生态环境质量改善作为补偿资金分配的主要因素，建立奖惩机制，对生态环境质量较好、生态保护贡献大、生态保护任务完成情况较好、真抓实干成效明显的地区加大补偿。除资金奖励外，还在硬件设备等方面提供政策性倾斜等支持，反之则不予补偿或扣减资金，进一步调动各区县保护生态环境的积极性，提升综合性生态补偿的效果。

1. 奖惩激励机制的设计原则

综合性生态补偿的奖惩激励机制的设计要立足全市现有基础和生态补偿要求，坚持实现全市资源环境可持续利用和生态环境质量的持续好转，构建政府主导的生态补偿和奖惩机制，全面提升综合性生态补偿的政策效果。

一是资金奖惩与政策奖惩相结合。资金奖惩作为见效最为直接和显著的手段，直接体现了生态保护的成果。除资金奖惩外，还可以配套一系列激励措施，形成新的调动地方积极性的激励机制，以体现政府的支持力度。例如，在资金上，对成效明显的地区重点项目建设给予额外支持；对这些地区的基础设施建设等有一定的政策倾斜；对这些地区的企业申请发行企业债减少审批环节；对这些地区相应给予新增建设用地计划指标支持等。

二是奖励与惩处相结合。奖励和惩处是激励机制的两个方面。奖励和惩处相结合就是把鼓励区县级政府积极保护和改善生态环境质量的行为与限制其消极行为有机结合起来，通过褒奖先进、鞭策后进，惩处错误、提倡正确，从正反两个方面来明确生态保护的行为规则要求，全面发挥激励的积极作用。在实施奖励和惩处时，要坚持以奖励为主。从功能上来看，奖励的功能在于弘扬，它不仅可以使受到奖励的地区有成就感和荣誉感，激发地区政府积极保护生态的热情，还有利于为其他地区树立榜样和标杆，促进各区县齐头并进发展。惩处的功能在于限制，使受罚地区有所警醒，使其生态保护消极行为受到约束和控制。

三是适度与及时相结合。在实施奖励和惩处时，要注意奖惩得当，这是激励机制发挥作用的基础。奖励和惩罚不适当都会影响激励效果，同时还会增加激励成本。实践表明，当生态环保投入大于奖励金额，或惩罚金额小于生态环保投入时，政府有可能在利益衡量后选择降低环保力度。对考核不合格的最重惩罚也只是扣减转移支付额，并不能起到惩罚作用。奖惩还要掌握好时机，奖惩是否及时与奖惩的预期效果有着直接的关系。一般情况下，奖惩越及时，收效越大；反之作用越小。及时奖惩才能保证激励的最佳效果。

四是针对环境绩效显著程度进行奖惩。从各个生态环境绩效评估的考核方案来看，目前已有的考核方案是采用目标渐进法，也就是拿现状值与目标值作比较，得出环境绩效指数，用指数大小来表征绩效的显著程度。但也有一个适用前提，即评估所依据的环境目标是根据各区县特点和差异而分区县制定的，如果环境目标未体现差异性，目标渐进方法就会制造不公平：一些原本生态环境就很好的地区只需付出很小的努力，就能得到较高的环境绩效；而原本生态环境就很差的地区即使非常努力，区域环境绩效可能依旧很低。因此，绩效考核的奖惩机制应围绕环境绩效显著程度来实施，才能保证考核与奖惩的公平性。

2. 奖惩激励机制的设计依据

一是围绕生态环境质量的动态变化量进行奖惩。此类奖惩机制能够清晰地体现生态环境质量的提升效果和资金分配之间的关系。例如《国家重点生态功能区县域生态环境质量考核办法》中提出的考核指标体系，其奖惩激励的核心指标是转移支付资金使用效果，该指标采用县域生态环境质量的动态变化量进行评估，即"淡化基数，注重变化"，通过计算基准年与目标年的生态环境质量综合评价指数的变化量，并进行变化等价划分，以作为转移支付资金调节的依据。如果目标年与基准年相比，其变化量为正数且超过特定数值，表示生态环境质量有所好转；如果变化量为负数且小于特定数值，表示生态环境质量在退化；如果变化量介于特定数值之间，表示生态环境质量未出现变化，处于稳定状态。

二是通过月度考核和年度考核进行阶梯式奖惩。此类考核机制能够及时反映政府的生态保护行为，减少政府消极不作为的现象。例如河南省2017年公布的《河南省城市环境空气质量生态补偿暂行办法》和《河南省水环境质量生态补偿暂行办法》，实行月度生态考核以及年度目标完成奖励制度实行阶梯式考核。其中，阶梯式补偿坚持"优得越多、奖得越多，差得越狠、罚得越重"原则，根据不同指标的变化程度划分等级类别进行补偿。比如，PM_{10}因子生态补偿标准中，当月PM_{10}浓度超过考核基数1～10微克的部分，实行第一阶梯扣收标准（5万元/微克）；低于考核基数1～10微克的部分，实行第一阶梯补偿标准（4.5万元/微克）。以此类推，当月PM_{10}浓度超过考核基数40微克以上的部分，实行第五阶梯扣收标准（25万元/微克）；低于考核基数40微克以下的部分，实行第五阶梯补偿标准（22.5万元/微克）。按照省均浓度实行月度考核，污染排放少、对全省平均水平贡献大的地方享受补偿奖励，污染排放多、拉低全省平均水平的地方扣收更多补偿金。

三是针对保持和提升分档次奖惩。此类奖惩机制充分体现了"环境质量只能更好，不能变坏"的原则，提升程度越高，奖励越多，能够激发生态保护行为的积极性。例如，福建省2018年出台的《福建省综合性生态保护补偿试行方案》将福建省开展的综合性补偿分为保持性补偿和提升性补偿两部分。保持性补偿以实施县年度获得的省级纳入整合范围的各项专项资金的补助总额为基数，实施县如完成生态保护考核指标（100分），可全额获得补助总额；如未完成，则按一定比例相应扣减专项资金。保持性补偿资金由各部门按现行渠道下达。提升性补偿是指实施县环境质量如得到提升（超过100分），根据提升分值，从统筹的专项资金中给予不同档次的提升性补偿。分数前10名的实施县每年给予2000万～3000万元奖励，其他实施县给予1000万～1500万元奖励，奖励金额将根据资金规模的加大而增加。

3. 奖惩激励机制的方案选择

一是分数制或排名制奖惩机制方案。设立基准年，根据考核指标的各项指标情况进行打分或排名，并进行汇总得到综合评价结果。通过计算基准年与目标年分数或排名的变化量，并进行变化幅度分级，以作为奖惩的依据。如果目标年与基准年相比，变化幅度为正数且超过特定数值，表示生态环境质量有所好转；如果变化量为负数且小于特定数值，表示生态环境质量在退化；如果变化量介于特定数值之间，表示生态环境质量未出现变化，处于稳定状态。生态环境质量有所好转的，按照好转程度给予不同程度的奖励；生态环境质量有所退化的，按照退化程度施予一定程度的惩罚；生态环境未变化的，则不奖不罚。

二是综合补偿指数奖惩机制方案。将统筹后的资金按照因素分配法，选取各区县环境治理和生态保护任务量及目标等指标，按照各项指标权重计算各区县资金分配规模，并向治理薄弱地区倾斜。对当年生态环境治理和保护任务压力越大的各区县，给予的转移支付支持资金越多，确保各区县完成生态环境保护任务。对于各区县的完成任务量与计划任务量的差额部分，将纳入下年度专项资金分配任务量指标之中。同时，拿出一定比例资金专项用于对各区县生态环境质量提升的奖励。指标体系的评价分为两个层面：综合层面上，根据每一年度各区县各项指标的实际情况，通过计算各级指标值，再利用动态权重进行加权平均，计算各区县综合补偿指数。综合补偿指数差于全市平均水平的地区拿出一定惩罚性资金，由市政府统筹安排，补偿给好于全市平均水平的地区。分指标层面上，实行阶梯式奖惩激励方法。以跨界断面水质考核为例，跨界断面出境污染物浓度超出该断面水质考核标准，或出境污染物浓度比入境断面该种污染物浓度增加时，其浓度相对于该断面水质考核标准每变差1个功能类别，除每月的惩罚资金外，根据水质考核指标（化学需氧量、高锰酸盐指数、氨氮、总磷等）的变差程度和速度，追加惩罚资金。

三是将生态补偿分为基础性补偿和提升性补偿两类，统筹后的资金拿出一部分比例作为基础性补偿资金，剩余的资金作为提升性补偿资金。根据考核指标体系，各个区县针对指标体系设定年度考核目标，对于完成考核基本目标的区县，足额发放基础性补偿资金；对未达到考核基本目标的区县，按照排名扣减一部分基础性补偿资金，并将扣减资金纳入提升性补偿资金池；对考核超过基本目标的区县，按照排名发放不同数额的提升性补偿资金。（如图5-4所示）

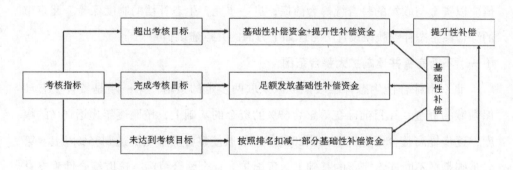

图5-4　基础性补偿和提升性补偿奖惩模式

在考核过程中，也可以根据政策实施情况，逐步加强奖惩力度。针对重点领域的生态保护补偿政策，仍按照原资金下发渠道进行考核和财政绩效奖惩调节。针对生态涵养区纳入到整合范围内的资金和政策，可以考虑将统筹后的资金拿出50%的资金作为基础性补偿资金，剩余50%的资金作为奖惩资金。北京市可根据资金整合的情况，以及各类指标考核的方法，因地制宜、因时制宜地选择奖惩激

践行"两山"理论 建设美丽健康中国
——生态产品价值实现问题研究

励机制方案，确保生态补偿资金得到高效利用，区县级及以下政府的生态保护责任得到强化，更好地调动地方保护生态环境的积极性，生态保护区的民生得以改善，达到综合性生态补偿的目的。

六、对策建议

生态补偿制度是指为了维护生态系统稳定性，以防止生态环境被破坏为目的，以生态环境产生或可能产生影响的生产、经营、开发活动为对象，以生态环境恢复为主要内容，以经济调节为主要手段，以法律监督为保障条件的环境管理制度。2018年习近平总书记在全国生态环境保护大会上指出，"生态补偿机制作为生态文明建设的重要激励机制，在补偿上偏重于单项补偿、分类补偿，相关生态补偿政策未能发挥政策聚焦合力，缺乏整体性和综合性"。实施综合性生态补偿应以资金与政策的整合统筹为前提，进一步完善生态补偿的制度保障。北京市的综合性生态补偿政策设计可考虑如下方面的几点建议。

（一）不断完善并逐渐扩大整合范围

北京市综合性生态补偿政策可以采取两步走的策略。第一步是整合生态环保领域的资金。在目前已统筹整合63%的资金的基础上，按照逐年递增10%的幅度，逐步提高整合资金比例，到2021年，争取使整合资金比例达到85%以上。第二步则是在不断探索完善的基础上，逐渐扩大资金整合范围。选取综合性生态补偿政策与资金统筹实践较为成功的地区，建立资金与政策整合试点，将扶贫资金也纳入统筹范围内，拓展资金统筹整合的范围。借鉴生态补偿资金的统筹整合方式，将扶贫资金进行统筹整合，并制定具体的项目实施方案，使具体项目实施方案同市级、区县级扶贫规划以及统筹整合方案保持衔接，从而将综合性生态补偿和脱贫攻坚相结合，促进生态补偿统筹整合资金、项目落实到位，并得到有效实施，有效改善生态保护地区贫困人口的民生保障水平，达到生态保护与脱贫双赢的目的。

（二）以项目应用带动统筹整合

结合国家层面上对生态综合补偿的政策要求，综合性生态补偿的内涵应是应用层面的整合统筹。以具体事项为统领，以项目应用带动统筹，以资金利用带动资金来源的统筹，能够从根本上使资金管理部门在统筹资金和政策方面达成共识，达到"集中力量办大事"的效果。结合北京市市情，可以考虑将北京市北部山区建设成为"首都国家公园"。并且打破行政区划，将河北省周边县市统筹考虑，以建设"首都国家公园"为契机，将该事项所涉及的资金与政策全部纳入到整合范围内，充分发挥生态建设和补偿资金的效用，统筹考虑生态环境建设保护及扶贫脱贫，探索以应用带动统筹整合的方式，实现生态保护和生态脱贫双赢的目的。

（三）深入探索多元化市场化的补偿方式

随着我国市场机制的逐步成熟，除了财政资金补偿外，还应积极探索并建立多渠道的融资机制，尤其是不断探索使用市场手段来补偿生态效益的可能途径，使得补偿资金的来源和模式更为多元和灵活，以保障资金的高效使用。充分发挥北京环境交易所的作用和优势，要进一步探索完善碳汇交易、排污权交易、水权交易等市场化补偿方式，拓展生态付费的市场化手段，为北京市生态补偿政策资金的统筹拓宽资金来源渠道。同时，以北京市与周边地区的生态补偿为契机，依托现有的产业平台，进一步加强北京市与周边地区在政策、技术、人才、项目等多方面的合作与交流，例如在雄安地区设立产业园，引导鼓励多元主体参与生态补偿的政策统筹，促进生态补偿政策统筹顺利推进。

（四）编制综合性生态补偿规划或方案

各区县各部门要树立"绿水青山就是金山银山"的理念，加快出台生态补偿政策法规，在顶层制度层面逐步形成完整的更具法规功能的生态补偿条例和实施细则，抓紧编制北京市综合性生态补偿专项规划或方案，综合统筹考虑资金整合后的应用，明确资金使用方向、资金分配与拨付，切实将资金和政策落实到山林保护、水生态保护、土地生态保护、生态环境保护及民生改善等各领域，做好资金监管和绩效评估工作，厘清部门职责，做到生态补偿事事有规可循、层层有人负责，进一步规范和管理生态补偿工作。

（五）推进区县级之间横向生态补偿机制的建立

横向生态补偿机制作为生态补偿政策的重要实现形式，相比于上下级政府间的纵向补偿具备三点优势：一是补偿主体与被补偿对象更加明确，更容易在保护者与受益者之间建立良性互动的体制机制。二是在补偿标准等问题因技术性因素难以量化确定的情况下，补偿方可以与受偿方采取协商等方式确定补偿标准，操作更为灵活。三是拓宽了生态保护补偿资金的来源渠道，相对于纵向补偿，横向补偿不依赖于上级政府资金，补偿更多的是以政府间共投共建的方式开展，除传统资金补偿外，也可采取设立专项基金、项目援助、技术支持等多种手段实现补偿。

建议选取补偿主体与被补偿对象相对明确的领域，大力推进建立区县级之间横向生态补偿机制，或参照财政部长江经济带生态修复奖励政策，探索市级奖励与区县级横向补偿相结合的奖补机制，以完善生态保护补偿模式。

参考文献

1. 丁强，李强，廖慧彬. 从国家重点生态功能区县域生态环境质量考核看陕西省环境监测体系建设[J]. 环境保护，2014(12). 67-68.

2. 王金南，蒋洪强，杨金田等. 关于实行环境资源有偿使用政策改革框架的思考[C]. 环球中国环境专家协会年会暨环境与自然资源经济学研讨会，2006.

3. 安迪. 论县域生态环境质量阶段性考核指标体系的构建[J]. 环境保护，2014(12). 51-52.

4. 何伟军，秦发，安敏. 国家重点生态功能区转移支付政策的缺陷及改进措施——以武陵山片区（湖南）部分县市区为例[J]. 湖北社会科学，2015(4). 67-72.

5. 余墅幸，蒋雯，王莉红. 区域环境绩效评估思考[J]. 环境保护，2011(10). 39-40.

6. 吴健，郭雅楠. 精准补偿：生态补偿目标选择理论与实践回顾[J]. 财政科学，2017(6). 78-85.

7. 李文华，李芬，李世东等. 森林生态效益补偿的研究现状与展望[J]. 自然资源学报，2006(5). 677-688.

8. 李宝林，袁烨城，高锡章等. 国家重点生态功能区生态环境保护面临的主要问题与对策[J]. 环境保护，2014(12). 15-18.

9. 杜振华，焦玉良. 建立横向转移支付制度实现生态补偿[J]. 宏观经济研究，2004(9). 51-54.

10. 沈满洪，谢慧明，王晋等. 生态补偿制度建设的"浙江模式"[J]. 中共浙江省委党校学报，2015(4). 45-52.

11. 欧阳志云，郑华. 生态系统服务的生态学机制研究进展[J]. 生态学报，2009(11). 6183-6188.

12. 邵宏，尚安成，廖海强. 整合使用财政涉农资金工作的路径与成效——以城固县为例[J]. 西部财会，2018(3). 7-10.

13. 俞海，任勇. 中国生态补偿：概念、问题类型与政策路径选择[J]. 中国软科学，2008(6). 7-15.

14. 程臻宇，侯效敏. 生态补偿政策效率困境浅析[J]. 环境与可持续发展，2015(3). 50-52.

15. 董世魁. 恢复生态学[M]. 北京：高等教育出版社，2009.

16. 卢洪友，祁毓. 生态功能区转移支付制度与激励约束机制重构[J]. 环境保护，2014(12). 34-36.

17. 孙新章，谢高地，张其仔等. 中国生态补偿的实践及其政策取向[J]. 资源科学，2006(4). 25-30.

18. 杨从明，黄明杰. 浅论生态补偿制度建立及原理[C]. 生态补偿机制国际研讨会，2006.

19. 杨从明. 浅论生态补偿制度建立及原理[J]. 林业与社会，2005(1). 7–12.

20. 财政部财政科学研究所课题组，石英华，程瑜. 流域水污染防治投资绩效评估研究[J]. 经济研究参考，2011(8). 45–56.

21. 郭峰. 关于生态补偿涵义的探讨[J]. 环境保护，2008(10). 18–20.

22. 陈乔. 长江中上游生态补偿机制建设研究——从贵州后发优势谈制度综合性补缺[J]. 中国发展，2015(2). 29–33.

23. 李国平，刘生胜. 中国生态补偿40年：政策演进与理论逻辑[J]. 西安交通大学学报（社会科学版），2018(6). 1–15.

24. 曹忠祥. 贫困地区生态综合补偿的总体设想[J]. 中国发展观察，2017(22). 44–46.

25. 王楚乔. 我国生态补偿法律制度研究[D]. 长春：东北林业大学博士论文集，2009.

26. 翁智雄，马忠玉，朱斌等. "绿水青山就是金山银山" 思想的浙江实践创新[J]. 环境保护，2018(9). 53–57.

27. Schröter D, Cramer W, Leemans R, et al. *Ecosystem Service Supply and Vulnerability to Global Change in Europe*[J]. *Science*, 2005, 310(5752):1333–1337.

28. Uchida E, Xu J, Xu Z, et al. *Are the poor benefiting from China's land conservation program?* [J]. *Environment and development economics*, 2007, 12(4): 593–620.

（执笔人：李忠、党丽娟、刘峥延）

实证篇六

美国密西西比河流域生态产品市场交易机制的启示

内容提要： 本文系统梳理和总结了美国密西西比河流域生态产品市场交易的经验和做法，总结出法律框架的大约束倒逼产生了广阔的市场交易空间、市场开放的大空间驱动形成了完善的市场交易体系、市场经济的大氛围驱动实现了高效的污染治理体系、科学详尽的大数据支撑形成了稳定的市场发展预期等4条成功经验。同时，针对我国推进生态产品交易市场建设，提出了生态产品供应可以进一步向市场开放、允许更为长期的生态环保规划时序设计、尽快补齐基础数据信息的短板等3点启示。

密西西比河是北美洲流程最长、流量最大、流域面积最广的河流，20世纪70年代曾经历湿地消失、富营养化的水质危机，如今已恢复到"可以安全游泳和钓鱼"的清洁状态。在此过程中，水生态产品市场交易机制发挥了重要作用，对我国挖掘利用市场机制在大江大河治理中的作用，探索绿水青山转化为金山银山的路径，具有一定的启示意义。

一、美国经验

（一）法律框架的大约束，倒逼产生了广阔的市场交易空间

《清洁水法》（*Clean Water Act*）是美国水污染控制的基本法，正式颁布于 1977年，此前有1948年的《水污染控制法》（*Water Pollution Control Act*）、1965 年的《水质法》（*Water Quality Act*）、1970年的废物排放许可证计划（*Refuse Act Permit Program*）、1972年修订的《水污染控制法》为基础，之后在1987年修订完善，有效刺激了美国水生态产品市场供需两端的产生。

一是严格的许可证制度。《清洁水法》规定，任何向美国水体排放污染物的点源设施，都必须取得国家污染物排放削减制度（National Pollutant Discharge Elimination Systems，NPDES）许可证。由于任何排放都必须付出成本才能获得许可，购买价格和治理成本之间的差异、各个污染源之间治理成本的差异，让市场交易成为可能。

二是广泛的管控范围。法律不仅对全国范围内的污染物排放进行控制，而且对破坏湿地、破坏生物多样性、破坏暴雨径流留存功能的开发行为也要求按"零净损失"（Zero Net Loss）的目标进行补偿。因此，营养物排放权、湿地、生物多样性、暴雨径流留存额度等，都有了稀缺性和交换价值。

三是可溯源的责任分配。《清洁水法》要求各州制定水体水质标准，明确所能容纳某种污染物的最大日负荷量（Total Maximum Daily Loads，TMDL），并将负荷分配到各个污染源。美国联邦环保署和污水处理厂能够辨明排污企业的污水性质和污染物含量，这也为排污权交易双方提供了相对准确透明的计算基础。

（二）市场开放的大空间，驱动形成了完善的市场交易体系

水生态产品的市场交易，并不是由政府发布计划指导开展，而是在利润的驱动下，由开放的市场自然萌生，经政府机构评估认定后逐渐推广，并逐步形成较

为完善的市场体系。

一是丰富的交易品种。排污权、湿地、河流、雨水蓄积额度、生物多样性等被管控或保护的对象，基本上都被用来交易。比如，由于实施提标改造的成本太高，老旧污水处理厂会选择向新污水厂购买排放权；新建或恢复湿地、河流、雨水花园等，获评估认定具备生态功能后，就可以到市场上出售。

二是丰富的市场主体。市场上不仅有污水处理厂、工商业设施、规模化养殖场等购买方，有通过新建或恢复湿地、河流、雨水花园而获得官方评估认定的单位以及排污成本较低的污染源作为卖方，还有大学、科研机构、非政府组织（NGO）、民众也都自主参与到市场交易中来，提供数据测算、技术研发、规划咨询、运营监测等服务。

三是丰富的生产要素。在共同价值目标和市场利润驱动下，各类市场主体建立起有效的合作关系，为水污染防控和水生态建设提供了丰富的资金、人才、技术、信息等要素，形成高水平的生态产品体系、技术创新体系、专业人才体系和基础数据体系。

（三）市场经济的大氛围，驱动实现了高效的污染治理体系

密西西比河流域的污染治理属于投资巨大、涉及面广、关注度高的国家工程，但政府在其中并非事事亲力亲为，而是交由市场力量承担了大量工作，其治理过程和治理结果更显得务实高效。

一是务实的治理目标路径。在污染防治项目规划过程中，治理目标的设定、污染负荷的分配、后续的动态调整，都是基于多年监测数据，由科学复杂的模型计算所得，州政府与联邦政府反复协商确定，并接受公众监督，基本不存在贪大求快、层层加码的情形。

二是较少的过度投资和低水平建设。无论是污水处理等基础设施的建设，还是补偿湿地、补偿河流的新建恢复，由于投资主体既要考虑市场需求，又要衡量成本收益，因此在设计建造中都能相对合理地平衡质量效益，较少看到低水平建设和过度投资现象。

三是适用的技术。培训考察过程中，我们既看到能够感应作物生长情况、实施精准注射施肥的高端农业机械，也看到挖掘一线沟渠、铺设一截管道、覆盖一层砂石、种植少量常见植物即成的简易雨水花园。技术在市场选择面前，并不追求高端昂贵，而以经济实用为主。

（四）科学详尽的大数据，支撑形成了稳定的市场发展预期

市场交易机制有效地激励了各类市场主体共同建造出更为高质量的大数据体系，帮助官方实施精准保护，同时也为市场体系本身的发展提供了更稳定的预期。

一是长远且可信的官方规划。联邦政府组织编制的水污染防治规划，基于复杂的科学研究，历经漫长的协商过程，并持续调整发展，为市场主体提供了市场空间长期存在的信心。比如，1987年批准的切萨皮克湾项目，基于5年的项目研究，经过多次量化评估，将完成目标年限设为2025年。密西西比河流域富营养化工作组先后出台2001国家行动计划、2008国家行动计划，将完成目标年限设定至2035年。

二是周密可共享的基础数据。高分辨率的基础数据，可以帮助市场主体更精确地选择最佳的举措，推演市场变化趋势，更高效地生产生态产品。比如，切萨皮克湾项目将河流划分为92个小管辖区域、设置85个流域数据监测点和162个常用的河口数据监测站，每年收集20次，每次持续1～2周，多数的监测数据已有数十年的历史整理。

三是清晰乐观的市场发展数据。官方和非官方机构发布的各类相关投资、价格、交易量等数据，体现了市场规模和质量的稳定提升，令参与者对未来更加乐观。比如，湿地银行自1992年出现，数量已翻3倍，其中10%左右已作为存款点卖给开发商，各州存款点标价也都体现了较好的效益。生物多样性缓解补偿银行的交易总额自2010年以来年均增长18%，到2016年达到36亿美元。

二、启示建议

当前，我国生态文明建设处于关键攻坚期，如何提供更多优质的生态产品来满足人民日益增长的优美生态环境需要、如何充分调动各方面力量共同解决突出生态环境问题、如何让"绿水青山转化为金山银山"成为新时代的经济可能，建立基于中国特色社会主义市场经济体系的生态产品市场交易机制是值得考虑的路径与方法。近年来，我国生态环境治理领域的政策手段以环保督察施压、财政专项补助为主，有效的市场动员手段不多，而美国的经验为我们提供了一些启示。

（一）生态产品供应可以进一步向市场开放

当前，我国的生态产品供给基本依靠政府，一定程度上存在着预算资源分配不合理、过度投资、寻租、需求端满意度不高等问题。建议探索允许机构和企业对受损退化的小流域小范围的森林、湿地、河流、雨水蓄积、生物多样性等生态功能进行恢复，经评估认定后可由政府回购，或赋予一定年限的生态农业、生态疗养、生态旅游、生态教育基地等新业态特许经营权。恢复的生态功能指标和特许经营权作为可经营、可交易的生态产品，激励更多市场主体参与其中。

（二）允许更为长期的生态环保规划时序设计

生态系统的恢复、大江大河的治理，都是久久为功的持久战。中短期规划难以实现长远的综合目标，从而无法支撑起令人信服的生态产品市场发展预期，无法调动更多市场主体长期参与、长期投入的积极性。建议以长江经济带生态环境保护为尝试，以科学复杂的数据模型为基础，耐心规划更为长远的目标，将目标责任分阶段分地区分解，并建立定期协商、统筹监测、定期评估、动态调整等配套机制，吸引更多市场主体参与其中。

（三）尽快补齐基础数据信息的短板

目前来看，由于数据统计起步较晚、采集技术相对落后、管理体系有待健全等原因，我国生态环境领域的数据总体上存在着周期短、不准确、不细致等问题，导致政策规划编制、自然资源资产审核、生态环境损害鉴定、生态产品交易等都在科学性、可信度、稳定性上打了折扣。建议尽快规范行政系统的数据监测采集，借助科研院所、非政府机构的专业技术力量，建立科学完整的数据采集、存储、整合、分析、挖掘体系，形成官方的生态环境数据信息库，并向社会开放共享。

参考文献

1. 李瑞娟，徐欣.长江保护可借鉴密西西比河治理经验[N].中国环境报，2016-08-30（003）.

2. 王福振.密西西比河流域水污染治理对太子河流域水污染治理的启示[J].水资源开发与管理，2017(7). 36-38+49.

3. 夏骥，肖永芹.密西西比河开发经验及对长江流域发展的启示[J].重庆社会科学，2006(5). 22-26.

4. 张万益，崔敏利，贾德龙.美国密西西比河流域治理的若干启示[N].中国矿业报，2018-07-03（001）.

（执笔人：吕侃）

实证篇七

欧盟考察报告：可持续金融和生态标识

内容提要：欧盟在可持续金融和生态标识方面一直走在世界前列，课题组通过对比利时、匈牙利、捷克三国开展实地调研，对欧盟的可持续金融和生态标签体系进行了初步的研究，提出未来我国应加强与欧盟在相关领域合作，研究建立环境风险管理制度和加快建立我国统一规范的绿色产品标识体系等对策建议。

2018年9月18—27日，国家发展改革委国土开发与地区经济研究所考察团就生态产品价值实现问题赴比利时、匈牙利、捷克三国考察。考察团在比利时与欧盟环境署、区域署进行了座谈，与欧盟官员就可持续金融和欧盟生态标识等问题进行了研讨。同时，考察团赴匈牙利、捷克实地考察了生态环境建设情况，与匈牙利科学院经济和区域研究中心（Centre for Economic and Regional Studies of the Hungarian Academy of Sciences）交流了匈牙利国家公园、景观保护区、自然保护区的管理体制等问题。通过这次考察和交流，对欧盟的可持续金融和生态标识情况有了初步的了解，为我国生态产品价值实现的绿色金融保障和绿色标识制度的建立提供了借鉴。

一、欧盟的可持续金融和生态标签体系

（一）欧盟的可持续金融

所谓可持续金融，或者说金融的可持续发展，是指金融体制和金融机制随着经济的发展而不断调整，从而合理有效地动员和配置金融资源，提高金融效率，以实现经济和金融在长期内有效运行和稳健发展。可持续金融应符合无浪费原则和无破坏性原则。

2018年3月8日，欧盟委员会发布了"金融可持续发展行动计划"（*Action Plan: Financing Sustainable Development*）（以下简称"行动计划"）。该计划将每年投资1800亿欧元，用于帮助达成《巴黎气候协定》中约定的2030年目标。主要内容涵盖三大目标下的10项行动策略，22条具体行动计划。

第一，将资本投向更具可持续性的经济活动
· 建立欧盟的可持续活动分类体系
· 建立绿色金融产品的标准和标识
· 培育可持续投资项目
· 将可持续性纳入投融资建议中
· 开发可持续性的指标体系

第二，将可持续性纳入常规的风险管理
· 将可持续性与评级和市场研究更好的结合
· 进一步澄清机构投资人和资产经理的职责
· 将可持续性纳入审慎要求中

第三，鼓励长期行为及市场透明度的提升
· 加强可持续性信息披露和会计准则制定

·提升企业可持续治理能力并削弱资本市场的短期行为

该"行动计划"的首要任务是确定可持续性的含义以明确经济活动的分类，这是具有法律性质的。欧盟组建了技术专家团队研究和建立分类体系。包括六个类别：一是气候变化；二是适应气候变化；三是循环经济；四是污染防控；五是水资源控制和保持；六是自然健康。

非法律方面的内容包括：制定绿色基金标准，发布环境风险报告，出台鼓励绿色投资的政策等。对于得到绿色金融产品标签的企业，可以享受到更多的优惠政策，如更低比例的资本金，欧盟优先赔偿绿色金融投资的企业等。"行动计划"高度重视环境风险管理，提出要将可持续性纳入常规的风险管理中。欧盟要求员工超过500人的公司必须报告环境方面的风险，包括气候变化、水资源短缺、生物多样性流失等环境风险，并且要发布环境风险报告。

"行动计划"中提出的三个主要目标对于其他绿色金融实践地区来说也是急需解决的问题。欧盟相关制度的建立及研究成果将为其他地区的实践提供有价值的借鉴。

（二）欧盟的生态标识

为鼓励在欧洲地区生产及消费"绿色产品"，欧盟于1992年建立了生态标签体系。欧盟建立生态标签体系的初衷是希望把各类产品中在生态保护领域的佼佼者选出，予以肯定和鼓励，从而逐渐推动欧盟各类消费品的生产厂家进一步提高生态保护的力度，使产品从设计、生产、销售到使用，直至最后处理的整个生命周期内都不会对生态环境带来危害。生态标签同时也提示消费者，该产品符合欧盟规定的环保标准，是欧盟认可的并鼓励消费者购买的"绿色产品"。

欧盟的生态标识是唯一的、官方的，其建立的机制是对产品的全生命周期进行管理和分析、制定标准。只有符合产品生命周期的产品才能得到标识。标准每5～6年进行修编，进行标准的升级。标准由欧盟联合研究中心在充分研究的基础上，与不同部门、经济产业消费者等会谈后制定。制定的标准交成员国进行讨论，成员国投票通过后由欧盟委员会进行正式法律文案起草。然后制作成手册给用户、部门，通过媒体、会议等进行宣传。

生态标识产品是由每个成员国独立的第三方机构进行认证。截至目前，已对26类产品和服务进行了定义，超过7万个产品和服务得到生态标志。在服务方面，包括酒店服务、旅游、室内清洁、绿色金融等；在实物产品方面，包括衣物清洁产品、卫生用纸等。未来计划是扩大服务产品的范围，根据消费者要求对更多产品进行评估。

生态标签是欧盟规定的一种自愿性产品标志，其使用及申请价格不菲，申请标准也较为严格。如果企业获得生态标签，可以享有以下几个益处：

第一，有助于提升产品档次和附加值。产品获得生态标签认证，可以塑造企业良好的社会形象、赢得消费者及社会的信赖、提高产品的附加值。一般而言，即使"贴花产品"的价格稍高于常规产品，消费者仍倾向于绿色产品。比如，目前欧盟市场上的"贴花纺织品"的价格比普通纺织品要高出20%~30%，但绝大部分欧盟消费者仍愿意购买前者。

第二，有利于提高产品的知名度。为促进生态标签的推广，欧盟通过各种途径积极地向消费者推荐获得欧盟生态标签的产品和生产厂家。欧盟在《欧盟环境通讯》及其他欧盟官方杂志上刊登并介绍获得生态标签的产品及厂家名录，并经常举办"生态绿色周"或"环保大会"等活动向欧洲地区的消费者介绍获得生态标签的产品和生产厂家。各成员国生态标签管理机构也有责任出资举办各种宣传生态环保产品的活动。通过这一系列的宣传推广活动，"贴花产品"可以很快在欧盟市场上获得消费者的注意及知名度。根据欧盟2002年的调查结果，有75%的欧盟消费者愿意购买"贴花产品"。

第三，生态标签是产品畅销"大欧洲"的通行证。欧盟所制订的生态标签在其成员国内都予以认可。在欧洲经济区（EEA）的其他国家，包括瑞士、挪威、列支敦士登及冰岛等也同样认可。欧盟所制订的生态标签体系，是目前世界上使用地域最为广泛的环保认证制度。在欧盟任一成员国中申请的生态标签将成为几

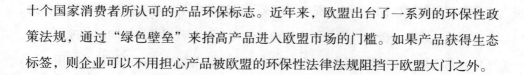

十个国家消费者所认可的产品环保标志。近年来，欧盟出台了一系列的环保性政策法规，通过"绿色壁垒"来抬高产品进入欧盟市场的门槛。如果产品获得生态标签，则企业可以不用担心产品被欧盟的环保性法律法规阻挡于欧盟大门之外。

二、对我国的启示及建议

（一）加强与欧盟在相关领域的合作

中国是世界上最大的发展中国家，欧盟是世界上最大的发达经济体。欧盟已经基本完成了工业化、城市化，经历过工业化、城市化快速推进带来的环境污染问题，在生态保护和修复、环境污染治理等领域积累了较为丰富的经验。尤其是在绿色金融、生态标识等市场化方面更是先行一步，可以为我国的生态保护和修复、生态环境治理提供经验。我国应当加强与欧盟在绿色金融领域的合作，在绿色投资的分类、标准的制定等方面互相借鉴，以提高我国绿色金融产品的适宜性。同时，加强与欧盟在生态标识领域的合作，在制定我国的绿色标志产品标准方面学习借鉴欧盟的经验，实现信息互通、标准互容、产品互认，增强我国绿色标志产品与欧盟生态标识产品的兼容性，为我国企业产品出口欧盟提供便利条件。

（二）研究建立环境风险管理制度

绿色金融作为一种市场化的制度安排，在促进生态文明建设、低碳发展以及环境保护方面具有十分重要的作用。2016年，中国人民银行等七部委发布了《关于构建绿色金融体系的指导意见》（简称《指导意见》）。《指导意见》从绿色金融和绿色金融体系的定义，绿色信贷评价体系，绿色企业融资门槛及上市公司强制环境信息披露等多方面推动建立了一系列政策和制度安排。此后，中国绿色债券市场成长为全球最大的绿债市场，5个省份8个城市启动了绿色金融试点，金融机构和第三方机构进行了大量的工具开发和金融产品开发，通过识别和量化环境风险并将环境风险引导资本进入更绿色的领域。

但是，我国的绿色金融体系仍面临着政策信号不稳定、能力建设不足、长期项目贷款期限不匹配、"绿色资产"定义不清及信息不对称等问题。特别是能力建设领域，政府、金融机构、研究机构以及行业投资者对于环境问题的理解尚不充分，尤其是环境风险的量化、分析以及工具开发等能力方面亟待提升。因此，充分借鉴欧盟在绿色金融、可持续金融方面的经验，尤其是其在环境风险管理方面的经验，将环境风险纳入传统投资过程中，建立环境风险管理制度，对于我国绿色金融的发展具有重要意义。

（三）加快建立我国统一规范的绿色产品标识制度

规范绿色产品标识认证，有利于扩大绿色产品的有效供给，引导可持续的绿色生产和消费，从而加快推进生态文明建设。目前，我国绿色产品认证体系有待规范。我国在节能、环保、节水、循环、低碳、再生、有机等多种产品领域存在着第三方认证、评价和自我声明等多种形式，其中，第三方认证或评价中有部委采信的，也有机构自主推广的，因此在管理层面造成了监督职能交叉、权责不一致等问题，在企业层面增加了重复检测、认证的成本和负担，在公众层面则导致消费者辨识困难，造成市场认可度和信任度不高。

2016年，国务院办公厅发布了《国务院办公厅关于建立统一的绿色产品标准、认证、标识体系的意见》（国办发〔2016〕86号）。目前无论是标准、认证、标识体系等各方面都亟待规范，我国应当充分借鉴欧盟生态标签体系建立和发展的经验，借鉴其在标准制定、产品认证、生态标识产品的宣传推广、政府绿色采购等方面的成熟经验，尽快建立我国统一规范的绿色产品标识和认证制度。

参考文献

1. 李学武. 欧盟可持续金融发展框架[J]. 中国金融，2019(7). 77–79.

2. 李霞，朱云，蓝艳. 欧美绿色供应链发展经验及启示[J]. 环境与可持续发展，2013(6). 113–115.

3. 杨海珍，李妍. 可持续金融的国际实践[J]. 中国金融，2016(24). 75–76.

4. 张越，陈晨曦. 欧盟生态标签制度对中国的政策启示[J]. 国际贸易，2017(8)45–48.

（执笔人：李忠）